大数据技术与应用基础

刘红英　刘　博　李韵琴 编著

海洋出版社

2016年·北京

内容简介

本书全面讲述了大数据技术与应用相关的基础概念和知识，着重介绍了大数据的国内外发展状况、技术架构以及大数据分析的基本知识、数据分析、挖掘的流程、方法、工具等，并选择了一个数据分析、挖掘软件作为实例进行了重点说明。

全书分四个部分共18章，第一部分包括第1章至第4章，介绍大数据基础知识；第二部分包括第5章至第17章，介绍大数据初级应用基础知识；第三部分包括第8章至第16章，介绍数据分析挖掘模型和方法；第四部分包括第17章和第18章，介绍大数据关联工作说明。

本书既适合于开展国家职业技能培训的各类培训机构作为大数据基础分析师，以及大数据技术与应用基础的教材使用，也适合于已经掌握大数据基础知识，但希望使用数据挖掘软件进行数据分析实践的读者自学参考。

图书在版编目（CIP）数据

大数据技术与应用基础/刘红英，刘博，李韵琴编著．—北京：海洋出版社，2016.6

ISBN 978-7-5027-8927-5

Ⅰ.①大… Ⅱ.①刘… ②刘… ③李… Ⅲ.①数据-技术-应用 Ⅳ.①P23.5

中国版本图书馆CIP数据核字（2014）第057500号

责任编辑：苏　勤　黄新峰
责任印制：赵麟苏
海洋出版社　出版发行
http://www.oceanpress.com.cn
北京市海淀区大慧寺路8号　邮编：100081
北京华正印刷有限公司印刷　新华书店北京发行所经销
2016年6月第1版　2016年6月第1次印刷
开本：787mm×1092mm　1/16　印张：14
字数：260千字　定价：45.00元
发行部：62132549　邮购部：68038093　总编室：62114335
海洋版图书印、装错误可随时退换

《大数据技术与应用基础》编委会

总 策 划： 刘红英　李韵琴

执行主编： 李韵琴　王野平

编　　委： 刘红英　刘　博　李韵琴
张　征　何彦普　付延强
欧　萍　孙　齐　赵晋平
王野平

前　言

随着以博客、社交网络、基于位置的服务 LSB 为代表的新型信息发布方式的不断涌现，以及云计算、物联网等技术的兴起，数据正以前所未有的速度在不断地增长和累积，大数据时代已经到来。学术界、工业界乃至政府机构都已经开始密切关注大数据问题，大数据（Big Data）逐渐成为对于 ICT 产业具有深远影响的技术变革。其技术的发展与应用，将对社会的组织结构、国家的治理模式、企业的决策架构、商业的业务策略以及个人的生活方式产生深刻影响。可以说，大数据是一场革命，大数据将改变我们的生活、工作和思维方式。

尽管很多人对于大数据这个概念已经“耳熟能详”了，但是对于其具体含义及其相关内涵却并不是很清楚。本书着重从大数据的技术基础和初步应用出发，阐述如何将数据从简单的处理对象转变为一种基础性资源，如何更好地管理和利用大数据，如何分析和挖掘数据价值等问题。对大数据的基本概念进行剖析，并对大数据的主要应用作简单说明。在此基础上，阐述大数据处理的基本框架，并就云计算技术对于大数据时代数据管理所产生的作用进行分析。最后归纳总结大数据时代所面临的新挑战。

书中第 1 章简明扼要地介绍大数据的基本概念；第 2 章讲述了大数据的发展状况；第 3 章介绍了大数据的技术体系；第 4 章介绍了大数据的标准化知识；第 5 章至第 16 章每章介绍一种大数据分析的概念或技术；第 17 章和第 18 章介绍了大数据的关联工作。

本书由中关村软件园孵化器服务有限公司刘红英高级工程师、明博智创（北京）软件技术有限责任公司的刘博先生以及李韵琴高级工程师合作编著。同时，中关村软件园孵化器服务有限公司的张征先生、何彦普先生、付延强先生、孙齐先生等参与了编写；明博智创（北京）软件技术有限责任公司赵晋平女士以及王野平先生等一起参与了编写。在编写过程中，还得到大数据标准化领域、国家职业技能培训领域各位专家的大力帮助、支持，在此深表谢意！

本书既适合于开展国家职业技能培训的各类培训机构作为大数据基础分析师，大数技术与应用基础的教材使用，也适合于已经掌握大数据基础知识，但希望使用数据挖掘软件进行数据分析实践的读者自学参考。

由于作者水平所限，书中难免出现错误和不妥之处，衷心希望各位读者批评指正！

编者

2015 年 6 月

目　次

第一部分　基础知识

第二部分 初级应用

第三部分 数据分析、挖掘模型和方法

第四部分　关联工作说明

第一部分　基础知识

第1章 大数据的基本概念、特征与作用

1.1 背景和概要说明

大数据是一场革命，大数据将改变我们的生活、工作和思维方式。继移动互联网、云计算后，大数据逐渐成为对于ICT产业具有深远影响的技术变革。大数据技术的发展与应用，将对社会的组织结构、国家的治理模式、企业的决策架构、商业的业务策略以及个人的生活方式产生深刻影响。

本书旨在介绍大数据技术与应用方面的常见概念和做法。主要目标读者除了国家职业技能培训的学生之外，还有希望通过大数据解决自身业务问题，但在计算机科学方面却没有相关知识背景的业务专家。尽管大数据融合了应用统计、逻辑、人工智能、机器学习和数据管理系统，但学习本书之前不需要在这些领域具有很强的背景。虽然学过统计学和数据库方面的初级大学课程将会对本书的学习有所帮助，但本书对大数据技术的基本概念和初级应用做了基本描述。

本书中的后续每一章都将介绍一种大数据的概念、技术或应用。本书并不是针对我们将使用的软件工具（明智商业分析系统V3.0、OpenOffice Base和OpenOffice Calc）的说明手册或教材。这些软件包能够进行许多类型的数据分析，本书并未涵盖它们的所有功能，只是介绍了如何使用这些软件工具进行某些类型的大数据分析、挖掘等。此外，本书并非面面俱到，虽然其中包含了众多常见的大数据分析、挖掘技术，但这些工具（尤其是明智商业分析系统V3.0）还能够执行许多本书中未涵盖的大数据分析、挖掘工作。

各章都将遵循相同的格式。首先，各章都将提供一个“背景和概要说明”，将帮助读者了解大数据分析、挖掘可以解决的某些类型的问题，旨在帮助读者思考实际工作中可能面临的各类问题。在“背景和概要说明”之后，是介绍每章主题内容的部分。在这些部分中，常常会给出一些逐步操作示例，读者可以跟随这些示例进行实际的大数据分析、挖掘工作。

1.2 大数据的基本概念和内涵

针对大数据，目前存在多种不同的理解和定义。按照 NIST 研究报告中的定义，大数据是用来描述在我们网络的、数字的、遍布传感器的、信息驱动的世界中呈现出的数据泛滥的常用词语。大量数据资源有可能解决以前不能解决的问题。

按照 Gartner 的定义，大数据是需要新处理模式才能具有更强的决策力、洞察发现力和流程优化能力的海量、高增长率和多样化的信息资产①。

根据百度百科词条的定义，大数据，或称巨量资料，指的是所涉及的资料量规模巨大到无法通过目前主流软件工具，在合理时间内达到撷取、管理、处理，并整理成为帮助企业经营决策更积极目的的资讯②。数据规模超出传统数据库软件采集、存储、管理和分析等能力的范畴，多种数据源，多种数据种类和格式冲破传统的结构化数据范畴，社会向着数据驱动型的预测、发展和决策方向转变，决策、组织、业务等行为日益基于数据和客观分析做出。

除了学术界、科研界的定义外，我国 IT 学术界和企业对大数据是如何理解的呢？通过调研，我们发现“新型的数据和分析”被超过一半的受访者所认同，而“新形式的数据应用”和“更大范围的信息”则分列二、三位，“大量的数据”这一选项仅仅列第四位。由此可见，大量的受访者已经意识到大数据的重点在于“数据”的分析和应用，而“大”不过是信息技术不断发展所产生的海量数据的表象而已（见图 1－1）。

我们认为这显示了大数据从量到质的变化过程；代表着数据作为一种资源在经济与社会实践中扮演着越来越重要的角色，相关的技术、产业、应用、政策等环境会与之互相影响、互为促进。从技术角度来看，这种数据规模质变后带来新的问题，即数据从静态变为动态，从简单的多维度变成巨量的维度，而且其种类日益丰富，超出当前技术与工具控制管理的范畴。这些数据的采集、分析、处理、存储、展现都涉及复杂的多模态高维计算过程，涉及异构媒体的统一语义描述、数据模型、大容量存储建设，涉及多维度数据的特征关联与模拟展现。然而，大数据发展的最终目标还是挖掘其应用价值，没有价值或者没有发现其价值的大数据从某种意义上讲是一种冗余和负担。

---

① 引自 Gartner 大数据定义。

② 引自百度百科大数据词条。

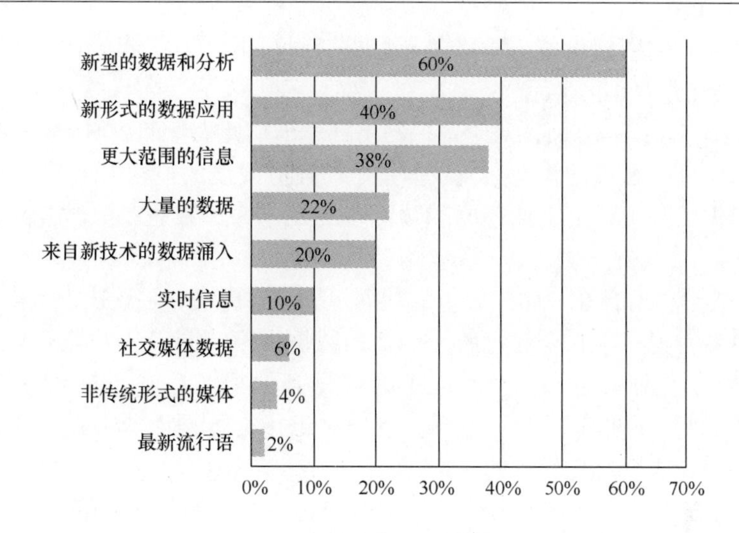

图 1－1　受访者对于大数据的认识

1.3　大数据的特征

目前，业内对于大数据特征的研究主要集中在“3V”、“4V”两种，归纳起来，可以分为规模、变化频度、种类和价值密度等几个维度。研究机构 IDC 定义了大数据的四大特征——海量的数据规模、快速的数据流转和动态的数据体系、多样的数据类型和巨大的数据价值，将“价值”作为第四个“V”。其他一些机构则将真实性作为第四个“V”。还有学者认为应该将供应商（vendor）作为第四个“V”。

我们对于大数据的特征从数量（Volume）、多样性（Variety）、速度（Velocity）、价值（Value）以及真实性（Veracity）几个方面进行认识和理解。在调查过程中，受访者对于大数据特性的关注度如图 1－2 所示，从高到低依次为多样性、价值、真实性、数量、速度。

➢　多样性：数据形态多样，从生成类型上分为交易数据、交互数据、传感数据；从数据来源上分为社交媒体、传感器数据、系统数据；从数据格式上分为文本、图片、音频、视频、光谱等；从数据关系上分为结构化、非结构化、半结构化数据；从数据所有者分为公司数据、政府数据、社会数据等。

➢　价值：尽管我们拥有大量数据，但是发挥价值的仅是其中非常小的部分。大数据背后潜藏的价值巨大。美国社交网站 Facebook 有 10 亿用户，网站对这些用户信息进行分析后，广告商可根据结果精准投放广告。对广告商而言，10亿用户的数据价值上千亿美元。据资料报道，2012年，运用大数据的世界贸易额已达60亿美元。

➢ 真实性：一方面，对于虚拟网络环境下如此大量的数据需要采取措施确保其真实性、客观性，这是大数据技术与业务发展的迫切需求；另一方面，通过大数据的分析，真实地还原和预测事物的本来面目也是大数据发展未来的趋势。

➢ 数量：聚合在一起供分析的数据规模非常庞大。谷歌执行董事长艾瑞特·施密特曾说，现在全球每两天创造的数据规模等同于从人类文明至2003年间产生的数据量总和。“大”是相对而言的概念，对于搜索引擎，EB（1024×1024）属于比较大的规模，但是对于各类数据库或数据分析软件而言，其规模量级会有比较大的差别。

➢ 速度：一方面是数据的增长速度快，另一方面是对数据访问、处理、交付等速度的要求快。美国的马丁·希尔伯特说，数字数据储量每3年就会翻1倍。人类存储信息的速度比世界经济的增长速度快4倍。

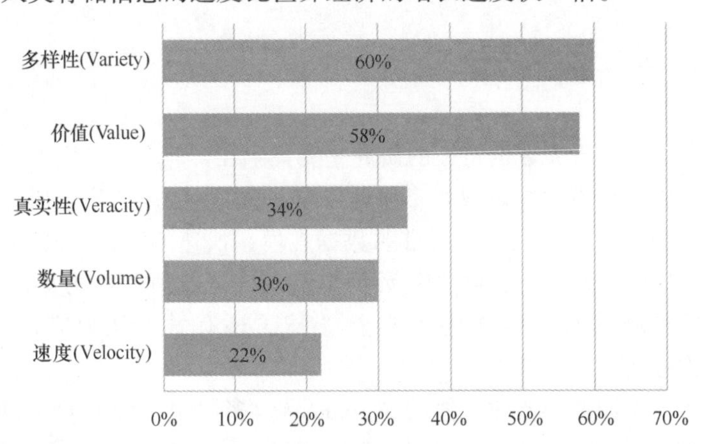

图1－2 受访者对于大数据特征的关注度

从图1－2中我们不难看出，在大数据的几个特征中，“多样性”和“价值”最被大家所关注。“多样性”之所以被最为关注，在于数据的多样性使得其存储、应用等各个方面都发生了变化，针对于多样化数据的处理需求也成了技术的重点攻关方向。而“价值”则不言而喻，不论是数据本身的价值还是其中蕴含的价值都是企业、部门、政府机关所希望的。因此，如何将如此多样化的数据转化为有价值的存在，是大数据所要解决的重要问题。

1.4 大数据的重要作用

据资料显示，近年来，甲骨文、IBM、微软、SAP、惠普等已经在数据管理和分析领域投入超出 150 亿美元。大数据产业 2014 年在全球范围内带来近千亿美元的 IT 开支；2015 年，大数据为全球带来 440 万个 IT 岗位。

1）促进行业融合发展

网络环境、移动终端随影而行，网上购物、社交网站、电子邮件、微信不可或缺，社会主体的日常活动在虚拟的环境下得到承载和体现。正如工业化时代商品和交易的快速流通催生大规模制造业发展，信息的大量、快速流通将伴随着行业的融合发展，经济形态的大范围变化。虚拟环境下，遵循类似摩尔定律原则增长的海量数据，在技术和业务的促进下，跨领域、跨系统、跨地域的相关数据共享成为可能，大数据支持着机构业务决策、管理决策的精准性与科学性，社会整体层面的业务协同效率提高。

2）推动产业转型升级

基于传统架构的信息系统很难应付爆发式增长的海量数据，同时传统的商业智能、搜索引擎、分析软件，在面对时空多维度、快速变化的海量数据时，也缺少有效的分析工具、方法和产品。大数据环境下，ICT 产业面临着有效存储、实时分析、高性能计算等挑战，这将对软件产业、芯片以及存储产业产生重要影响。

信息消费作为一种以信息产品和服务为消费对象的活动，覆盖多种服务形态，多种信息产品，多种服务模式。当其围绕数据的业务在数据规模、类型和变化速度达到一定程度时，大数据对于产业发展的影响随之显现。

同时，大数据将网络通信技术与传统产业更为密切融合，对于其转型发展，创造更多价值，影响重大。未来，大数据发展将不仅催生硬件、软件及服务等市场产生大量价值，也将对有关的传统行业转型升级产生重要影响。

3）助力智慧城市建设

信息资源开发利用水平，在某种程度上讲代表着信息时代下社会的整体发展水平和运转效率。大数据与智慧城市是信息化建设的内容与平台，两者互为推动力量。智慧城市是大数据的源头，大数据是智慧城市的内核。仅以智慧交通为例，智慧交通领域的海量数据融合了各类数据，并以城市交通为主题，在海量变化数据中建立关联关系，找到所需数据的准确信息，并被及时推送到对象手中，提高了城市管理的精确性，提升了城市居民的幸福感受。

1.5 章节汇总

本章介绍了大数据的基本概念、内涵，明确大数据的特征以及大数据的重要作用等基本概念。

第2章　大数据发展状况

2.1　背景和概要说明

大数据其实并不是新的概念和现象。早在20世纪80年代，美国就有人提出了“大数据”的概念。30多年来，由于信息技术的进步，各个领域的数据量都在迅猛增长，美国的企业界、学术界也不断地对这个现象及其意义进行探讨。最近这一两年，“大数据”这个概念在美国变得越来越流行，越来越重要。

2.2　国外大数据发展状况

大数据发展包括了自然科学、社会科学的技术创新，包括了信息公开、隐私保护、规范管理等的制度建设，包括了各个应用领域主题下的技术路线、模型建设与工具开发等具体实施方案。为此，国外发达国家纷纷对于大数据提出规划、计划、政策以及项目，推动大数据为其国民经济和社会发展服务。

据IDC调查分析，目前作为成熟的大数据应用主要集中于欺诈监测、风险管理与商业智能等领域。将其细分到对于产业，流程与活动等领域的大数据应用如图2－1所示。

图2－2中从活动、处理以及产业三个维度对于大数据技术和服务的相关用例进行了分类。其中活动维度中包括分析（例如数据分析、挖掘、多维分析、数据可视化）、操作（例如运行一个网站、处理网络订单）、信息访问（例如基于搜索的信息获取、规范化，以及内容和数据源的访问）；在处理维度中包括客户关系管理、供应链和运营、政府、研发、信息技术管理和风险管理；在产业维度中包含运输行业中的物流优化、零售行业中的价格优化、媒体和娱乐行业中的知识产权管理、石油和天然气行业中的自然资源勘探、制造业中的保修管理、执法中的犯罪预防和调查、银行业中的欺诈检测、医疗保健行业中的病人治疗和欺诈检测。

对于大数据应用的价值链主要包括以下3个方面。

图 2－1　大数据技术和服务简单用例

（1）采集或收集，审核旧的数据；采集新的数据；提升数据质量。

（2）聚合或整合，实时与批量数据的聚合或整合，多媒体、跨模态数据的聚合；分发给具有弹性计算功能的 IT。

（3）消费与应用：商业智能 BI 或数据仓库 DW 的集成；可视化；业务集成。

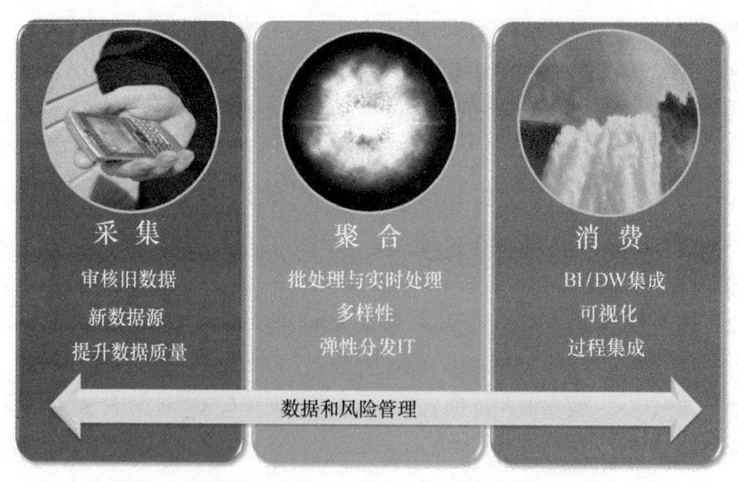

图 2－2　数据和风险管理中的大数据价值链

美国

2011 年美国总统科学技术顾问委员会建议，大数据相关技术具有重要战略价值，而联邦政府对其研发投资不足。为此，白宫科技政策办公室发布了

《大数据研究和发展倡议》，并组织了大数据高级监督小组协调和拓展政府在这一重要领域提升美国利用收集的庞大而复杂的数字资料提炼真知灼见的能力，协助加速科学、工程领域创新步伐，强化美国国土安全，转变教育和学习模式。

美国联邦政府提出了《大数据研究和发展倡议》，希望与行业、科研院校和非营利机构一起，共同迎接大数据所创造的机遇和挑战。某种程度上，大数据技术在美国已经形成了全体动员的格局。计划在科学研究、环境保护、生物医药研究、教育以及国家安全等领域利用大数据技术进行突破。在白宫科技政策办公室（OSTP）发布大数据研发倡议时，美国国家科学基金会（NSF）、国家卫生研究院（NIH）、国防部（DOD）、能源部（DOE）、国防部高级研究局（DARPA）、地质勘探局（USGS）六个联邦部门和机构承诺，将投入超过2亿美元资金用于研发“从海量数据信息中获取知识所必需的工具和技能”，并披露了多项正在进行中的联邦政府计划。主要内容包括：美国国家科学基金和美国国家卫生研究院主要推进大数据科学和工程的核心方法及技术研究，项目包括管理、分析、可视化，以及从大量的多样化数据集中提取有用信息的核心科学技术；国防部高级研究局项目主要推进大数据辅助决策，集中在情报、侦查、网络间谍等方面，汇集传感器、感知能力和决策支持建立真正的自治系统，实现操作和决策的自动化；美国能源部试图通过先进的计算进行科学发现，提供2500万美元基金来建立可扩展的地质勘探局通过给科学家提供深入分析的场所和时间、最高水平的计算能力和理解大数据集的协作工具，催化在地理系统科学的创新思维。

2012年3月美国白宫宣布启动大数据研究和开发，6月美国国家标准技术研究所（NIST）启动了大数据相关研究。2013年6月，NIST召开了大数据公共工作组（Big Data Public Working Group，BD－PWG）成立会议，并于9月启动了大数据定义和数据、通用需求、参考架构、安全隐私及技术路线图等内容的研究，并提出了《大数据参考架构》文件，受到多方面关注。

欧盟

2010年11月欧盟委员会首次提出“欧盟开放数据战略”，旨在将公共部门搜集和产生的原始数据通过再利用成为数以万计ICT用户依赖的数据材料，同年12月正式推进这一战略并提出有关开放数据战略的多项法律提案，提案指出，“所有来自于公共部门的文件除非受第三方版权保护均可用于任何目的（商业性或非商业性），大部分公共部门的数据都将免费或几乎免费，强制要求提供通用的且机器可读格式的数据，确保数据的有效再利用，数据开放范围将覆盖包括图书馆、博物馆、档案馆等在内的更广泛的组织”。

“欧盟开放数据战略”希望让欧洲企业与市民能自由获取欧盟公共管理部门的所有信息，建立一个汇集不同成员国以及欧洲机构数据的“泛欧门户”。这一战略措施的实施预计每年将会给欧盟经济带来400亿欧元的增长，使欧盟成为公共部门信息再利用的全球领先者。

未来，欧盟开放数据战略将重点加强在数据处理技术、数据门户网站和科研数据基础设施三方面的投入。目前比较成功的应用有“你的议会”（www. itsyourparliament. eu），公民可以通过该网站了解欧洲议会的选票情况，查看投票记录并投票；英国制药（www. data. gov. ukappsuk - pharmacy），通过智能手机帮助市民在英国找到距离最近的药店；欧洲能源（http：//energy. publicdata. eu/ee/vis. html），对欧盟统计局和其他机构提供的数据进行加工，能可视化欧洲能源消费情况；开放企业（http：//www. opencorporates. com），是关于公司的数据库，目前已包含超过30个地区3 000万家企业的URL。

联合国

联合国推出了名为“全球脉动”（Global Pulse）的新项目，希望利用“大数据”预测某些地区的失业率、支出削减或是疾病爆发等现象。

全球脉动技术的目标在于利用数字化的早期预警分析，来提前规划、调整、指导联合国在全球范围内，针对众多行业领域的援助项目，以提高援助项目完成的精确性和有效性。

多国联盟

合作下的数据开放是目前的潮流，也是大数据应用的前提。2011年美国、英国、巴西、挪威、墨西哥、印度尼西亚、菲律宾、南非八国宣布成立“开放政府联盟”（OGP），并发布《开放政府宣言》，宣言书说：“政府代表公民收集并保存各种各样的信息，公民有权利获取关于政府活动的各种信息。我们承诺：用可以重复使用的格式，及时主动地向社会开放高质量的信息，包括原始的数据。”

2011年12月，美国联邦政府宣布将和印度政府共同合作，把现有的Data. gov改造成开源平台，印度将率先移植Data. gov，作为其中央政府的数据开放平台。

英国政府自2011年11月发布了对公开数据进行研究的战略政策，同时致力于探索公开数据在商业创新和刺激经济增长方面的潜力。

英国媒体2012年5月报道，英国政府投资支持成立开放式数据研究所ODI（The Open Data Institute）。未来，英国政府将通过这个组织来利用和挖掘公开数据的商业潜力，并为英国公共部门、学术机构等方面的创新发展提供

“孵化环境”，同时为国家可持续发展政策提供帮助。

法国政府在《数字化路线图》中列出了五项将会大力支持的战略性高新技术，而“大数据”是其重要内容。2013 年 4 月法国政府召开“第二届巴黎大数据大会”，会上法国经济、财政和工业部门宣布将投入 1150 万欧元用于支持 7 个未来重点项目。这些项目的目的在于“通过发展创新性解决方案，并将其用于实践，来促进法国在大数据领域的发展。”

此前，法国软件编辑联盟（AFDEL）曾号召政府部门和私人企业共同合作，投入 3 亿欧元资金用于推动大数据领域的发展。AFDEL 认为，未来 5 年内，大数据创造的价值将会达到 28 亿欧元，同时将会产生 1 万个工作岗位。

工业界针对大数据分析平台，纷纷推出自己的大数据分析工具，主流的平台和产品如下：

Google 的大数据分析产品

Google 公司作为全球最大的信息检索公司，走在了大数据研究的前沿。面对呈现爆炸式增加的互联网信息，仅仅依靠提高服务器性能已经远远不能满足业务的需求。如果将各种大数据应用比作“汽车”，支撑起这些“汽车”运行的“高速公路”就是云计算。正是云计算技术在数据存储、管理与分析等方面的支持，才使得大数据有用武之地。Google 公司从横向进行扩展，通过采用廉价的计算机节点集群，改写软件，使之能够在集群上并行执行，解决海量数据的存储和检索功能。Google 公司大数据处理的几大关键技术为：Google 文件系统 GFS、MapReduce、Bigtable 和 BigQuery。Google 的技术方案为其他的公司提供了一个很好的参考方案，各大公司纷纷提出了自己的大数据处理平台，采用的技术也都大同小异。

惠普的 HAVEn

HAVEn 平台提供了大量的应用开发接口（API），惠普希望通过 HAVEn 与合作伙伴共同打造一套完整的大数据分析生态系统，让更多应用解决方案落地到行业。它可以充分利用惠普的分析软件、硬件和服务，创建新一代为大数据准备的分析应用和解决方案。“HAVEn”这个名字实际上来源于其各个组件的首字母，即 Hadoop（HDFS）、Autonomy、Vertica、Enterprise Security 以及 nApp（行业解决方案）。可以看出，HAVEn 平台实际上是一个惠普大数据产品的组合。具体而言，HAVEn 并不是简单的产品堆叠，惠普对其中各个组件的交互与连接都进行了设计与优化，并提供了统一的框架。HAVEn 平台能够从各种数据源进行集成，分析各种类型数据，如传统数据仓库、机器生产数据、电子邮件、文本数据以及企业外部的社交媒体数据。

Teradata

日前，全球领先的大数据分析和数据仓库解决方案厂商 Teradata 天睿公司发布了 Teradata Aster 大数据综合分析平台。作为业内首款整合大数据分析平台，实现了将开源 Apache Hadoop 和 Teradata Aster 整合至高度集成和优化的单一平台中。该平台采用 Teradata Aster 的 SQL - MapReduce 和 Aster SQL - H 专利技术，支持用户透明地访问 Hadoop 平台，为广大知识型员工提供独特的业务分析功能。该平台预先封装多项开启即用的分析功能，能够在数小时内快速实现数字营销优化、社交网络分析、欺诈侦测以及机器生成数据的分析等。Teradata Aster 大数据综合分析平台专为满足苛刻的分析需求设计，提供更强的计算能力、更大的内存容量及更快的数据移动。同市场上其他典型平台相比，该平台的数据吞吐量及分析速度将分别提高 19 倍及 35 倍。Teradata Aster 大数据综合分析平台配备充足的内存和高速宽带互联功能，能够支持极度密集的复杂分析计算，相比现有其他产品更加简洁。采用 Teradata Aster 大数据综合分析平台后，用户无需复杂的培训即可使用 MapReduce 和 Hadoop 技术。

IBM 的 InfoSphere

2011 年 5 月，IBM 正式推出 InfoSphere 大数据分析平台。InfoSphere 大数据分析平台包括 BigInsights 和 Streams，二者互补，BigInsights 对大规模的静态数据进行分析，它提供多节点的分布式计算，可以随时增加节点，提升数据处理能力。Streams 采用内存计算方式分析实时数据。InfoSphere 大数据分析平台还集成了数据仓库、数据库、数据集成、业务流程管理等组件。BigInsights 基于 Hadoop，增加了文本分析、统计决策工具，同时在可靠性、安全性、易用性、管理性方面提供了工具，并且可与 DB2、Netezza 等集成，这使大数据平台更适合企业级的应用。比如，BigInsights 提供了一种类似 SQL 的更高级的查询语言。再如，除了支持 Hadoop 的 HDFS 存储系统外，BigInsights 还对 IBM 最新推出的 GPFS SNC 平台进行支持，以更好地利用其强大的灾难恢复、高可靠性、高扩展性的优势。企业级产品更重要的是没有单点故障，GPFS 让整个分布式系统更可靠。Hadoop 本身不提供分析的功能，因此 BigInsights 平台增加了文本分析、统计分析工具。

2.3 国内大数据现状

我国在推进信息化发展、电子政务建设、智慧城市等领域，多次强调要重视整体提升信息资源开发利用水平，强调要关注并重视大数据工作。目前，国内对于大数据的实质推进更多地处于科研、应用、地方、产业等单个部门的探索实践中。部分信息化发展基础较好的地方，其信息化发展规划及产业部署中已经明确了推动大数据的发展与应用。

国内大数据关注焦点

通过调研的分析显示，目前在大数据的行业领域应用关注度上，“智慧城市”、“政务”以及“公共服务”位列前三（见图 2－3）。

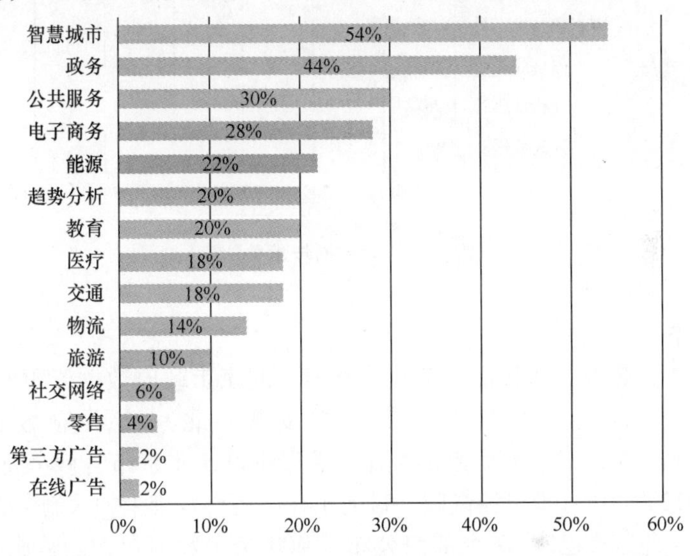

图 2－3　各领域的大数据关注度

不难看出，目前对于大数据应用有迫切需求的主要集中在政府部门。政府部门在推动社会管理与公共服务过程中，希望通过对于现有的和正在产生的大量、多媒体的数据进行有效的分析和应用，支持基础设施建设和提高服务水平。对于“能源”、“教育”、“医疗”、“交通”等领域的大数据关注度大体相当，体现了大数据应用的广阔性；这些领域在传统业务推进中头绪比较复杂，数据资源开发水平低，科学化决策难度大。大数据的发展应用在某种程度上缓解了对于复杂形势的分析，对于科学决策的客观数据支持，在这些领域中大数据的应用呈现比较广阔的前景。

在具体技术层面，“信息集成”成为了国内大数据关注的重点。目前大部分单位及受访者都表示已经利用一个集成的、可缩放的、可扩展的和安全的信息基础设施开始推动大数据应用的实践。同时，在实践过程中对于数据的安全性与治理，大容量的数据存储与管理，基础架构、相关工具等也是大数据发展关注的重要技术领域（见图 2－4）。

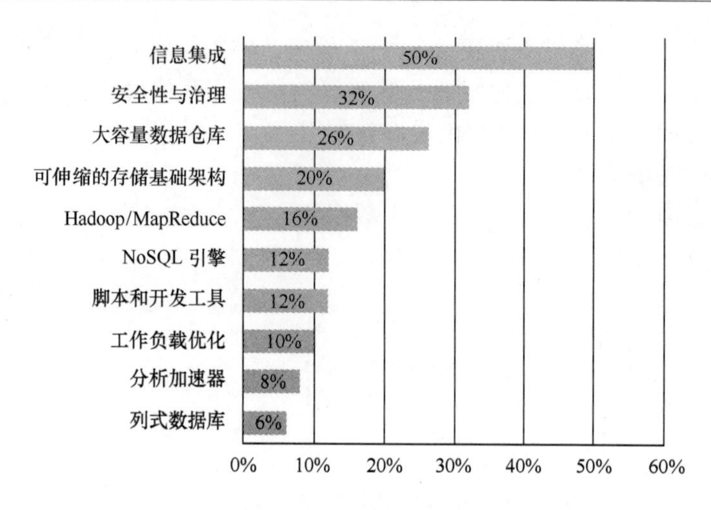

图2－4 大数据技术关注度

北京市

作为“大数据”惠民的一项重要探索，北京市政府数据资源网为政府信息资源的社会化开发利用提供数据支撑。北京市政府数据资源网（www. bjdata. gov. cn）由北京市经信委牵头建设，北京市各政务部门共同参与，于2012年10月推出测试版，目前正在试运行基础上加快制定管理办法。

目前，北京市已有29个部门公布了400余个数据包，涵盖旅游、教育、交通、医疗等各个门类。打开网站主页可以看到，点击量最高的是“土地用途分区”，已被下载435次，由北京市国土资源局提供。旅行社、机场班车线路、星级饭店、高校信息也是非常热门的下载资源。北京市政府数据资源网正在面向企业及个人征集APP（应用程序），一些社会力量开发的APP正在进行技术测试和审查。

在该网站可以看到，“游北京”和“爱健康”两个由社会力量开发的APP并未完成，但目前已经可以下载试用。前者可以查阅北京旅游景点、餐饮、促销信息、洗手间信息等，后者是北京市所有卫生保健设施的指南应用，包括诊所、医院、养老院等信息，用户可以利用这款软件定位附近的医疗设施，查看现场网络图像。

广东省

广东省是国内率先关注并推动大数据的省份之一。2013年5月出台《广东省信息化发展规划纲要（2013—2020年）》，智慧广东建设基本路线已经清晰，明确“到2015年，全省信息化总体达到中等发达国家水平，珠三角地区信息化水平迈进世界先进行列。智慧城市建设取得显著成效，信息基础设施进一步完善，信息技术自主创新体系基本形成，信息技术与传统产业深度融合，大数据和商业智能试点示范应用成效明显，公共服务和社会管理电子化、网络化全面普及，信息化有效推动产业转型升级和生产方式转变，信息化成果惠及全省人民。”在构建信息技术产业体系的发展任务中，明确“构建面向企业经营管理及社会服务和管理的大数据分析、挖掘应用创新平台，并以广州、深圳两大超级计算中心为基础构建信息技术研发设计、高性能计算创新平台。”在推动信息化和工业化深度融合发展任务中，明确“推进大数据商业化应用。充分利用市场机制，加快推进行业、企业开展大数据应用。支持和鼓励行业协会、中介组织开发深度加工的行业应用数据库，建立行业应用和商业服务大数据公共服务平台，提供数据分析、挖掘分析和商业智能等大数据应用服务，帮助中小微企业定制各类大数据应用解决方案。培育数据资源服务重点企业，提高数据资源服务能力。推动大数据在生产过程中的应用，鼓励企业运用大数据开展个性化制造，创新生产管理模式，降低生产成本，提高企业竞争力。加快商业大数据创新应用，鼓励企业开展精准营销、个性化服务，提高流通、销售等环节的管理水平。”在推进城镇管理和服务智慧化任务中，明确提出“建设智慧城镇运营平台，建立健全数据采集、交换共享、开发利用相关标准体系，开展智慧城镇大数据应用，推动城镇创新发展。深入推进智慧城市试点建设，引导全省智慧城市建设有序推进。”

其实，在 2012 年广东省经济和信息化委员会就开展了“广东省实施大数据战略工作方案”的研究，立足于坚持以开放共享推动大数据应用，以开发应用带动大数据发展，以大数据发展促进社会创新，建成智慧广东。方案中提出，为保证大数据战略有效实施，将建设政务数据中心，并为高等院校和企业等成立大数据研究机构提供支持；将在政府各部门开展数据开放试点，并通过部门网站向社会开放可供下载和分析使用的数据，进一步推进政务公开。

陕西省

近年来，陕西省电子政务与信息化建设快速推进。一方面，加强了顶层设计和集中部署，另一方面电子政务公共平台服务体系初步建成。陕西省各级政府及相关部门的信息化服务，不再需要重复建设网络、机房，不再考虑存储、灾备等因素。

2012 年 12 月陕西省发布“大数据产业发展战略”与“沣西大数据产业园发展规划”。陕西省大数据产业发展分为三个阶段：2012—2013 年是导入期，以建设政务公共平台为支撑，以政务信息资源建设服务为基础，构建基于高性能计算的大数据计算处理平台和环境；2013—2015 年是建设期，也是战略机遇期，根据人口、产业、社情民意调查分析、社会管理与服务、金融等领域对大数据处理需求，承接其他国家有关部委和央企数据中心或灾备中心落户，形成大数据产业洼地，将全国人口信息处理与备份中心落户西咸新区作为陕西发展大数据产业的重要机遇；2016—2017 年是成长期，围绕国家基础数据的上下游流入，形成以政务大数据服务产业为核心的高黏性信息服务产业生态。到 2017 年，建成以西咸新区为核心的国家级大数据处理与服务产业集群，成为国家政务信息资源的汇集地、社会信息资源的集散地。

沣西大数据产业园选址位于西咸新区信息产业园内，总占地约 5 平方千米，拟分三大板块推动大数据产业发展。第一板块为数据基础层产业集聚区；第二板块为软件开发和信息服务集聚区，第三板块为预留拓展区，作为未来信息产业持续增长的重要保障。目前中国移动、中国电信、中国联通三大运营商以及全国人口数据处理与备份（西安）中心项目已经入区，产业集聚初具规模。“沣西大数据产业园发展规划”以“数据沣西、智慧西咸、备份中国、物联世界”为目标，以实现数据的“规模化集中吞吐、深层次整合分析、多领域社会应用、高效益持续增值”为方向，大力发展数据存储、呼叫中心、IDC 中心、灾备中心、数据交换共享平台等业态，积极创新商业模式。

产业联盟

各地方结合其经济、技术、产业等发展需求，以产业联盟等形式推动大数据发展。

2013 年 3 月 28 日深圳市大数据产业联盟成立。发起成立联盟的 16 个单位主要包括：中科院深圳先进技术研究院、国家超级计算深圳中心（深圳云计算中心）、深圳大学、清华大学深圳研究生院、深圳市南山科技事务所、金蝶国际软件集团有限公司、华为技术有限公司、宇龙计算机通信科技（深圳）有限公司、华大基因、腾讯公司等。该联盟立足于发挥深圳高新技术研究和产业化优势，发挥产业联动作用，促进同行业间信息沟通、业务合作、资源共享、优势互补，促进大数据产业链的形成。

2013 年 6 月，山东农业大数据产业技术创新战略联盟成立。包括 6 个省直厅局，2 所农业高校，2 家科研单位，还有 11 家计算机和信息技术、农业产业方面的国内知名企业作为联盟的成员。这个由政府、高校、科研单位、企业组成的联盟将通过加强对农业相关信息和数据的分析研究，为政府决策、产业发展提供更多的服务和支持。山东省科技厅、教育厅、农业厅、林业厅、国土资源厅、水利厅、省畜牧局、农机局等政府部门，中国测绘科学研究院、山东省农科院、山东农业大学、青岛农业大学等科研单位和高校，以及龙信数据（北京）有限公司、浪潮集团、山东金正大生态工程股份有限公司、山东登海种业股份有限公司等国内企业。与农业相关的信息、数据来源十分广泛，包括气象、土地、水利、农资、农业科研成果、动物和植物生产发展情况、农业机械、病虫害防治、生态环境、市场营销、食品安全、公共卫生、农产品加工等诸多环节。这里更为重要的是农业大数据的应用。联盟将致力于成员间的沟通与合作，以联盟为沟通与合作平台，共同围绕农业大数据产业技术创新的关键问题，加强合作，联合攻关；加强联盟创新资源的整合与共享，强化创新人才培养机制创新，积极推进大数据研究的学科建设；探索建立互利互惠、富有生命力、符合市场化和产业化的运行机制；积极开展农业大数据的示范推广，为政府部门科学决策提供参考。

国内大数据应用实践

国内大量企业纷纷意识到，随着大数据相关技术的不断发展，传统的商业模式将被颠覆，新的商业生态将形成，而且随着价值链各方对业务模式和盈利模式的创新，新的商业生态将在不断演化中完善。因此各个企业纷纷开展自己的大数据布局。

经过调研发现，目前国内的企业重点关注的大数据应用还是在数据开放与共享以及数据服务两个方面。数据的开放与共享，能够解决企业数据来源单一、数据收集不畅等问题，为企业获得数据资源提供方便。而针对于数据服务的关注，则更多地体现在企业对其自身新的盈利模式的关注。

地图数据领域

高德地图作为数字地图、导航和位置服务解决方案提供商，掌握了大量的行业运营车辆 GPS 数据，以及高德用户数据，并与各城市交管部门合作，掌握了众多交通信息数据。

高德和阿里巴巴开展了数据领域的共享合作。在数据交换方面，两家公司拟联合建立数据库系统，高德提供地理位置、交通信息数据、兴趣点信息（point of interest，POI）以及用户数据等，阿里巴巴则分享其电商平台如淘宝、天猫上商家的地理位置信息以及其他基于网络的地理位置信息，从而解决两家公司间各自数据来源领域的不同所导致的数据单一等问题。通过进行充分有效的数据共享交换，使得两家公司的数据资源都得到了充分的补充和扩展，为之后进一步的数据分析、挖掘和分析提供了一个良好的环境。两家企业未来将共建大数据服务体系，高德拥有基础的地图和导航数据，阿里巴巴在电子商务尤其是商户信息方面非常强大，其电子商务平台上每天有上千万商户交易、物流配送等信息，未来两家企业会把两家的数据融合、匹配，建立大数据服务体系，两家会在数据服务上与其他传统的技术厂商之间产生一个巨大的差距，其合作优势将会很快在服务中得到展现。

除与阿里巴巴的合作之外，高德地图还与嘀嘀打车、团800、大众点评、携程、丁丁优惠、订餐小秘书等第三方资源进行合作。通过与这些第三方资源的数据开放和共享，一方面提高高德地图本身的数据来源和储备，为其服务提供更加有力的支持。同时高德地图也将其自身的数据与这些企业进行共享，从而带动这些企业相关业务的开展。

电子商务领域

拥有10年电商经历的京东积累了非常多的有价值的数据，京东以低价、正品行货和快速吸引了一大批非常有质量的用户，上亿用户的数据对于任何一家电商来说，都具有一定的价值。

目前京东将其交易、营销、供应链、仓储、配送、售后和IT七大系统所产生的数据，通过其数据平台全面的进行开放。提供超过500个API的调用，用户可以通过调用其提供的API来获得在京东大数据平台上的相关数据，从而为其相关的应用提供便利。目前京东数据平台的开放API的日均调用量超过了2亿次，合作的ISV（Independent Software Vendors独立软件开发商）500多家，注册的个人用户达到了3万人次，为1万余家商户提供了服务。

京东作为国内知名的电子商务平台，其数据服务的主要对象就是在其平台上进行销售的商户和购买商品的客户。因此京东提供的数据服务，重点集中在以下几个方面。

（1）精准营销：几乎所有的电商企业都会基于用户的购买行为做精准营销，主要方式是E-mail、短信等。网站推介系统也是一种较为隐蔽的营销方式。京东依靠大数据进行精准营销，最重要的是用户建模。

（2）优化供应链：京东的很多商品都是自动补货，系统会根据销售情况和市场预期，依靠预测模型，在库存量达到某一个阀值时自动生成订单发给供货商。一些复杂的因素会被去除掉，例如团购等，以保证预测模型的准确。大数据也被应用在了物流配送领域。京东会分析物流人员、仓库以及用户之间的地理关系，为物流人员提供最优配送路径，提高配送速度，提升用户体验。

（3）智能网站：基于大数据分析、挖掘和分析，网站将变得越来越智慧。一些商品具有重复购买的特点，例如牙膏，购买之后在可预期的一段时间内将会用完。京东会分析此类商品用户两次购买之间的平均时间，在这个时间到来之后，推介系统有可能会给用户推介相应的商品，提升用户的体验，提高商品的转化率。

科学研究领域

中国科学院计算机网络信息中心研发了中科院科学数据库。截至2010年底，科学数据资源超过了150TB，提供在线服务的科学数据资源超过100TB。数据资源涵盖物理、化学、地球科学、生物学、材料科学、能源科学、信息科学等多个学科领域；“十二五”期间的目标是形成开放共享、服务创新的国家级科技数据中心，为我国科技发展提供强大和持续的数据基础设施。此外，还开发了提供推送最新论文、专利和项目信息的科技信息服务，提供地理空间数据云等开放数据集，目前内容尚在完善过程中。

2.4　大数据发展趋势

从国际上看，大数据方面的工作主要集中在以下4个方面。

（1）政府层面，主要是提供政策导向，推动政府数据、科学数据开放，为大数据发展提供政策支持和可信数据来源。

（2）研究机构利用政府资金，开展科学数据、论文等开放数据集建设，并开展数据集间互操作方面的研究。

（3）Google等公司研制了分布式数据处理平台等产品，为大数据发展提供技术和产品支撑。

（4）标准化方面，目前最为实质性的是ISO/IEC JTC1成立了大数据研究组，由美国NIST牵头，NIST系统地开展了大数据架构、数据、安全需求等方面的研究，研究成果将贡献至JTC1。

从国内情况来看，多个地方政府提出大力发展大数据的政策导向，在北京市率先开放了政府数据资源；中国科学院计算机网络信息中心研发了科学数据库等开放数据集；阿里利用拥有的大量商业数据为基础，进行统计、分析和挖掘，对外提供数据服务；人民大学等研究院所和百度、阿里等公司正在开展大数据处理技术和平台研制工作；在标准化方面，全国信息技术标准化技术委员在充分调研基础上，提出了技术体系参考模型和标准体系框架，提出了术语、体系结构、数据表示、非结构化数据、数据质量、科学数据集等方面标准，其中多项标准已经立项。

从大数据与相关技术的关联关系上来看，互联网、物联网、云计算等技术的发展为大数据提供了基础，互联网、物联网提供了大量数据来源；云计算的分布式存储和计算能力提供了技术支撑；而大数据的核心是数据处理。其中传统的数据处理技术经过演进依然有效，新兴技术还在不断探索和发展中。

从大数据商业模式上来看，大数据时代，不断涌现出围绕大数据、利用大数据的新产品形态、新业务模式。其中，“数据租售”即通过出售原始的业务数据或者是经过初步处理分析的数据来获取直接的利益，以商品化的数据应用创造了新的商业模式。百度游戏通过搜集整理网络游戏用户的搜索需求和搜索热点，建立完备的用户行为数据库，提供给上游的游戏运营商创造数据服务的收入来源，成为在搜索引擎领域中将以数据支持服务变为主要盈利模式的成功案例。阿里巴巴正在研发的数据仓库，以阿里巴巴拥有的大量商业数据为基础，进行统计、分析和挖掘，形成规范的实体明细数据和指标数据，对外服务。其中，“魔方”是淘宝网成立的专门用于提供数据服务的机构，为商家提供行业分析数据，从中获取利益。此外，科学机构、政府机构提供的数据集也成为可信的重要数据来源。

大数据的发展目前急需解决三方面的问题：一是提供处理大数据能力的技术和平台；二是需要明确大数据生态环境中的各个角色的权利、义务，解决数据开放和共享过程中的产权保护、权限管理和隐私保护等问题；三是需要建立可管理维护、可信、易于互操作的数据资源集，这是大数据发展的初步成果，为大数据处理、应用和进一步发展提供基础，也是我国的重要信息资源。其中第一个问题是技术问题，后面两个问题既是技术问题，也是管理问题。

2.5 章节汇总

本章介绍了大数据在美国、欧盟等国外政府机构以及行业内的大型企业在大数据方面的发展状况，同时还介绍了国内的北京、陕西等地方政府以及行业的应用发展情况。

第3章 大数据技术体系

3.1 背景和概要说明

大数据作为一项新兴技术，目前尚未形成完善、达成共识的技术体系。NIST 和 JTC1/SC32 提出的技术参考架构是目前较为完善、影响力较大的成果。本章首先分析这两项成果的内容，根据对大数据的理解和分析，介绍中国大数据技术体系的初步构想。

3.2 NIST 提出的大数据参考架构

图 3-1 为 NIST 在 2013 年 11 月 22 日编写形成的 1.1 版《大数据参考架构》中提出的大数据参考模型图。

图 3-1 的 NIST 大数据参考架构表示了通用的、与技术无关的大数据系统的逻辑功能模块以及模块之间的互操作接口（如服务）。这些被称为“提供者”的模块代表了大数据生态系统中的功能角色，表明它们提供或实施大数据系统中特定技术的功能。

大数据参考架构基于代表大数据价值链的两个维度组成：信息流（垂直维）和 IT 集成（水平维）。在信息流维度上，价值通过数据采集、集成、分析、使用结果来实现。在 IT 维度上，价值通过为大数据应用的实施提供拥有或运行大数据的网络、基础设施、平台、应用工具以及其他 IT 服务来实现。大数据应用提供者模块是在两个维的交叉点上，表明大数据分析和其实施是为两个价值链上大数据利益相关者提供的特定价值。

5 个主要的架构模块代表在每个大数据系统中存在的不同技术角色：数据提供者、数据使用者、大数据应用提供者、大数据框架提供者、系统协调者。另外两个架构模块是安全隐私和管理，代表能为大数据系统其他模块提供服务和功能的构件。这两个关键功能极其重要，因此也被集成在任何大数据解决方案中。

此架构可以用于多个大数据系统组成的复杂系统，这样其中一个系统的

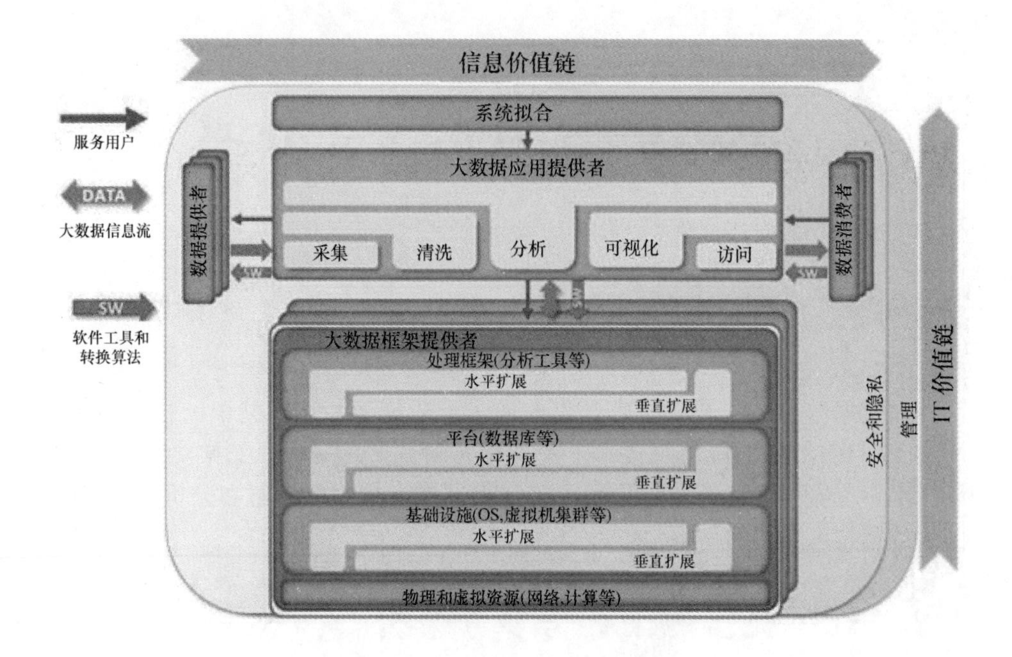

图 3－1　NIST 大数据技术参考模型图

大数据使用者可以作为另外一个系统的大数据提供者。“数据”箭头表明在系统主要模块之间流动的数据。模块之间的数据可以是物理实体或者数据的引用地址。“软件”箭头表明在大数据流程中的支撑软件工具。“服务使用”代表软件程序接口。虽然此架构主要用于实时运行环境，但也可用于配置阶段。大数据系统中涉及的人工协议和人工操作没有被包含在此架构中。

3.3　国际标准化机构提出的大数据概念模型

在 ISO/IEC JTC1 SC32 的 2013 年全会上，下一代分析与大数据研究组提出了大数据概念模型如图 3－2 所示。

该概念模型为下一代分析和大数据提供了一个框架，针对大数据涉及的各要素和之间的关系进行了描述，为下一步的标准化工作奠定了基础。模型虽然对于大数据技术涉及到的领域进行了基本分析，但仍有待进一步深入研究。

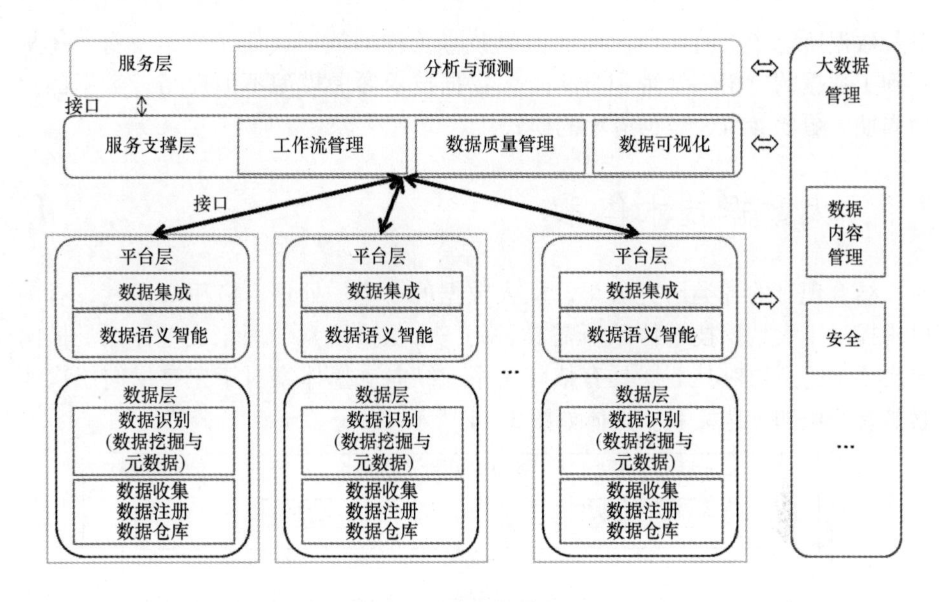

图3-2　大数据概念模型

3.4　大数据生命周期

说到数据，就不能不说到数据的生命周期，因为这是数据运行流转的整个过程，大数据作为一种数据的集合，也必然要经历这个周期，如图3-3所示。

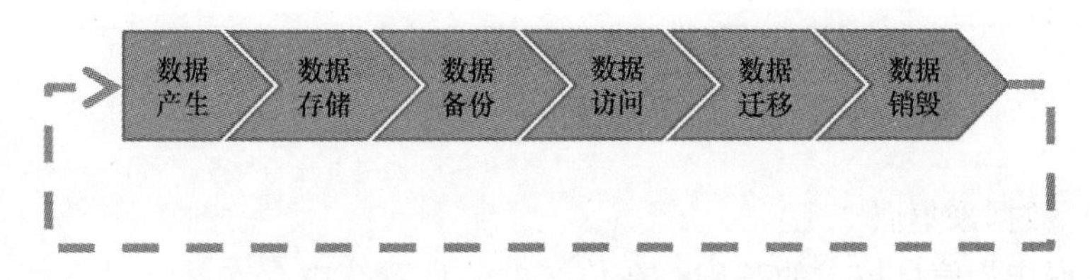

图3-3　数据生命周期

在NIST提出的大数据参考架构和JTC1/SC32提出的大数据概念模型中，除了在表现形式上有所差异外，都与数据生命周期进行了紧密的结合，并在数据生命周期之上扩展到了数据应用处理和分析。

结合数据生命周期，传统的数据技术也可以按照这几个阶段来分类。但是，传统的数据生命周期仅仅局限于数据的存在，并没有体现到数据的应用，以及数据所能产生的价值。而大数据技术关注的就不仅仅是数据本身，还扩展到了数据的应用、处理和分析。大数据技术参考模型不但要结合数据的生命周期，更要参考大数据应用的模式。

3.5 大数据技术体系

结合现有的各类研究成果，从大数据的产生、处理、应用等角度，有关机构提出了大数据技术体系所需具备的三个层次要素、两个支撑体系。横向层次要素的上层对其下层具有依赖关系，纵向支撑体系对于三个横向层次要素具有约束和支撑关系。具体如图 3－4 所示。

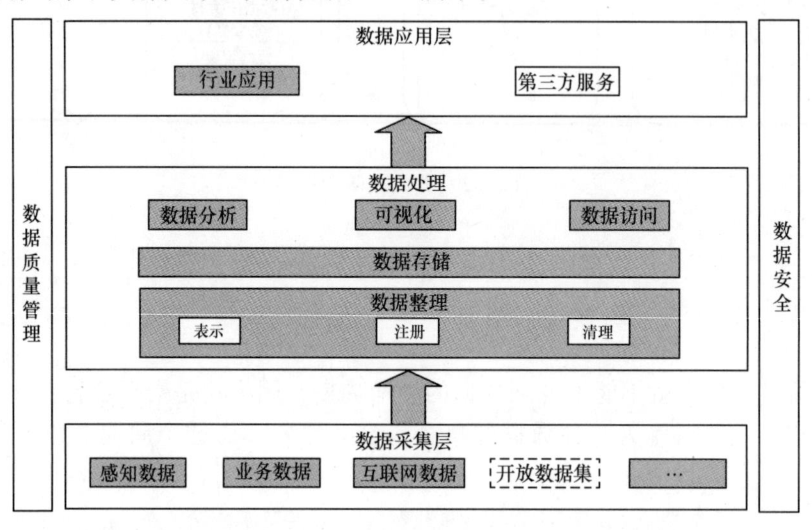

图 3－4 大数据技术参考架构

1）数据采集层

数据作为信息技术的基础，在传统的信息系统中存在并且动态产生大量结构化数据和异构数据，规模不断扩大，速度越来越快；而随着互联网应用的发展，产生了大量非结构化为主的数据；随着物联感知技术的发展，物联感知设备实时生成了大量数据；此外，目前政府、学术界、商业机构逐步对外开放了一些可维护管理、可信的数据集。这几部分内容为数据处理和应用提供了基础数据资源。

2）数据处理层

数据处理层包含了数据整理、数据存储、数据分析、数据可视化和数据访问等数据处理方式。数据整理，是指对数据采集汇聚来的数据进行清洗、比对，并对数据进行表示、注册、建模等工作，使得数据能够具备更好应用的技术条件。其中，数据表示包括对数据的格式、分类、内容、对象等信息进行规范性描述；数据注册是对数据进行合理、规范化管理的方式之一；数据清理是发现并纠正数据中可识别的错误，包括检查数据一致性，处理无效值和缺失值等。

数据存储是对经数据整理后的数据，结合数据特点、系统应用特点，采用合适的存储技术与系统，进行数据存储处理。数据整理和存储后，将进行数据分析、可视化和数据访问三种处理方式。数据分析是为用户准确快速定位其所需要的数据，并通过对于大量的数据分析后给出用户所需要了解的具体结论与结果；数据可视化是以更加直观的方式将数据统计分析结果展现出来；数据访问是指为用户提供直接或间接地访问到所需数据的服务。

总体来说，数据处理层是将数据采集汇聚收集上来的大量的、多样的、快速变化和具有潜藏价值的数据，进行标准化处理，为各类应用服务。从系统实现上来看，数据处理部分往往体现为包含数据处理流程管理、质量管理和数据可视化等功能的产品、工具和系统。

3）数据应用层

数据应用层是指利用数据处理的结果，结合不同的应用需求，形成基于大数据的各类大数据应用。其中行业应用指的是为根据各个行业不同的数据需求进行相应的处理，通过不同的方式，形成符合行业的应用；第三方服务则是将原始数据经过一定的处理，形成开放数据集，可以服务于各类具体应用。

4）数据安全保障体系

大数据需要完善的数据安全技术作为支撑，以提升数据传输、处理和利用的安全可控水平，为大数据应用提供可靠的信息安全保障环境。从技术角度看，关键数据的加密存储技术与存储策略，是数据安全的核心；链路的安全，及保证使用过程中数据的完整性与防窃听也是数据安全的重要内容；此外，涉及数据安全管理的内容包括，对于数据采集、数据处理、数据使用者的授权管理，包括身份和终端的授权管理，需要支持多种身份认证用户；对于数据生命周期中各类操作需要记录，应提供完整的安全审计技术机制。构建符合国家信息安全相关技术法规要求的数据安全保障体系，是营造有利于大数据发展环境的重中之重。

5）数据质量管理

数据质量体现着数据的价值。数据是企业或其他组织的核心资产之一，因而数据质量问题也成为十分重要的问题。数据质量贯穿整个数据生命周期，涉及从采集、存储、传输、分析、展现等各方面。数据质量关键因素包括数据的一致性，数据的完整性，数据的准确性，数据的新鲜度，数据的约束性等。

3.6 大数据核心技术

1）数据整理技术

（1）数据表示：数据是用来描述对应用程序很重要的现实世界的信息资源。数据描述物、人、产品、项、客户、资产和记录等，数据表示通过对于信息资源的分类、编码以及格式等内容进行分析规范，使得信息数据能够快速的、高效的、准确的被计算机所识别，从而使得采集上来的数据能够更好地为应用服务。表示数据的过程需要采访、数据结构分析、文档准备和对等检查等。其最终结果是应用程序有关信息记录的概念性视图，回答数据“是什么、在哪里、何时以及为什么”等问题。数据表示的最终目标是将这些信息转化为计算机能够识别的语言，并存储起来。

（2）元数据注册：元数据是描述对象的数据，用于说明对象的相关特征。对于某个对象的元数据描述，可以避免在不同环境、语境以及不同视角下的同一对象的差异化描述，确保对象描述的唯一性。大数据环境下由于数据获取与表现方式存在不同，所以数据类型有多种，包括声音、图像、视频、文本等。由于记录信息的角度不同、信息获取的方式不同，导致不同类型的数据在具体的数据处理和表现上也有着本质的差别。因此，在大量数据对于同一对象的不同描述中，如果能够提前对于该对象的元数据进行注册，并在描述该对象时通过元数据的相关表示规范进行描述，可以有效地将对象内容中的唯一特性表示出来，从而为包含该对象的相关应用打下良好的基础。

（3）本体元建模：源于哲学范畴的本体论（Ontology）在计算机科学技术领域，尤其是知识工程领域率先得到了应用。近年来，本体论已被广泛地应用于信息与知识的分类和表达领域，应用领域的本体得到了共享与重用。利用本体对应用领域相关知识进行建模能够有效地支撑信息的语义共享，本体及其形式化规范还能够应用于人－机通信、机－机通信与信息交换，有力地支撑系统的语义集成与互操作。本体描述语言 OWL（Web Ontology Language）和 OWL S（OWL for Web Service）等极大增强了本体的建模机制和表达能力，推动了语义服务计算的工程化进程。本体建模具有开放、伸缩地定义和描述语义关联的特性，从而具有随实际问题的语义丰简、智能化程度的需要，开放地表达与构造软件实体的语义行为能力。结合本体的建模理论与技术是大数据环境下，对于知识挖掘、信息潜在价值发现的重要技术支撑。

2）数据存储技术

（1）分布式文件系统：分布式文件系统将大规模海量数据用文件的形式保存在不同的存储节点中，并用分布式系统进行管理。其技术特点是为了解决复杂问题，将大的任务分解为多个小任务，通过让多个处理器或多个计算机节点参与计算来解决问题。分布式文件系统能够支持多台主机通过网络同时访问共享文件和存储目录，使多台计算机上的多个用户共享文件和存储资源。分布式文件系统架构更适用于互联网应用，能够更好地支持海量数据的存储和处理。基于新一代分布式计算的架构很可能成为未来主要的互联网计算架构之一。目前典型的分布式文件系统产品有 GFS（Google File System 文件系统）、HDFS（Hadoop 分布式文件系统）等。

（2）数据仓库：传统数据库并非专为数据分析而设计，数据仓库专用设备的兴起，表明面向事务性处理的传统数据库和面向分析的分析型数据库走向分离。数据仓库专用设备，一般会采用软硬一体的方式。这类数据库采用更适于数据查询的技术，以列式存储或 MPP（大规模并行处理）技术为代表。数据仓库适合于存储关系复杂的数据模型（例如企业核心业务数据），适合进行一致性与事务性要求高的计算，以及复杂的 BI（商业智能）计算。在数据仓库中，经常使用数据温度技术、存储访问技术来提高性能。

列式存储：对于图像、视频、URL、地理位置等类型多样的数据，难以用传统的结构化方式描述，因此需要使用由多维表组成的面向列存储的数据管理系统来组织和管理数据。列式存储将数据按行排序，按列存储，将相同字段的数据作为一个列族来聚合存储。当只查询少数列族数据时，列式数据库可以减少读取数据量，减少数据装载和读入读出的时间，提高数据处理效率。按列存储还可以承载更大的数据量，获得高效的垂直数据压缩能力，降低数据存储开销。

数据温度技术：数据温度技术可以提高数据访问性能，区分经常被访问和很少被访问的数据。经常访问的是高温数据，这类数据存储在高速存储区，访问路径会非常直接，而低温数据则可以放在非高速存储区，访问路径也相对复杂。

存储访问技术：近两年，存储访问技术不断变化，例如固态硬盘数据仓库，用接近闪存的性能访问数据，比原来在磁盘上顺序读取数据快很多。内存数据库产品，在数据库管理系统软件上进行优化，规避传统数据库（数据仓库）读取数据时的磁盘 I/O 操作，节省访问时间。

（3）非关系型数据库技术（NoSQL）：相比传统关系型数据库，NoSQL 数据库发展的原因是数据作用域发生了改变，不再是整数和浮点等原始的数据类型，数据已经成为一个完整的文件。这对数据库技术提出了新的要求，要求能够对数据库进行高并发读写、高效率存储和访问，要求数据库具有高可扩展性和高可用性，并具有较低成本。NoSQL 使得数据库具备了非关系、可水平扩展、可分布和开源等特点，为非结构化数据管理提供支持。目前 NoSQL 数据库技术大多应用于互联网行业。

3）数据平台技术

（1）面向服务的体系结构（SOA）：SOA（Service - oriented Architecture，面向服务的体系结构）是近年来软件规划和构建的一种新方法，以“服务”为基本元素和核心。最早由国际咨询机构 Gartner 公司于 1996 年提出，2003 年以后成为我国软件产业界关注的重点，并得到众多行业的广泛应用。SOA 是大数据的重要支撑技术，通过“服务”的方式支撑实现大数据的跨系统汇聚、共享、交换、分析、管理和访问。我国在 SOA 广泛应用实践的基础上推动了标准化工作，形成了支撑各类应用的服务技术架构系列标准，并在智慧城市、电子政务等众多信息化领域取得了成功实践，具备了支撑大数据发展的良好基础。

（2）MapReduce 框架：MapReduce 是一个软件架构，用于大规模数据集（大于 1TB）的并行运算。MapReduce 框架是 Hadoop 的核心，但是除了 Hadoop，MapReduce 上还可以有 MPP（列数据库）或 NoSQL。当处理一个大数据集查询时，MapReduce 会将任务分解并在运行的多个节点处理。当数据量很大时，一台服务器无法满足需求，分布式计算优势体现出来。MapReduce 有将任务分发到多个服务器上处理大数据的能力。HDFS（Hadoop Distributed File System）的重要内容就是对于分布式计算，每个服务器都具备对数据的访问能力。HDFS 与 MapReduce 的结合，使得在处理大数据的过程中计算性能得到保障。当 Hadoop 集群中的服务器出现错误时，整个计算过程不会终止；同时 HFDS 可保障在整个集群中发生故障错误时的数据冗余；当计算完成时将结果写入 HFDS 的一个节点之中。HDFS 对存储的数据格式并无苛刻的要求，数据可以是非结构化或其他类别。Hadoop 是 MapReduce 框架的一个典型的应用。Hadoop 的可靠性是因为它假设计算元素和存储会失败，因此维护多个工作数据副本，确保能够针对失败的节点重新分布处理；Hadoop 高效性是因为它以并行的方式工作，通过并行处理加快处理速度；Hadoop 还是可伸缩的，能够处理 PB 级数据。

4）数据处理技术

（1）数据分析、挖掘和分析：大数据只有通过分析才能获取很多智能的，深入的，有价值的信息。越来越多的应用涉及大数据，而这些大数据的属性与特征，包括数量，速度，多样性等都呈现了不断增长的复杂性，所以大数据的分析方法就显得尤为重要，可以说是数据资源是否具有价值的决定性因素。大数据分析的使用者有大数据分析专家，同时还有普通用户，二者对于大数据分析最基本的要求是可视化。可视化分析能够直观地呈现大数据特点，同时能够非常容易被使用者所接受。大数据分析的理论核心就是数据分析、挖掘，各种数据分析、挖掘算法基于不同的数据类型和格式，可以更加科学地呈现出数据本身具备的特点，正是因为这些公认的统计方法使得深入数据内部、挖掘价值成为可能。另一方面，也是基于这些数据分析、挖掘算法才能更快速的处理大数据。大数据分析离不开数据质量和数据管理，高质量的数据和有效的数据管理，无论是在学术研究还是在商业应用领域，都能够保证分析结果的真实和有价值。

数据分析、挖掘和分析的相关方法如下。

①神经网络方法：神经网络由于本身良好的鲁棒性、自组织自适应性、并行处理、分布存储和高度容错等特性非常适合解决数据分析、挖掘的问题，用于分类、预测和模式识别的前馈式神经网络模型；以 hopfield 的离散模型和连续模型为代表，分别用于联想记忆和优化计算的反馈式神经网络模型；以 art 模型、koholon 模型为代表，用于聚类的自组织映射方法。神经网络方法的缺点是“黑箱”性，人们难以理解网络的学习和决策过程。

②遗传算法：遗传算法是一种基于生物自然选择与遗传机理的随机搜索算法，是一种仿生全局优化方法。遗传算法具有的隐含并行性，易于和其他模型结合等性质，它在数据分析、挖掘中被广泛应用。遗传算法的应用还体现在与神经网络、粗集等技术的结合上。如利用遗传算法优化神经网络结构，在不增加错误率的前提下，删除多余的连接和隐层单元；用遗传算法和 bp 算法结合训练神经网络，然后从网络提取规则等。

③决策树方法：决策树是一种常用于预测模型的算法，它通过将大量数据有目的分类，从中找到一些有价值的、潜在的信息。主要优点是描述简单，分类速度快，特别适合大规模的数据处理。最有影响和最早的决策树方法是由 Quinlan 提出的著名的基于信息熵的 id3 算法。

④粗集方法：粗集理论是一种研究不精确、不确定知识的数学工具。粗集方法有几个优点：不需要给出额外信息；简化输入信息的表达空间；算法简单，易于操作。粗集处理的对象是类似二维关系表的信息表。粗集的数学基础是集合论，难以直接处理连续的属性。连续属性的离散化是制约粗集理论实用化的难点。

⑤覆盖正例排斥反例方法：利用覆盖所有正例、排斥所有反例的思想来

寻找规则。首先在正例集合中任选一个种子，到反例集合中逐个比较。与字段取值构成的选择子相容则舍去，相反则保留。按此思想循环所有正例种子，将得到正例的规则（选择子的合取式）。

⑥统计分析方法：在数据库字段项之间存在两种关系：函数关系和相关关系，对它们的分析可采用统计学方法。对它们可进行常用统计分析、回归分析、相关分析、差异分析等。

⑦模糊集方法：利用模糊集合理论对实际问题进行模糊评判、模糊决策、模糊模式识别和模糊聚类分析。系统的复杂性越高，模糊性越强，一般模糊集合理论是用隶属度来刻画模糊事物的亦此亦彼性的。李德毅院士在传统模糊理论和概率统计的基础上，提出了定性定量不确定性转换模型——云模型，并形成了云理论。

（2）内存计算：内存计算（In – Memory Computing），实质上是 CPU 直接从内存而非硬盘上读取数据，并对数据进行计算、分析。此项技术是对传统数据处理方式的一种加速，是实现商务智能中海量数据分析和实施数据分析的关键应用技术。内存计算适合处理海量的数据，以及需要实时获得结果的数据。比如可以将一个企业近十年几乎所有的财务、营销、市场等各方面的数据一次性地保存在内存里，并在此基础上进行数据的分析。当企业需要做快速的账务分析，或要对市场进行分析时，内存计算能够快速地按照需求完成。内存相对于磁盘，其读写速度要快很多倍。内存计算可以模拟一些数据分析的结果，实现对市场未来发展的预测，如需求性建模、航空天气预测、零售商品销量预测、产品定价策略等。

3.7 章节汇总

本章介绍了国内外相关研究机构提出的关于大数据的参考架构、概念模型等，也介绍了大数据的生命周期、技术体系和核心技术等方面的简要知识。

第 4 章　大数据标准化之路

4.1　背景和概要说明

目前，大数据技术相关标准的研制还处于起步阶段，本章对 ISO/IEC、ITU 等国际标准化组织、NIST、国内全国信标委已经开展的标准化工作进行梳理，依据大数据技术体系，从基础、技术、产品、应用等不同角度进行分析，形成了大数据标准体系框架。

4.2　SC32 大数据标准化情况

ISO/IEC JTC1 SC32（数据管理和交换）分技术委员会，是与大数据关系最为密切相关的标准化组织。JTC1 SC32 持续致力于研制信息系统环境内及之间的数据管理和交换标准，为跨行业领域协调数据管理能力提供技术性支持，其标准化技术内容涵盖：协调现有和新生数据标准化领域的参考模型和框架；负责数据域定义、数据类型和数据结构以及相关的语义等标准；负责用于持久存储、并发访问、并发更新和交换数据的语言、服务和协议等标准；负责用于构造、组织和注册元数据及共享和互操作相关的其他信息资源（电子商务等）的方法、语言服务和协议等标准。SC32 下设 4 个工作组和几个研究组，主要内容如下。

（1）WG1 电子业务——研制为达到各组织使用的信息系统间全球互操作所需的开放电子数据交换方面的通用 IT 标准，包括商务和信息技术两方面的互操作标准。

（2）WG2 元数据——研制开发和维护有利于规范和管理的元数据、元模型和本体的标准，此类标准有助于理解和共享数据、信息和过程，支持互操作性，电子商务以及基于模型和基于服务的开发，包括：建议用于规定和管理元数据、元模型和本体的框架；规定和管理元数据、元模型和本体；规定和管理过程、服务和行为数据；开发管理元数据、元模型和本体的机制，包括注册和存储；开发交换元数据、元模型和本体的机制，包括基于互联网、局域网等的语义。

（3）WG3 数据库语言——为动态规定、维护和描述多用户环境中的数据库结构、组件制定和维护语言标准；通过规定事务提交、恢复和安全机制提供额外的对数据库管理系统完整性的支持；为存储、访问和处理多并发用户使用的数据库结构中的数据制定和维护语言标准；为其他标准编程语言提供开发接口；为描述数据类型和行为的其他标准提供访问接口或为开发用户提供数据库组件。通过事务提交、恢复和安全机制提供额外的对数据管理系统完整性的支持；为存储、访问和处理多并发用户使用的数据库结构中的数据制定和维护语言标准；为其他标准编程语言提供开发接口；为其他标准描述数据类型、行为或使用其他语言开发的数据内容提供访问接口。

（4）WG4SQL 多媒体和应用包——规定各种应用领域使用的抽象数据类型包的定义。每一个抽象数据类型包的定义是使用数据库语言 SQL 标准中提供的用户定义类型机制来规定的，包括全文、空间、静态图像、静态图形、动画、视频、音频和音乐等数据包。为支持用户根据应用 API 需求进行数据管理，其他包使用 SQL 语言机制来定义，而不是用户定义类型。

（5）其他研究组——目前 SC32 还存在下一代分析技术与大数据研究组（SG Next Generation Analytics and Big Data）、云计算元数据研究组（SG Metadata for Cloud Computing）和基于事实基础的建模元模型研究组（SG Metamodel for Fact Based Modelling）等专项研究组，这些研究组也在数据管理与交换领域进行了更加专项的研究。

2012 年国际标准化组织 ISO/IEC JTC1 SC32 在柏林全会上，决定成立下一代分析和大数据研究组。该研究组主要的研究内容为有关下一代分析、社会分析和底层技术支持领域中潜在的标准化需求。2013 年 SC32 庆州全会上，该研究组形成了正式的研究报告，并提交至 JTC1 审议。在庆州全会上，中国代表团提交了大数据研究的相关提案，得到了各国代表的认同，并且将提案的内容写进了报告，中国的几位专家也成为研究组成员，并将进一步致力于推进具体的研究工作，力争将中国在大数据领域的成功经验与实践更多地体现到国际标准化工作中。

在下一代分析技术和大数据研究组的最新报告中，针对大数据提供了关于大数据研究的抽象概念模型，并给出了大数据现有标准基础，包括元数据、数据存储和检索以及大数据所支持的复杂数据类型三个领域。报告还对大数据标准化的工作方向做出了说明：一是加强元数据标准研究；二是加强数据存储标准研究；三是加强支持复杂的、半结构化和非结构化等数据类型标准研究；四是深入研究 SC32 相关标准，做好协调工作。通过以上四个方向的探索实践，形成有效的标准化成果，用以支持下一代分析和大数据的相关项目开展和工具应用。JTC1/SC32 现有的标准化研制和研究工作为大数据的发展提供了良好基础。

4.3 SG2 大数据标准化工作情况

ISO/IEC JTC1 于 2013 年 11 月 ISO/IEC JTC 1 全会上新成立负责大数据国际标准化的研究组（ISO/IEC JTC1 SG2）。2014 年 ISO/IEC JTC1 SG2 的工作重点包括：调研国际标准化组织（ISO）、国际电工委员会（IEC）、第 1 联合技术委员会（ISO/IEC JTC1）等在大数据领域的关键技术、参考模型以及用例等标准基础；确定大数据领域应用需要的术语与定义；评估分析当前大数据标准的具体需求，提出 ISO/IEC JTC1 大数据标准优先顺序；向 2014 年 ISO/IEC JTC1 全会提交大数据建议的技术报告和其他研究成果。

大数据研究组的成立，标志着 JTC 1 统筹开展大数据的标准化工作，有利于大数据国际、国内标准化工作的开展。

4.4 ITU 大数据标准化工作情况

ITU 在 2013 年 11 月发布了题目为《大数据：今天巨大、明天平常》的技术观察报告，这个技术观察报告分析了大数据相关的应用实例，指出大数据的基本特征、促进大数据发展的技术，在报告的最后部分分析了大数据面临的挑战和 ITU - T 可能开展的标准化工作。在这份报告中，特别提及了 NIST 和 JTC1/SC32 正在开展的工作。

从 ITU - T 的角度来看，大数据发展面临的最大挑战包括：数据保护、隐私和网络安全；法律和法规的完善。根据 ITU - T 现有的工作基础，开展的标准化工作包括：高吞吐量、低延迟、安全、灵活和规模化的网络基础设施；汇聚数据机和匿名；网络数据分析；垂直行业平台的互操作；多媒体分析；开放数据标准。ITU - T 正在开展的工作中，与大数据最为密切相关的是已经提出了一项题目为“基于大数据的云计算的需求和能力”的新工作项目，将以中国、韩国和波兰的专家为主进行研制。

4.5 NIST 标准化工作情况

NIST 建立的大数据公共工作组（NBD - PWG），工作范围是建立来自于产业界、学术界和政府的公共环境，共同形成达成共识的定义、术语、安全参考体系结构和技术路线图，提出数据分析技术应满足的互操作、可移植性、可用性和扩展性的需求和安全有效地支持的大数据应用的技术基础，用于大数据相关方选择最佳的方案。

NBD－PWG 是一个开放工作组，欢迎来自于产业界、学术界和政府的各方面力量参与并贡献力量。原则上，工作组每周召开一次会议。工作组下设术语和定义、用例和需求、安全和隐私、参考体系结构和技术路线图 5 个分组，目前正在研制《大数据定义》、《大数据术语》、《大数据需求》、《大数据安全和隐私需求》、《大数据参考体系结构》和《大数据技术路线图》等输出物，均已经形成了初步版本。

4.6 国内标准化工作情况

全国信息技术标准化技术委员会（TC28）[①] 持续开展数据标准化工作，在元数据、数据库、数据建模、数据交换与管理等领域推动相关标准的研制与应用，为提升跨行业领域数据管理能力提供标准化支持。全国信标委中与大数据关系比较密切的组织包括：信标委非结构化数据管理标准工作组、信标委云计算工作组、信标委 SOA 分技术委员会（筹）、信标委传感器网络工作组等。此外大数据安全部分的标准与全国信息安全标准化技术委员会密切相关。

全国信标委于 2012 年成立了非结构化数据管理标准工作组，对口 ISO/IEC JTC1 SC32 WG4。非机构化数据管理标准工作组联合产、学、研、用等力量，致力于制定非结构化数据管理体系结构、数据模型、查询语言、数据分析、挖掘、信息集成、信息提取、应用模式等相关国家标准和行业标准。目前正在开展《非结构化数据表示规范》、《非结构化数据访问接口规范》、《非结构化数据管理系统技术要求》等国家标准研制。

全国信标委的云计算标准工作组目前正在开展大数据存储和分析应用的研究工作，旨在研究大数据存储和分析技术的应用分析、技术框架和标准研究等。同时，正在组织编制《云数据存储和管理》系列国家标准，为推动大数据存储和分析标准研究奠定了基础。

全国信标委的 SOA 分技术委员会（筹）（以下简称“SOA 分委会”）负责面向服务的体系结构（SOA）、Web 服务和中间件的专业标准化的技术归口

---

① 全国信息技术标准化技术委员会简称全国信标委（TC 28）。

工作，并协助全国信息技术标准化技术委员会承担国际标准化组织相应分技术委员会的国内归口工作，现有成员108家。SOA分委会还同时负责推动软件构件、云计算技术、智慧城市领域的标准化工作。2013年7月5日，SOA分委会全会上决定在基础工作组内启动大数据预研项目，目前正在征集成员阶段；2013年7月22日开展了《大数据应用、技术、产业与标准化调研》，作为下一步大数据标准化研究的基础；此外，SOA分委会智慧城市应用工作组在推动智慧城市中大数据的应用和服务化的标准研究 。

全国信息安全标准化委员会（TC260）① 是在信息安全技术专业领域内，从事信息安全标准化工作的技术工作组织。委员会负责组织开展国内信息安全有关的标准化技术工作，技术委员会主要工作范围包括：安全技术、安全机制、安全服务、安全管理、安全评估等领域的标准化技术工作。全国信安标委目前正开展大数据安全技术、产业和标准研究，为大数据的安全保障提供支撑。

4.7　大数据标准体系架构

在大数据技术框架的基础上，结合数据全周期管理，数据自身标准化特点，当前各领域推动大数据应用的初步实践，以及未来大数据发展的趋势，国内相关研究机构提出了大数据标准体系框架，如图4－1所示。

大数据标准体系由6个类别的标准组成，分别为：基础标准，数据处理标准，数据安全标准，数据质量标准，产品和平台标准，大数据应用和服务标准。

（1）基础标准：为整个标准体系提供包括标总则、术语和参考架构等基础性标准，为标准体系的研究建立基础，并为未来标准建设提供指导。

（2）数据处理标准：数据处理类标准包含数据整理、数据分析和数据访问三种类型的标准。数据整理标准主要是针对数据在采集汇聚后的初步处理方式、方法的标准，包括数据表示、数据注册和数据清理三类标准。数据分析标准主要针对大数据环境下数据分析的性能、功能等要求进行规范。数据可视化则是对数据产生的过程以及数据分析的结果进行标准化的可视化展现，主要是采用现有技术标准。而数据访问标准则是提供标准化的接口和共享方式，数据能够被广泛地应用。

（3）数据安全标准：数据安全作为数据标准的支撑体系，贯穿于数据整

① 全国信息安全标准化技术委员会简称全国信安标委（TC 260）。

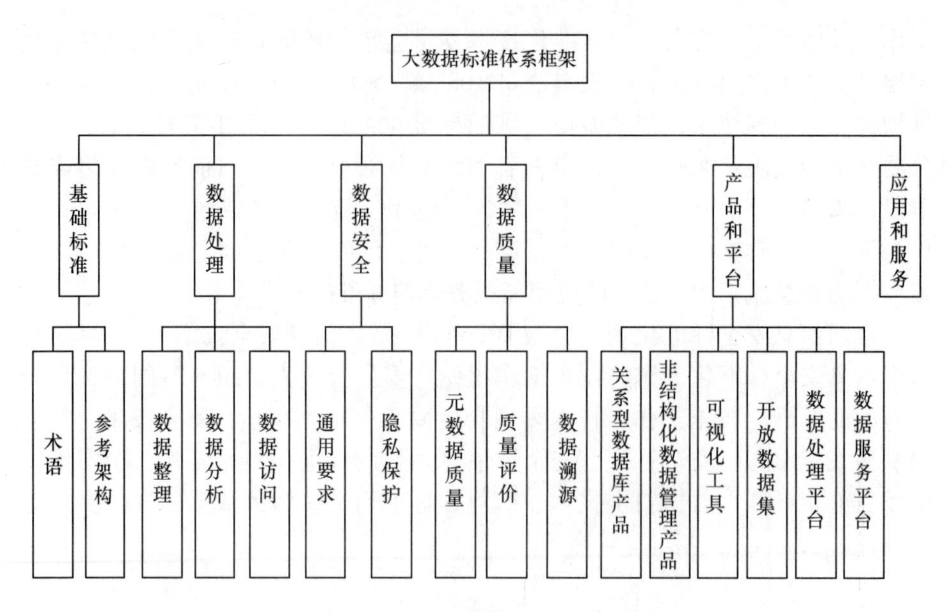

图 4－1　大数据标准体系框架

个生命周期的各个阶段。抛开传统的网络安全和系统安全之外，针对在大数据时代下的数据安全标准化主要包括通用要求、隐私保护两类标准。

（4）数据质量标准：该类标准主要针对数据质量提出具体的管理要求和相应的指标要求，确保数据在产生、存储、交换和使用等各个环节中的质量，为大数据应用打下良好的基础，并对数据全生命周期进行规范化管理。主要包括元数据质量、质量评价和数据溯源三类标准。

（5）产品和平台标准：该类标准主要针对大数据相关技术产品和应用平台进行规范。包括关系型数据库产品、非结构化数据管理产品、可视化工具、开放数据集、数据处理平台和数据服务平台六类标准。其中关系型数据库产品标准针对存储和处理大数据的关系型数据库管理系统进行标准化，涉及访问接口、技术要求、测试要求等内容，为关系型数据库管理系统进行大数据的高端事务处理和海量数据分析提供支持；非结构化数据管理产品标准针对存储和处理大数据的非结构化数据管理系统，从参考架构、数据表示、访问接口、技术要求、测试要求等方面进行规范；可视化工具是针对大数据处理应用过程中所需用到的可视化展现工具的技术和功能要求进行规范；开放数据集标准主要针对向第三方提供的开放数据包中内容、格式等要求进行规范；数据处理平台和数据服务平台标准是针对大数据处理和提供服务所用的平台的技术架构、建设方案、平台接口等方面进行规范。

（6）应用和服务标准：应用和服务类标准主要是针对大数据所能提供的应用和服务进行技术、功能、开发、维护和管理等方面进行规范。

4.8　章节汇总

本章介绍了国际标准化组织 ISO/IEC JTC1 的几个工作组，以及 ITU 对大数据的标准化工作状况，同时还介绍了国内相关标准化组织对大数据的标准化考虑和工作进展。

第二部分　初级应用

第 5 章　相关工具简介

5.1　背景和概要说明

数据分析、挖掘是基本的大数据应用。对于世人来说在很大程度上是透明的。我们在大多数时间都从未注意到它的发生。但每当我们办理商店购物卡、使用信用卡购物或在网上冲浪时，都在创建数据。这些数据以大数据集形式存储在我们每天与之打交道的公司所拥有的功能强大的计算机上。存在于这些数据集之内的便是模式——表明我们的兴趣、习惯和行为。数据分析、挖掘可让人们找到并解读这些模式，从而帮助人们做出更明智的决策，并更好地为客户服务。尽管如此，在进行数据分析、挖掘方面还存在一些问题。尤其是隐私监督团体在强烈谴责那些收集大量数据（其中有些数据可能具有非常高的私密性）的组织。

5.2　工具说明

目前，有很多软件工具能够帮助进行数据分析、挖掘，但其中许多都非常昂贵，并且安装、配置和使用起来非常复杂，不是非常适合学习数据分析、挖掘的基本知识。本书将结合使用 OpenOffice Calc、OpenOffice Base 和称为明智商业分析系统 V3.0 的开源软件产品（由 Rapid - I, GmbH of Dortmund, Germany 开发）。由于 OpenOffice 可方便获得并且非常直观，因此是开始讲授初级数据分析、挖掘概念的合理之选。但它缺少数据分析、挖掘者喜欢使用的一些工具。明智商业分析系统 V3.0 是对 OpenOffice 的理想补充，本书中选择它的原因是：

（1）明智商业分析系统 V3.0 能够提供 OpenOffice 中目前没有的特定数据分析、挖掘功能，例如决策树和关联规则，本书稍后部分将介绍如何使用这些功能。

（2）明智商业分析系统 V3.0 易于安装，并且能够在几乎任何类型的计算机上运行。

（3）明智商业分析系统 V3.0 的开发商提供该软件的免费版，可让读者免费获取并使用。

（4）明智商业分析系统 V3.0 和 OpenOffice 都提供直观的图形化用户界面环境，这可让一般计算机用户更轻松地体验数据分析、挖掘的强大功能。

本书中使用 OpenOffice 或明智商业分析系统 V3.0 的所有示例都将在 Microsoft Windows 环境中进行阐述，但请注意，这些软件包能够在众多计算平台上使用。我们建议读者立即在你们的计算机上导入并安装这两个软件包，以便可以跟随本书中的示例进行操作（如果读者希望的话）。

5.3 数据分析、挖掘流程

尽管数据分析、挖掘的起源可以追溯到 20 世纪 80 年代后期，但在 20 世纪 90 年代的大部分时间，该领域仍处于萌芽阶段，并有待定义和完善。当时，数据分析、挖掘在很大程度上是数据模型、分析算法和临时输出的松散组合。1999 年，多个大型公司开始合作，以便正式确定并标准化数据分析、挖掘方式，其中包括汽车制造商 Daimler - Benz、保险服务提供商 OHRA、硬件和软件制造商 NCR Corp.，以及统计软件开发商 SPSS Inc.。通过密切合作，他们制定了 CRISP - DM，即《跨行业数据分析、挖掘过程标准》。尽管制定 CRISP - DM 的参与者肯定会对某些软件和硬件工具感兴趣，但该流程是独立于任何特定工具制定出来的。它在编写时侧重于概念方面——可以独立于任何特定工具或任何类型的数据加以应用。该流程包含 6 个步骤或阶段，如图 5 - 1 所示。

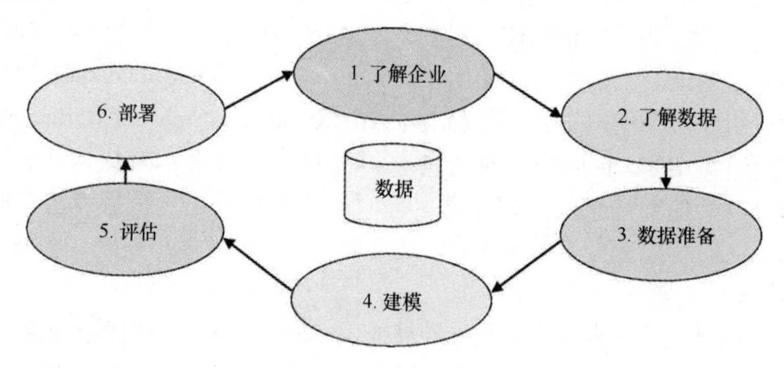

图 5 - 1 CRISP - DM 概念模型

CRISP - DM 第 1 步：了解企业（组织）

CRISP - DM 的第一步是了解企业，或在本书中称为了解组织，因为各种类型的组织（并非只是企业）都可以使用数据分析、挖掘解答和解决问题。这一步对于能否成功获得数据分析、挖掘结果至关重要，但人们通常会试图直接开始挖掘数据，而忽略这一步。这当然合乎常情，因为我们通常会急于生成一些相关的结果，并希望找到问题的答案。但如果不先确定读者希望汽车做些什么，并设计读者要制造什么，读者就无法开始制造汽车。想一想刘易斯·卡罗尔的《爱丽丝梦游仙境》中经常被人们引用的对白：

- “请你告诉我，离开这里应该走哪条路？”
- 猫说：“这要看你想去哪里。”
- 爱丽丝说：“去哪里，这我倒不太在乎。”
- 猫说：“那你走哪条路都没关系。”
- 爱丽丝又补充说了一句：“只要有地方可去就行。”
- 猫说：“哦，没问题，只要你走足够远就行。”

读者可以夜以继日地挖掘数据，但是如果读者不知道自己想要知道什么，如果读者还没有确定要解答的任何问题，那么数据分析、挖掘工作可能不会有太大成果。让我们首先想一些高层面的问题：是什么让客户投诉如此之多？我如何提高单位产品利润率？我如何预测并修复制造缺陷，从而避免交付有缺陷的产品？读者可以从这些问题开始确定要解答的更具体的问题，从而继续下一步……

CRISP - DM 第 2 步：了解数据

与了解组织一样，了解数据也属于准备活动，并且其重要性有时会被人们忽视。读者切勿忽视其重要性！多年以前，在工作人员还没有台式计算机、笔记本电脑或袖珍计算机时，数据都是集中存放的。如果读者需要公司数据存储库中的信息，可以请求相关人员从中央数据库查询信息（或从公司档案柜中取出信息）并将结果提供给读者。个人电脑、工作站、笔记本电脑、平板电脑甚至是智能手机的发明都促进了人们摆脱数据集中存放的桎梏。随着硬盘容量越来越大、价格越来越低，并且 Microsoft Excel 和 Access 等软件越来越容易获得、越来越易于使用，数据开始分散到企业的各个位置。随着时间的推移，极具价值的数据存储库开始分散到成百上千个装置中，而这些装置则孤立地存在于市场推广经理的电子表格、客户支持数据库和人力资源档案系统中。

读者可以想象得出，这导致了多方面的数据问题。市场推广部门可能有对高级管理层而言非常有用的重要数据，但高级管理层可能并不知道这些数据的存在，这可能是因为市场推广部门存在的领域观念，或因为市场推广职员根本就没有想过要将他们收集的数据告诉行政人员。组织中几乎任何两个业务部门之间的信息共享也存在同样的问题或缺乏信息共享。在美国企业界行话中，通常使用“各自为营”来描述部门之间的隔离到了部门之间几乎不存在信息共享和交流的程度。当员工不知道有（或可能有）哪些数据归其支配或这些数据当前位于何处时，就不可能进行有效的组织数据分析、挖掘。在后续章节中，我们将深入介绍组织目前为了将所有数据放到一个公用位置使用的一些机制。这些机制包括数据库、数据集市和数据仓库。

但只是将数据集中存放并不足以解决问题。组织的数据一旦被集合在一起，就会发生许多问题。数据从何处而来？数据是谁收集的？是否存在收集数据的标准方法？各种数据列和数据行意味着什么？是否存在未知或不明的缩写词？读者可能需要在数据分析、挖掘活动的数据准备阶段进行一些调研。有时读者将需要会见众多部门中的相关主题专家，以便确定特定数据来自何处、是如何收集的，以及这些数据的编码和存储方式。验证数据的准确性和可靠性同样至关重要。俗话说的“聊胜于无”在数据分析、挖掘中并不适用。在数据分析、挖掘活动中，不准确或不完整的数据还不如没有数据，因为根据片面或错误的数据做出的决策有可能是片面或错误的。收集、确定并了解数据资产后，即可开始下一步……

CRISP - DM 第 3 步：数据准备

数据有多种形式和格式。有些数据为数字，有些为文字段落，还有一些则为图片，例如图表、图形和地图。有些数据为叙事数据，例如对客户满意度调查的备注或证人证言的抄本。切勿忽视未采用数字行或列的数据，因为有时非传统数据格式可能包含最为丰富的信息。在本书中，我们将从第 6 章开始介绍设置数据格式的方法。尽管行和列是最常用的其中一种布局，但在段落可以提供进入到明智商业分析系统 V3.0 中并进行模式分析的情况下，我们还将介绍文本挖掘。

数据准备涉及多项活动。这些活动可能包括将两个或更多个数据集导入在一起、将数据集约简到仅包含与给定的数据分析、挖掘工作相关的变量、清理掉数据中的异常内容（例如离群观察项或缺失的数据），或重新设置数据格式以便实现一致性。例如，读者可能看到过某个电子表格或数据库中有多种不同格式的电话号码：

(555) 555-5555　　555/555-5555

555-555-5555　　555.555.5555

555 555 5555　　5555555555

这些是同一个电话号码，但却采用了不同的存储格式。当相关数据尽可能一致时，数据分析、挖掘工作最有可能获得好的、有用的结果。数据准备有助于确保当读者开始下一步时，提高成功获得结果的机会……

CRISP－DM 第4步：建模

在数据分析、挖掘中，模型至少是实际观察项的计算机化表示。模型是运用算法找出、确定并显示数据中的任何模式或信息。在数据分析、挖掘中有两种基本类型的模型，即分类模型和预测模型。

正如读者在图5－2中所看到的，数据分析、挖掘使用的模型类型之间存在一些重叠。例如，本书将向读者介绍决策树。决策树是一种预测模型，用于确定给定数据集的哪些属性是给定结果的最有力的指标。结果通常表示为观察项将归于特定类别的可能性。因此，决策树在性质上为预测模型，但它们还可帮助我们对数据进行分类。当我们学习“决策树”一章时，读者可能会更加深刻地体会到这一点。现在，读者只需要了解这些模型能够帮助我们分类，并根据模型在数据中发现的模式进行预测。

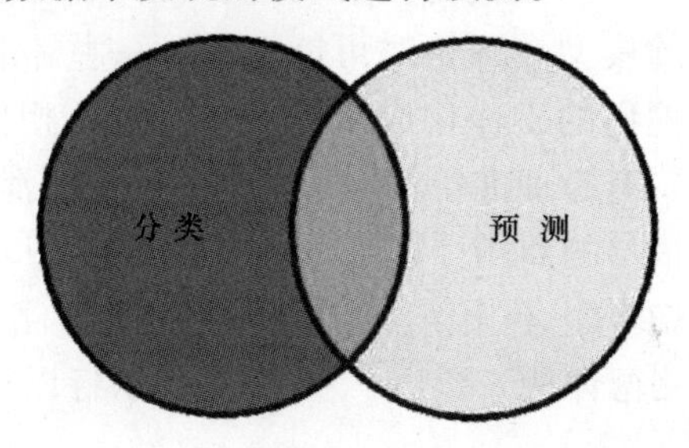

图5－2　数据分析、挖掘模型的类型

模型可能会非常简单，也可能会非常复杂。它们可能只包含单个流程（或称为流），也可能包含多个子流程。无论其采用何种布局，模型都是数据分析、挖掘从准备和了解阶段向开发和解读阶段过渡的环节。在本书中我们将构建一些示例模型。构建模型后，即可开始下一步……

CRISP－DM 第5步：评估

所有数据分析都有可能出现误判。但即使模型不会出现误判，也可能会在数据中找不到任何相关模式。这可能是因为模型没有设置好如何查找模式、使用的技术可能是错误的，或只是因为数据中没有模型要查找的任何相关内容。CRISP－DM 的评估阶段旨在帮助读者确定模型有多大价值，以及读者可能希望使用它做些什么……

评估可以使用多种数学和逻辑技术来完成。本书将介绍使用明智商业分析系统 V3.0 交叉验证和测试误判的技术。对于有些模型，还将介绍以特定测试统计信息表示的能力或强度。但除了这些衡量指标之外，模型评估还必须要包含人员因素。随着人们在其领域内不断积累经验和专业技术，他们将掌握无法以数学方法衡量的操作知识，但这些知识在确定数据分析、挖掘模型的价值时却是不可或缺的。本书还将讨论这一人员因素。使用数据驱动型评估技术和直观的评估技术确定模型的实用性之后，我们便可以决定如何进行下一步……

CRISP－DM 第 6 步：部署

如果读者已成功确定要解答的问题、准备好可以解答这些问题的数据，并开发了一个已通过相关性和实用性测试的模型，读者就可以开始实际使用获得的结果了。这就是部署，对于数据分析、挖掘者来说，这是一项很有意思但却非常繁重的工作。这一阶段的活动包括设置自动执行模型；与客户会谈模型输出；与现有管理或运营信息系统进行集成；将从模型使用过程中获得的知识馈入到模型中，以便提高其准确性和性能；以及监控并衡量使用模型获得的结果。读者的模型在开始时可能会遇到一些不信任，甚至有些人会认为这个新工具会对他们的工作构成威胁，或可能不相信模型输出的可靠性或准确性，对此读者要有心理准备。但千万不要因此而泄气！读者要记得，当网络使用 UNIVAC（最早的商用计算机系统之一）在 1952 年美国总统大选前夜预测选举结果时，CBS 并不相信 UNIVAC 的初步预测。在仅统计了 5% 的选票后，UNIVAC 预测德怀特・戴维・艾森豪威尔将以压倒性优势击败阿德莱・史蒂文森。

民意测验专家或熟知选情的人士都认为这不太可能，甚至根本不可能。事实上，大多数“专家”都预测史蒂文森将以微弱优势获胜，而有些“专家”则表示因为他们预测两人将难分胜负，所以艾森豪威尔也有可能以微弱优势胜出。直到很晚的时间，当人工计票确认艾森豪威尔当选时，CBS 才在广播中播出艾森豪威尔已胜出的消息，并承认 UNIVAC 在几个小时之前便已预测出这一结果，但顽固保守的人们拒绝相信计算机的预测。当结果表明 UNIVAC 的预测仅与最终公布的计票结果相差不到 1% 时，UNIVAC 再一次得到了验证。新技术常常会令人不安，并且有时人们很难相信计算机所显示的结果。在读者解释新的数据分析、挖掘模型如何工作、结果意味着什么，以及如何使用它们时，一定要有耐心，而且内容要具体。

尽管 UNIVAC 的示例充分体现了计算机预测模型的强大功能和实用性（尽管面临固有的不信任），但这也不能被解读为盲目信任的理由。在 UNIVAC 所处的时代，最大的问题是技术是全新的技术。它所做的事情几乎没有人能够想到甚至可以解释，并且因为只有少数人了解计算机是如何工作的，所以人们很难信任它。现在，我们面临着虽然不同，但同样棘手的问题，这就是：计算机已经无处不在，因此我们往往不会去质疑它得出的结果是否准确并有意义。为了有效地部署数据分析、挖掘模型，必须要达到一种平衡。通过向利益相关方明确传达模型的功能和用途、全面测试并证明模型，然后规划并监控其实施，可以将数据分析、挖掘模型有效地引入到组织流程中。但如果未能仔细、有效地管理部署，即使是最好、最有效的模型也可能会功亏一篑。

5.4 数据分析、挖掘

由于数据分析、挖掘可以应用于如此多的专业领域，因此本书旨在使用每个人都可轻松获得且直观的软件工具，以平实的语言对数据分析、挖掘进行讲解。读者可能没有学过算法、数据结构或编程，但读者会有希望通过数据分析、挖掘而得到解答的问题。无论读者之前的数据分析或计算专业技术水平如何，我们都衷心希望通过使用本书，并通过可轻松获得且符合逻辑的示例介绍，使数据分析、挖掘可以成为对读者有用的工具。让我们开始吧！

5.5 章节汇总

本章向读者介绍了数据分析、挖掘这门学科的基本背景知识。数据分析、挖掘对大数据使用统计和逻辑分析方法，以便对这些数据进行描述，并使用这些数据创建预测模型。数据库、数据仓库和数据集都是独特的数字记录保留系统类型，但却存在很多相似性。对从 OLAP 而非 OLTP 系统提取的数据集执行数据分析、挖掘通常最为有效。运营数据和组织数据都能为数据分析、挖掘活动提供很好的起点，但它们都存在各自的问题，并且这些问题可能会导致无法实现高质量的数据分析、挖掘活动。在开始挖掘数据之前应先解决这些问题。最后，在挖掘数据时，务必要切记在处理数字和数据时，背后的人员因素。人们可能依赖数据分析、挖掘做出决策，所以数据分析、挖掘者要对他们负责。

第6章　了解数据

6.1　背景和概要说明

想一想你在过去的三四天内曾参与过的活动。你是否购买过商品或汽油？是否听过音乐会、看过电影或参加过其他公众活动？或许你曾到饭店吃过饭、在当地邮局寄过包裹、进行过网上购物，或给公共事业公司打过电话。我们的生活每天都充满互动——与公司、其他人员、政府以及各种其他组织打交道。

在当今这个以技术为导向的社会中，其中许多互动都涉及以电子方式传输信息。为了完成金融交易、重新分配职责，以及实现商品和服务的交付，这些信息会被记录下来并通过网络予以传输。想一想每次收集的数据量，即使只发生了其中一项活动。

以到商店购物为例。如果你买走货架上的某些商品，则这些商品将需要补货以便后来的购物者购买，甚至是你自己再购买，毕竟当麦片在几周内用完后，你将需要再次进行类似采购。商店必须不断补充存货、保有人们希望购买的商品，同时保持所售商品的新鲜程度。大型数据库在后台运行，并在你结账付款时记录与你购买的商品及购买量相关的数据是可行的。必须记录所有这些数据，然后将其报告给负责针对商店存货记录商品的人员。

但是，在数据分析、挖掘领域，使存货信息保持最新才仅仅只是个开始。商店是否要求你携带会员卡或类似证件，以便在结账时刷卡，可让你购买的每件商品享受最优惠的价格？如果是，那么他们现在就可以开始不仅跟踪整个店面的购物趋势，而且还可以跟踪个人购物趋势。通过发送邮寄广告并在其中包含你最常购买的商品的优惠券，商店可以开展有针对性的营销活动。

现在让我们更进一步。想一想（如果你可以）你在填写会员卡申请表时提供的信息的类型。你可能填写了住址、出生日期（或至少是出生年份）、性别，或许还有家庭成员人数、家庭年收入范围或其他类似信息。想一想商店在分析每天在收款台收集的大量数据时，将会给商店带来多少机会：

➢ 使用邮编，商店可以确定客户最密集的区域，或许还可以帮助他们决定下一个店面的选址。

➢ 使用与客户性别有关的信息，商店能够根据男性客户或女性客户的偏好来定制营销展品或促销品。

➢ 使用年龄信息，商店可以避免邮寄婴儿食品优惠券给成人客户，或避免邮寄女性卫生用品促销品给单身男士家庭。

这些只是众多数据分析、挖掘潜在用途示例中的一小部分。或许在阅读这些说明时，你会想到一些其他的数据分析、挖掘潜在用途。你可能还会想其中一些应用是否合乎道德。这些内容旨在帮助读者了解通过数据分析、挖掘带来的可能，以及使这些可能变为现实涉及的技术，同时承担伴随收集和使用如此大量的个人信息而出现的责任。

6.2　数据分析、挖掘的目的和局限

如本书第 5 章中所述，数据分析、挖掘会对大数据应用统计和逻辑方法。这些方法可用于对数据进行分类，或创建预测模型。大数据的分类可能包括将人员按照类似类型的类别进行分组，或确定大量观察项的类似特征。

但预测模型可以将这些说明转化为可作为决策依据的预测。例如，售书网站的所有者可以预测给定书籍可能需要进货的频率，或滑雪场的所有者可以尝试根据预报的降雪时间和降雪量预测最早的开始营业日期。

我们必须认识到数据分析、挖掘并不能解答所有问题，我们也不能期待预测模型得出的结果在实际中始终能够变为现实，这一点至关重要。数据分析、挖掘仅限于已收集的数据。并且这些局限可能有很多。我们必须切记数据并不能完全代表我们要对其应用数据分析、挖掘结果的人群。数据可能未正确收集，或已过期。有一句话可以非常精辟地形容数据分析、挖掘以及其他许多事物，这就是 GIGO，即进去的是垃圾，出来的也是垃圾。数据分析、挖掘结果的质量将直接取决于数据收集和组织的质量。即使在尽最大努力收集高质量的数据后，我们必须仍要切记在做决策时，不仅要依据数据分析、挖掘结果，而且还要依据可用的资源、可承受的风险程度，以及基本常识。

6.3　相关概念

要了解数据分析、挖掘，就必须要了解数据库的性质、数据收集和数据组织。这是数据分析、挖掘这门学科的基本内容，将直接影响所有数据分析、

挖掘活动的质量和可靠性。在这一部分中，我们将学习数据库、数据仓库和数据集之间的区别。此外，我们还将学习用于描述数据属性的各种术语。

尽管我们将学习数据库、数据仓库和数据集之间的区别，但我们首先将介绍一下它们之间的共同之处。在图 6－1 中，我们看到有些数据是按行（在图中显示为 A、B 等）和列（在图中显示为 1，2…）组织的。在不同的数据环境中，这些可能会被称为不同的名称。在数据库中，行被称为元组或记录，列被称为字段。

	A	B	C	D
1	3989.	3989.	140.4	2654.2
2	140.4	4125.	4125.	1335.4
3	2654.	1335.	2789.	2789.7
4	5777.	1788.	5912.	3123.1
5	2050.	6039.	1915.	4704.3
6	1435.	2554.	1571.	1219.5
7	4006.	7994.	3872.	6659.5
8	671.2	3318.	807.9	1983.3
9	2622.	1367.	2758.	43.648
10	8364.	12353	8229.	11018.

图 6－1 按列和行排列的数据

在数据仓库和数据集中，行有时被称为观察项、例项或案例，列有时被称为变量或属性。为了在本书中保持一致，我们将使用术语观察项表示行，用属性表示列。请务必注意，明智商业分析系统 V3.0 将使用术语例项表示数据行，在本书的后续部分要时刻谨记这一点。

数据库是采用特定结构组织在一起的信息组合。数据库容器（例如图 6－2 中所示的容器）在数据库环境中被称为表。当今使用的大多数数据库为关系数据库，它们是使用许多以逻辑方式彼此关联的表设计的。关系数据库通常包含数十个甚至数百个表，具体取决于组织的规模。

图 6－2 展示了一个具有两个表的关系数据库环境。第一个表包含与宠物所有者有关的信息，第二个表包含与宠物有关的信息。这两个表是通过它们都具有的单个列关联起来的，即：Owner_ ID。通过将这两个表彼此关联起来，我们可以减少数据冗余，并提高数据库的性能。将表分开从而减少数据冗余的过程称为规范化。

旨在处理大量读写操作（更新和检索信息）的大多数关系数据库称为 OLTP（在线事务处理）系统。OLTP 系统能够非常高效地处理高量活动，例

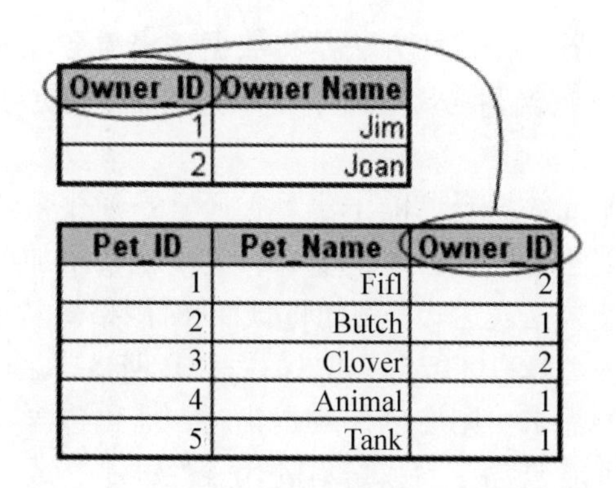

Owner_ID	Owner Name
1	Jim
2	Joan

Pet_ID	Pet_Name	Owner_ID
1	Fifl	2
2	Butch	1
3	Clover	2
4	Animal	1
5	Tank	1

图6－2　两个表之间具有关联的简单数据库

如收银（其中许多项目都是通过条形码扫描器在极短的时间内记录下来的）。但使用 OLTP 数据库进行分析通常不是非常高效，因为为了同时从多个表中检索数据，必须写一个包含导入操作的查询。查询就是一种从数据库表中检索数据以便查看的方法。查询通常是使用一种称为 SQL（结构化查询语言；发音为“sequel”）的语言编写的。因为只查询诸如宠物名称或所有者名称不是非常有用，所以我们必须将两个或多个表导入在一起，以便同时检索宠物和所有者。导入操作需要计算机将 Owners 表中的 Owner_ ID 列与 Pets 表中的 Owner_ ID 列进行匹配。当表包含数千个甚至数百万个数据行时，这一匹配过程可能非常耗时费力，即使是在最强大的计算机上也是如此。

为了使事务数据库保持平稳快速运行，我们可能希望创建数据仓库。数据仓库是一种已逆规范化并存档的大型数据库。逆规范化是有意将某些表合并到单个表中的过程，尽管这可能会在某些列（或称为属性）中引入重复数据。

在以此方式设计数据库时，我们可以减少为了查询相关数据而需要进行的导入操作数量，从而加快分析数据的过程。以此方式设计的数据库称为 OLAP（在线分析处理）系统。

在提高数据库速度和性能方面，事务系统和分析系统是相互矛盾的。因此，很难设计出一个可以同时实现这两个目标的系统。这就是为什么数据仓库通常包含存档数据的原因所在。存档数据是已从事务数据库中复制出来的数据。逆规范化通常发生在从事务数据库中复制数据时。请务必要切记，如果数据的副本是在数据仓库中创建的，则数据可能已不再同步。在数据仓库中创建副本后，在源数据库中对原始记录（观察项）进行更改时，便会发生这种情况。对不再同步的观察项进行数据分析、挖掘活动可能毫无用处，甚至可能会引起误导。另一种存档方法是将数据移出事务系统。这可确保数据同步，但也可能会导致当事务系统的用户需要查看或更新数据时，数据不可用。

数据集是数据库或数据仓库的子集。它通常是逆规范化的，以便只使用一个表。数据集的创建可能包含多个步骤，其中包括附加或合并源数据库表中的表，或简化某些数据表达式，例如将日期/时间格式从“10 - DEC - 2002 12：21：56”更改为“12/10/02”。如果后一种日期格式足以满足所执行的数据分析、挖掘类型的需求，则在创建数据集时，简化包含日期和时间的属性是可行的。数据集可能包含更大数据集的代表性样本，或包含与特定群体相关的所有观察项。我们将在第 7 章中讨论采样方法和做法。

6.4 数据的类型

到目前为止，读者已了解数据对于数据分析、挖掘这门学科至关重要的一些基本方面。但我们还没有详细讨论数据从何处而来。基本而言，实际上有两种可以挖掘的数据类型，即运营数据和组织数据。

最基本的数据类型，即运营数据来自于记录每日活动的事务系统。购买汽油、在线购物、在机场办理登机手续等简单的互动都会导致创建运营数据。我们所购买商品或服务的时间、价格和描述都会被记录下来。这些信息可以合并到数据仓库中，或可以直接从 OLTP 系统提取到数据集中。

事务数据常常会因为太过详细而没有多大用处，或详细信息可能会危及人们的隐私。在许多情况下，政府组织、学术组织或非盈利组织可能会创建数据集并将其公开。例如，如果我们希望确定美国历史上发生流行性感冒的风险非常高的地区，则很难获得相关许可，以便收集全国的医生诊病记录，并将这些信息编制到有意义的数据集中。但美国疾病控制与预防中心（CD-CP）每年都在这样做。政府机构并非总是会将这些信息立即公开，但人们通常可以请求获得这些信息。其他组织也会创建此类汇总数据。在本章开头提到的商店并不一定希望分析售出的每罐青豆的记录，但可能希望观察每天、每周或每月的销售总量趋势。组织数据集可以帮助保护人们的隐私，同时仍能为数据分析、挖掘者提供有用的信息，以便其观察给定群体中的趋势。

组织中另一种常常会被忽略的数据类型称为数据集市。数据集市是一种组织数据存储库，类似于数据仓库，但通常是结合业务单位的需求（例如营销或客户服务）创建的，用于报告和管理目的。数据集市通常会被组织有意地创建为一种一站式商店，以便整个组织内的员工查找他们可能正在寻找的数据。数据集市可能包含非常有用的数据，可直接用于数据分析、挖掘活动，但它们必须是最新且准确的已知数据才会有用。它们还应在隐私和安全性方面得到妥善管理。

所有这些类型的组织数据都存在一些问题。因为它们是二手数据（意思是说它们是通过其他更详细的一手数据来源获得的），所以它们可能缺少适当的记录，并且创建这些数据时的严格程度也是千差万别。此外，此类数据来源并非用于一般分发，因此在对任何数据集进行数据分析、挖掘活动之前获得适当许可始终是明智之举。切记，并非只是因为数据集可能是从互联网获得的，就意味着它是公开数据；并且并非只是因为数据集可能存在于读者的组织之内，就意味着它可以被随意挖掘。在开始数据分析、挖掘活动之前咨询相关管理人员、作者和利益相关方至关重要。

6.5　与隐私和安全有关的说明

2003 年，JetBlue Airlines 向美国政府合约方 Torch Concepts 提供了 100 多万条乘客记录。Torch 随后使用家庭成员人数、社会保障号码等从数据经纪商 Acxiom 处购买的其他信息对乘客数据进行了补充。这些数据旨在用于数据分析、挖掘项目，以便制定潜在恐怖分子简档。所有这些都是在未通知乘客或未获得乘客同意的情况下进行的。但是，当关于这些活动的新闻放出后，相关人员针对 JetBlue、Torch 和 Acxiom 以及多个美国参议员提起了数十起隐私诉讼，要求对这一事件进行调查。

这一事件在本书中有多项用处。首先，我们应了解在我们收集、组织和分析数据时，这些数据的背后是真实的人。这些人享有一定的隐私权和保护，以防止身份盗用等犯罪。作为数据分析、挖掘者，我们有道德义务保护这些人的权利。这需要在信息安全方面万分小心。并非只是因为政府代表或合约方要求提供这些数据，就意味着应该提供。

但除了技术安全之外，我们还必须考虑我们对数字背后的这些人所承担的道德义务。让我们回想一下本章开头提供的商店购物卡示例。为了鼓励使用会员卡，商店常常会为商品标出两个价格：一个是会员价；一个是普通价。对于每个人而言，对以下问题的回答可能会各不相同，但请给出读者自己的答案：在鼓励消费者参与会员卡计划和迫使他们参与会员卡计划以便买得起商品之间，商店选择作为合乎道德的分界线的价格加成是多少？再强调一次，读者的答案将与其他人的答案不同，但在收集、存储和挖掘数据时谨记此类道德义务至关重要。

希望通过数据分析、挖掘活动实现的目标永远都不应作为通过不道德方式实现的理由。对于客户关系管理、营销、运营管理和生产而言，数据分析、挖掘可以是一个非常强大的工具，但在所有情况下，人员因素必须要予以重点关注。当长时间从事数据分析、挖掘工作，主要与硬件、软件和数字打交道时，就会很容易把人给忘记，因此我们在这里要重点强调这一点。

6.6 章节汇总

本章向读者介绍了数据分析、挖掘这门学科。数据分析、挖掘对大数据集使用统计和逻辑分析方法，以便对这些数据进行描述，并使用这些数据创建预测模型。数据库、数据仓库和数据集都是独特的数字记录保留系统类型，但却存在很多相似性。对从 OLAP 而非 OLTP 系统提取的数据集执行数据分析、挖掘通常最为有效。运营数据和组织数据都能为数据分析、挖掘活动提供很好的起点，但它们都存在各自的问题，并且这些问题可能会导致无法实现高质量的数据分析、挖掘活动。在开始挖掘数据之前应先解决这些问题。最后，在挖掘数据时，务必要切记在处理数字和数据时，背后的人员因素。人们可能依赖数据分析、挖掘做出决策，所以数据分析、挖掘者要对他们负责。

第 7 章　准备数据

7.1　背景和概要说明

Jerry 是一家小型互联网设计和广告公司的营销经理。他的老板让他开发一个包含互联网用户相关信息的数据集。公司将使用这些数据来确定哪些人在使用互联网，以及公司可以如何向这一用户群体推广他们的服务。

为了完成任务，Jerry 创建了一个在线调查，并将指向调查的链接放在了多个受欢迎的网站上。在两周内，Jerry 收集到了开始分析所需的足够数据，但他发现这些数据需要逆规范化。他还注意到数据集中有些观察项是缺失的值或看起来包含无效的值。Jerry 认识到在开始分析之前，需要对数据进行一些额外的工作。

7.2　应用 CRISP 数据分析、挖掘模型

让我们回想一下第 5 章中介绍的，CRISP 数据分析、挖掘方法要求在构建任何实际数据分析、挖掘模型之前，都要经过三个阶段。在上述“背景和概要说明”部分，Jerry 有一些任务需要完成，其中每项任务都属于 CRISP 前三个阶段中的其中一个阶段。首先，Jerry 必须确保明确地了解组织。公司开展此项目的目的是什么？为什么他要调查互联网用户？哪些数据项是要收集的重要数据项，哪些数据项是最好要收集的，哪些数据项与项目无关甚至会扰乱项目？收集数据后，哪些人可以访问数据集，以及通过什么机制访问？公司将如何确保隐私得到保护？早在 Jerry 开始创建上述第二段中提到的调查之前，所有这些问题（或许还有其他问题）即应得到解答。

这些问题得到解答后，Jerry 即可开始创建调查。这时将进入了解数据阶段。将使用什么数据库系统？使用什么调查软件？他将使用可公开获得的工具（例如 SurveyMonkeyTM）、商用软件，还是内部开发的软件？如果使用可公开获得的工具，他将如何访问并提取数据进行挖掘？他是否可以信任这个第三方工具会保护他的数据？如果信任，为什么？将如何设计基本数据库？将实施哪

些机制来确保数据的一致性和完整性？这些都是了解数据方面的问题。确保一致性的一个简单示例是如果要作为数据的一部分收集人们所在的城市。如果在线调查只提供用于输入内容的开放文本框，则调查对象可以输入任何内容作为他们所在的城市。他们可能会输入新建 York、NY、N. Y.、Nwe York 或任何其他可能的组合，包括拼错的情况。通过迫使用户从下拉菜单中选择他们所在的城市，可以避免这种问题。但考虑到大多数国家/地区的城市数量，该列表可能会长到令人无法接受！因此，选择如何处理这种潜在的数据不一致问题并不一定是件很明显或很轻松的事情，并且这只是要收集的许多数据项中的其中一项。虽然“所在州/省”或“所在国家/地区”使用下拉菜单可能是合理的，但“所在城市”可能必须得手动输入到文本框中，并在稍后应用某种数据纠正流程。

“稍后”指已开发并部署调查，且已收集数据之后。收集到数据后，即可开始第三个 CRISP - DM 阶段，即数据准备阶段。如果读者还未安装 OpenOffice 和明智商业分析系统 V3.0，并且希望跟随本书后续内容中提供的示例进行操作，请立即安装这些应用程序。请记得这两个应用程序都可通过互联网免费导入和安装。我们将首先在 OpenOffice Base（数据库应用程序）、OpenOffice Calc（电子表格应用程序）中进行一些数据准备工作，然后再使用明智商业分析系统 V3.0 中的其他数据准备工具。读者应了解本书中的数据准备示例仅仅只是可能的数据准备方法中的一小部分。

7.3 数据收集

假设 Jerry 的互联网调查所采用的数据库是按照图 7 - 1 所示的来自 OpenOffice Base 的屏幕截图设计的。

此设计可让 Jerry 在一个表中收集与人员有关的数据，在另一个表中收集与互联网行为有关的数据。明智商业分析系统 V3.0 能够导入至其中任何一个表，以便挖掘调查回复。但如果 Jerry 希望同时从两个表中挖掘数据，该怎么办呢？

要将多个表中的数据收集到单个位置以便进行数据分析、挖掘，一个非常简单的方式就是创建一个数据库视图。视图是一种通过编写 SQL 语句（在数据库中命名并存储）创建的伪表。图 7 - 2 所示为在 OpenOffice Base 中创建视图，而图 7 - 3 所示为数据表视图中的视图。

创建视图是在为数据分析、挖掘活动做准备时可以采取的一种方式，用于收集并组织关系数据库中的数据。在本例中，尽管“Respondents”表中的

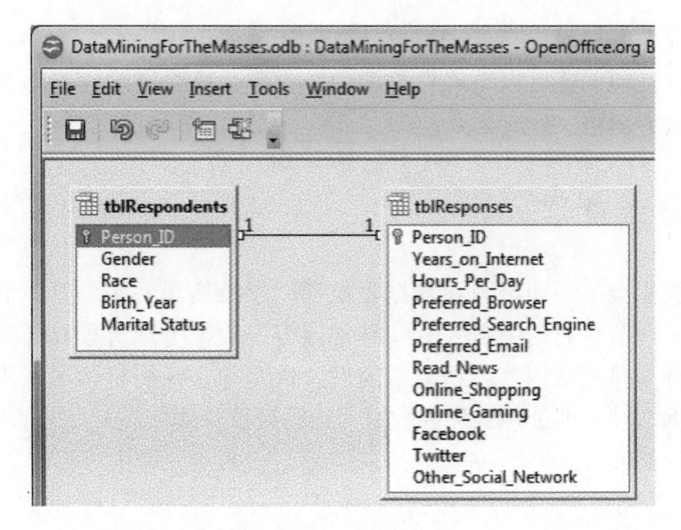

图 7－1　互联网调查数据的简单关系（一对一）数据库

图 7－2　在 OpenOffice Base 中创建视图

vwInternetUser - DataMiningForTheMasses - OpenOffice.org Base: Table Data View

Gender	Race	Birth_Year	Marital_Status	Years_on_Internet	Hours_Per_Day	Preferred_Browser	Preferred_Search_Engine	Preferred_Email	Read_News	Online_Shopping	Online_Gaming	Facebook	Twitter	Other_Social_Network
M	White	1972	M	8	1	Firefox	Google	Yahoo	Y	N	N	Y	N	
M	Hispanic	1981	S	14	2	Chrome	Google	Hotmail	Y	N	N	Y	N	
F	African American	1977	S	6	2	Firefox	Yahoo	Yahoo	Y	Y		Y	N	
F	White	1961	D	8	6	Firefox	Google	Hotmail	N	Y	N	N	Y	
M	White	1954	M	2	3	Internet Explorer	Bing	Hotmail	Y	Y	N	Y	N	
M	African American	1982	D	15	4	Internet Explorer	Google	Yahoo	Y	N	Y	N	N	
M	African American	1981	D	11	2	Firefox	Google	Yahoo		Y		Y	Y	LinkedIn
M	White	1977	S	3	3	Internet Explorer	Yahoo	Yahoo	Y			Y	99	LinkedIn
F	African American	1969	M	6	2	Firefox	Google	Gmail	N	Y	N	N	N	
M	White	1987	S	12	1	Safari	Yahoo	Yahoo	Y		Y	Y	N	MySpace
F	Hispanic	1959	D	12	5	Chrome	Google	Gmail	Y	N	N	Y	N	Google+

图 7－3　数据表视图中的结果

人员信息仅在数据库中存储了一次，但会针对“Responses”表中的每条记录进行显示，从而创建可以更轻松挖掘的数据集，这是因为它在信息方面更丰富，在格式方面更一致。

7.4 数据清理

尽管我们会尽一切努力在数据收集期间维持质量和完整性，但不可避免地会在某个环节在数据中引入一些异常内容。数据清理流程可让我们以可行的方式处理这些异常内容。在本章的后续内容中，我们将学习采用四种不同方式的数据清理，即处理缺失的数据、约简数据（观察项）、处理不一致的数据，以及约简属性。

7.5 动手练习

从现在开始，在本书接下来的所有章节中，读者都有机会在计算机上进行练习。为此，读者需要确保安装 OpenOffice 和明智商业分析系统 V3.0。读者还需要具有互联网导入，以便访问本书的配套网站，在其中读者可以找到章节练习中使用的所有数据集的副本。

读者可以通过从文件列表中找到 Chapter 3 数据集，然后单击文件名最右侧的向下箭头（如图 7－4 中的黑色箭头所指），导入该数据集（在 OpenOffice 中创建的视图的导出项）。读者可能希望创建一个名为“data mining”或具有类似名称的文件夹，以便在其中存放文件的副本，随着我们继续学习本书的后续内容，将需要并创建更多文件，尤其是在明智商业分析系统 V3.0 中构建数据分析、挖掘模型时。集中存放所有内容将简化工作，并且当读者第一次启动明智商业分析系统 V3.0 软件时，系统将提示读者创建一个存储库，因此提前准备好一个空间无疑是一个不错的主意。导入 Chapter 3 数据集后，即可开始学习如何在明智商业分析系统 V3.0 中处理和准备数据以便进行挖掘。

7.6 准备系统、导入数据

数据准备阶段的第一项工作是处理缺失的数据，但因为这是我们第一次使用明智商业分析系统 V3.0，所以前几个步骤将涉及设置明智商业分析系统 V3.0。然后我们将直接开始处理缺失的数据。缺失的数据指在数据集中不存

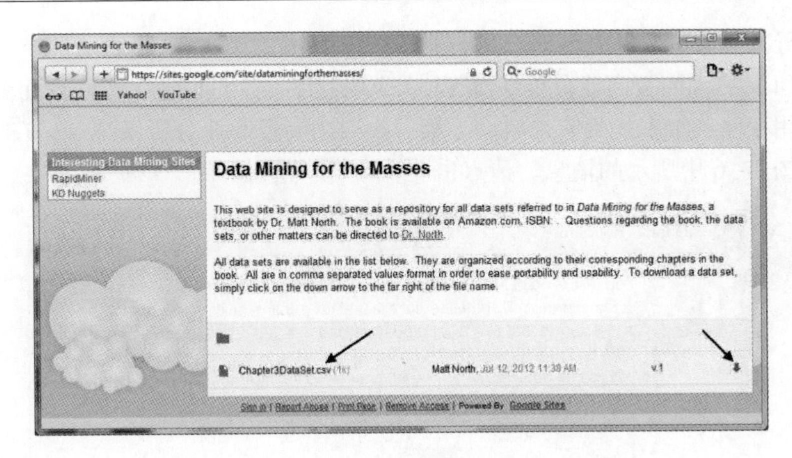

图7-4　配套网站

在的数据。如图7-5所示，缺失的数据不同于零或某些其他值。它是空白的，并且值未知。缺失的数据有时在数据库领域还称为空数据。根据读者在数据分析、挖掘方面的目标，读者可能会选择将缺失的数据保留原样，或可能希望将缺失的数据替换为某些其他值。

创建视图是在为数据分析、挖掘活动做准备时可以采取的一种方式，用于收集并组织关系数据库中的数据。在本例中，数据库视图的一些属性中具有缺失的数据。图7-5中的黑色箭头指出了其中的一些属性。在有些情况下，缺失的数据并不是一个问题，而是预期会出现的情况。例如，在Other Social Network属性中，调查对象完全有可能不注明他们使用除了调查中列出的社交网站之外的社交网站。因此，缺失的数据可能是准确并可接受的。另一方面，在Online Gaming属性中，答案有“Y”或“N”，用于表示调查对象参与或不参与在线游戏。但此属性中缺失的值（或空值）表示什么？这对我们是未知的。为了进行数据分析、挖掘，有一些选项可用于处理缺失的数据。

vwInternetUser - DataMiningForTheMasses - OpenOffice.org Base: Table Data View

Gender	Race	Birth_Year	Marital_Status	Years_on_Internet	Hours_Per_Day	Preferred_Browser	Preferred_Search_Engine	Preferred_Email	Read_News	Online_Shopping	Online_Gaming	Facebook	Twitter	Other_Social_Network
M	White	1972	M	6	1	Firefox	Google	Yahoo	Y	N	N	Y	N	
M	Hispanic	1981	S	14	2	Chrome	Google	Hotmail	Y	N	N	Y	N	
F	African American	1977	S	6	2	Firefox	Yahoo	Yahoo	Y	Y		Y	N	
F	White	1961	D	8	6	Firefox	Google	Hotmail	N	Y	N	N	Y	
M	White	1954	M	2	3	Internet Explorer	Bing	Hotmail	Y	Y	N	Y	N	
M	African American	1982	D	15	4	Internet Explorer	Google	Yahoo	Y	N	Y	N	N	
M	African American	1981	D	11	2	Firefox	Google	Yahoo		Y		Y	Y	LinkedIn
M	White	1977	S	3	3	Internet Explorer	Yahoo	Yahoo	Y			Y	99	LinkedIn
F	African American	1969	M	6	2	Firefox	Google	Gmail	N	Y	N	N	N	

图7-5　调查数据集中的某些缺失的数据

为了了解如何在明智商业分析系统V3.0中处理缺失的数据，请按照以下步骤导入至数据集并开始对其进行修改。

（1）启动明智商业分析系统 V3.0 应用程序。这可以通过双击桌面图标或在应用程序菜单中找到它来启动。第一次启动明智商业分析系统 V3.0 时，将显示图 7-6 中所示的消息。请点击“OK”设置存储库。

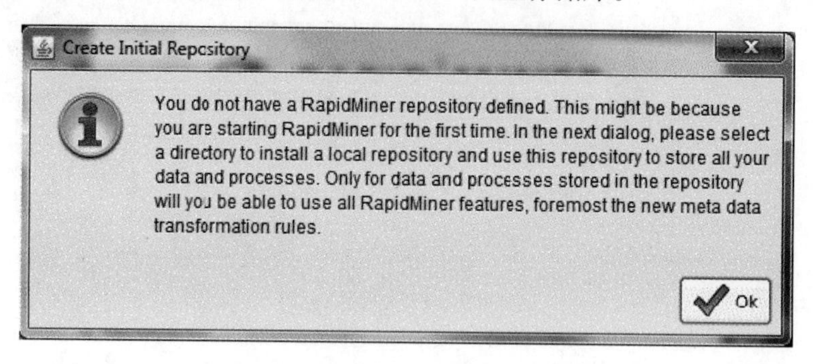

图 7-6　提示创建供明智商业分析系统 V3.0 使用的初始数据存储库

（2）对于大多数目的（并且对于本书中的所有示例），当地存储库即可满足要求。单击“Next”接受图 7-7 中所示的默认选项。

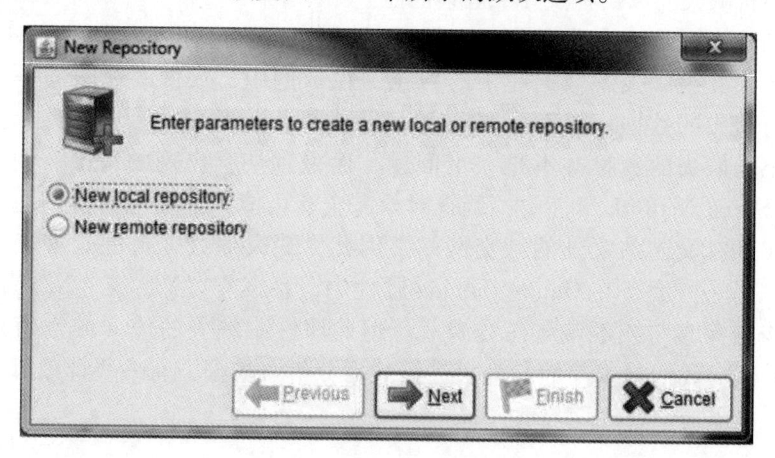

图 7-7　设置当地数据存储库

（3）在图 7-8 所示的示例中，我们将存储库命名。使用文件夹图标浏览并查找创建的用于存储明智商业分析系统 V3.0 数据集的文件夹或目录。然后单击“Finish”。

（4）读者可能会获得有关更新可用的通知。如果是这样，请接受选项进行更新，此时会显示一个类似于图 7-9 所示的窗口。请利用此机会添加

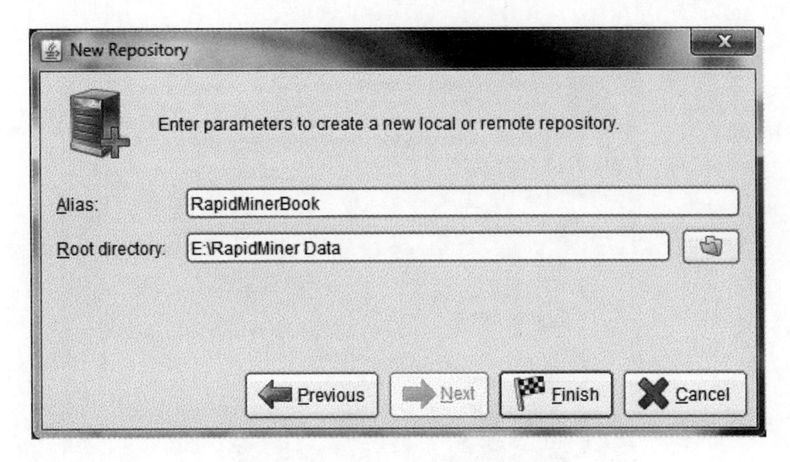

图 7－8　设置存储库名称和目录

Text Processing 模块（黑色箭头所指），因为第 16 章将介绍文本挖掘。双击复选框添加一个绿色复选标记，以表示读者希望安装或更新模块，然后单击“Install”。

（5）更新和安装完成后，明智商业分析系统 V3.0 将开启，并且窗口看起来应类似于图 7－10。

（6）接下来，我们需要在明智商业分析系统 V3.0 中开始一个新的数据分析、挖掘项目。为此，请单击任务栏文件中的“新建”图标，显示的窗口看起来应类似于图 7－11。

（7）在明智商业分析系统 V3.0 中，有两个主要区域用于存放有用的工具，即“仓库”和“操作符”区域。这两个区域通过图 7－12 中的黑色箭头所指的选项卡进行访问。“仓库”区域可让读者导入希望挖掘的每个数据集。“操作符”区域用于存放所有数据分析、挖掘工具。这些区域用于构建模型并以其他方式处理数据集。单击“仓库”，读者将看到在第一次启动明智商业分析系统 V3.0 软件时创建的初始存储库出现在列表中。

（8）因为本书侧重于向尽可能广泛的读者介绍数据分析、挖掘，所以我们将不会使用明智商业分析系统 V3.0 中提供的所有工具。此时，我们可以做一些复杂的技术工作，例如导入至远程企业数据库。但该数据库对许多读者而言可能太大，而且无法访问。因此在本书中，我们将仅导入至逗号分隔值（CSV）文件。读者应知道大多数数据分析、挖掘项目都包含极大的数据集，并且这些数据集包含数十个属性以及数千甚至数百万个观察项。在本书中，我们将使用较小的数据集，但所阐述的基本概念对于大小数据都是相同的。从配套网站导入的 Chapter 3 数据集非常小，仅包含 15 个属性和 11 个观察

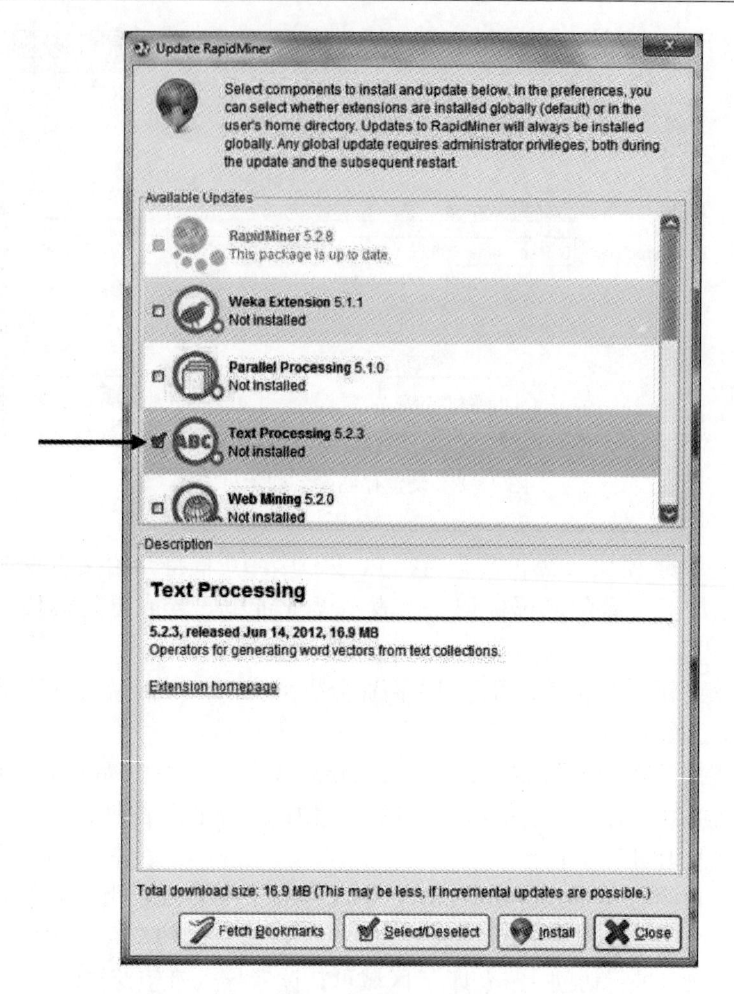

图 7－9 安装更新并添加 Text Processing 模块

项。下一步是导入至此数据集。单击“导入数据”图标，如图 7－13 所示。

（9）通过图 7－14，读者将看到可以从多个不同的数据来源导入。请注意，导入是将数据放入明智商业分析系统 V3.0 文件，而非使用已存储在其他位置的数据。如果数据集非常大，导入数据可能会需要一些时间，并且读者应留意可用的磁盘空间。随着数据集不断增大，最好是使用第一个（最左侧）图标设置远程存储库，以便使用已存储在其他位置的数据。正如前文所述，本书中的所有示例都将通过导入较小且可快速轻松使用的 CSV 文件来进行。单击“导入数据 CSV 文件”选项。

（10）当数据导入向导开启时，导航至存储数据集的文件夹并选择文件。

图 7－10　明智商业分析系统 V3.0 启动屏幕

图 7－11　在明智商业分析系统 V3.0 中开始一个新项目

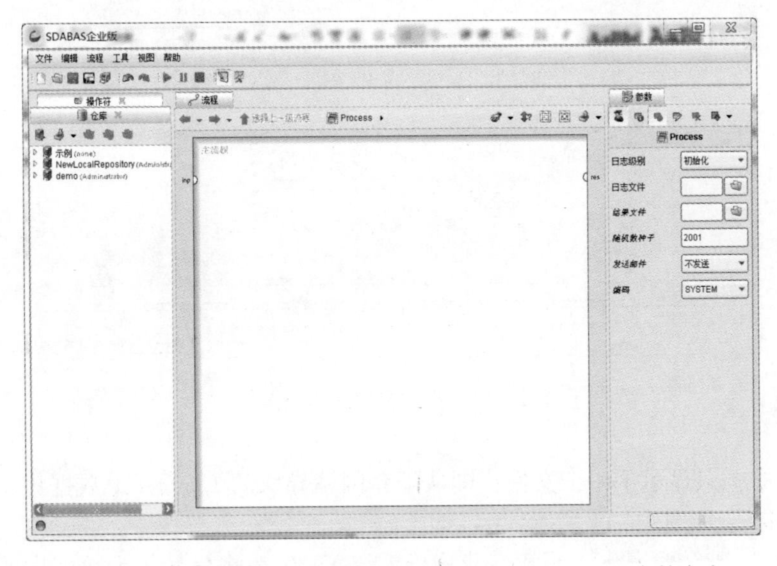

图 7－12　将数据集添加到明智商业分析系统 V3.0 中的存储库中

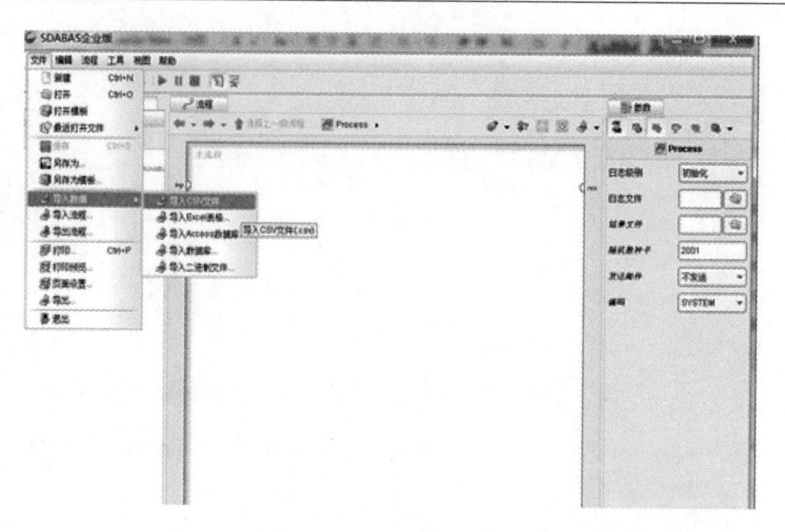

图 7 - 13　导入 CSV 文件

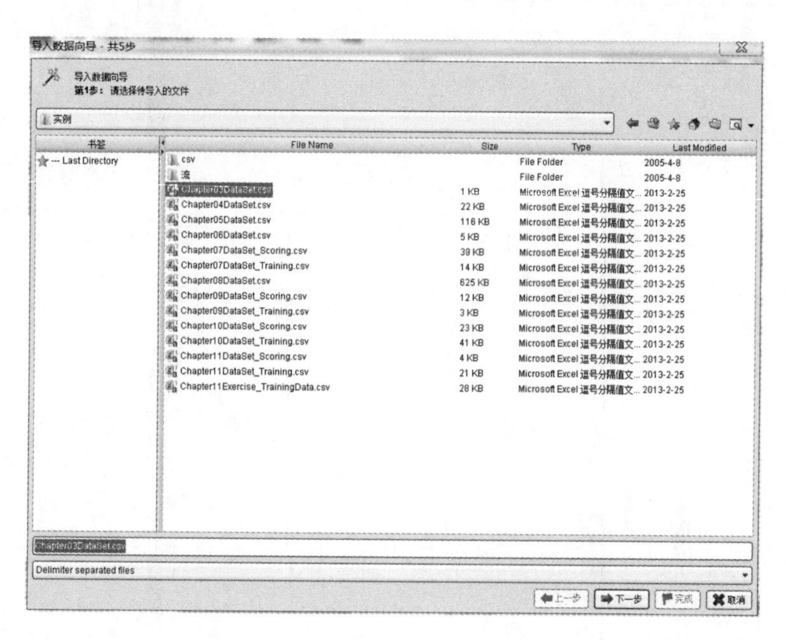

图 7 - 14　找到要导入的数据集

在本例中，只显示了一个文件，即从配套网站导入的 Chapter 3 数据集。单击“下一步”，如图 7 - 15 所示。

（11）默认情况下，明智商业分析系统 V3.0 会将分号作为数据中的属性分隔符。我们必须将列分隔符更改为“Comma”，以便能够看到每个属性都得

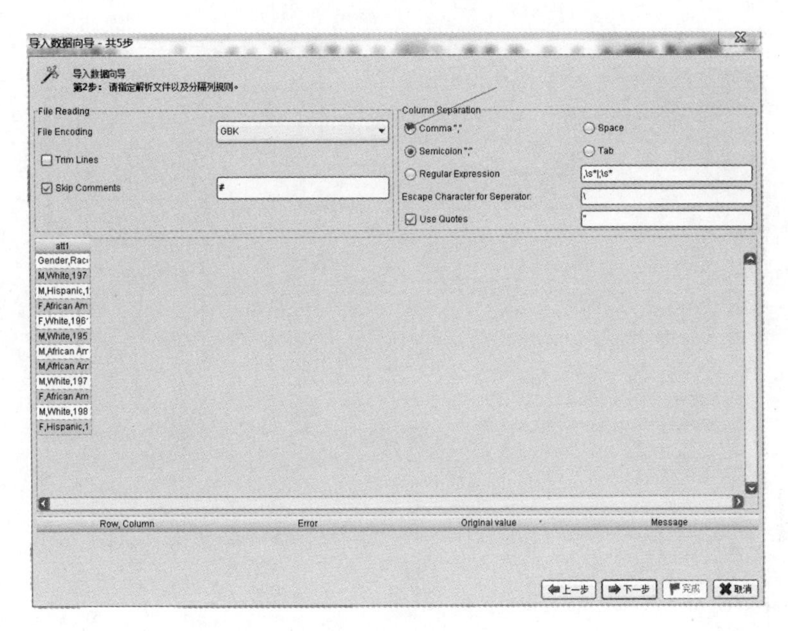

图 7－15　配置属性分隔

到正确分隔。注意：如果数据本身包含逗号，则在收集数据时应小心，以确保使用的分隔符在数据本身中没有出现。使用分号或竖线（｜）符号通常有助于避免意外的列分隔，如图 7－16 所示。

（12）预览显示每个属性的列后，单击“下一步”。请注意：明智商业分析系统 V3.0 将属性名称视为第一行数据，即第一个观察项。预览为了修正这一点，请单击此行旁边的“Annotation”下拉框，并将其设置为“Name”，如图 7－17 所示。在正确显示属性名称后，单击“下一步”。

（13）在数据导出向导的第 4 步中，明智商业分析系统 V3.0 将尽量猜测每个属性的数据类型。数据类型是属性所包含数据的种类，例如数字、文本或日期。在此屏幕中可以更改这些内容，但在第 7 章中，我们将接受默认值。在每个属性的数据类型下方，明智商业分析系统 V3.0 还会指出每个属性要扮演的角色。默认情况下，所有列在导入时角色均为“属性”，但如果我们知道一个属性要在我们将创建的数据分析、挖掘模型中扮演特定角色，则可以在此处更改这些内容。由于在构建数据分析、挖掘模型时可以在明智商业分析系统 V3.0 的主流程窗口中设置角色，因此在本书的练习中，每次导入数据集时，我们都将接受默认值“attribute”。此外，读者可能注意到，此窗口中每个属性上方的复选框可让读者不导入某些读者不想要的属性。这可以通过清

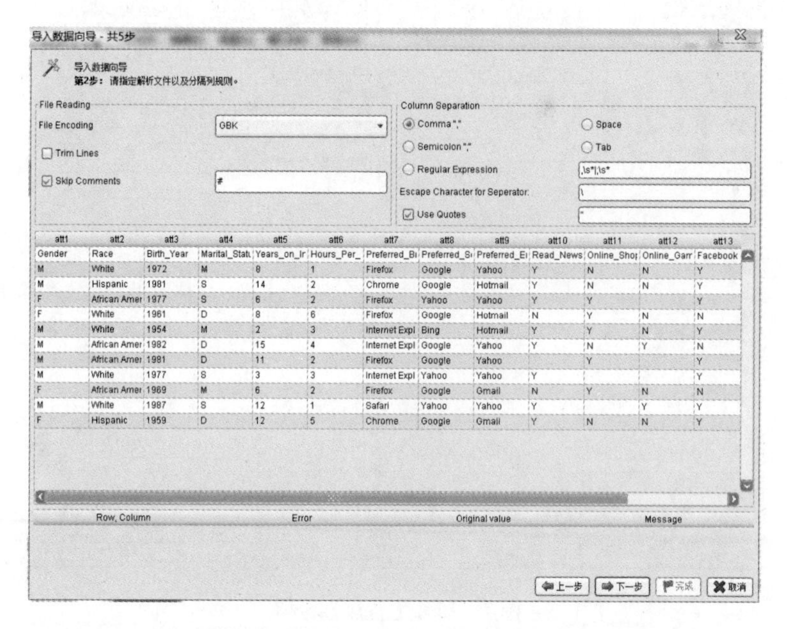

图 7－16 预览使用所选的“Comma”选项分隔为列的属性

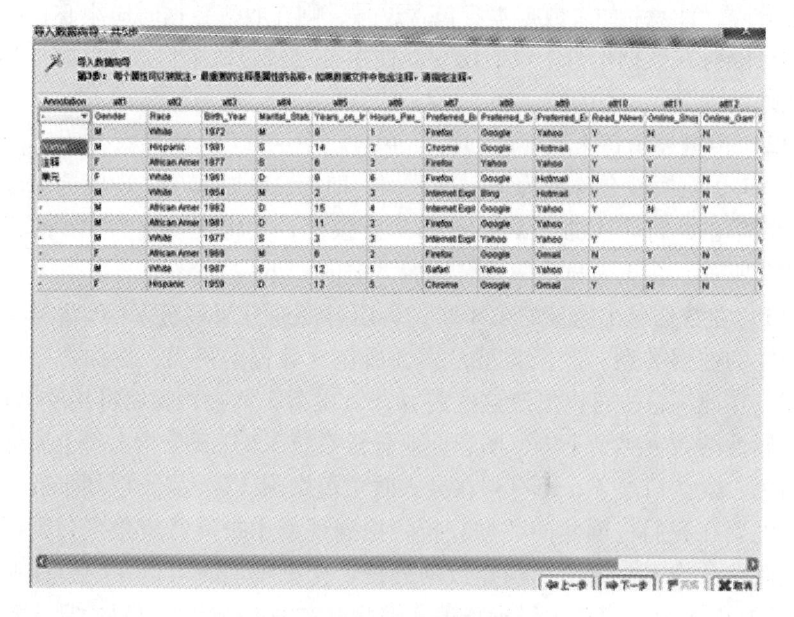

图 7－17 设置属性名称

除复选框来实现。同样，属性可以稍后从模型中排除，因此在本书中，我们在导入数据时将始终包含所有属性。图 7 – 18 中的矩形框指出了所有这些功能。请接受这些默认值，并单击“下一步”。

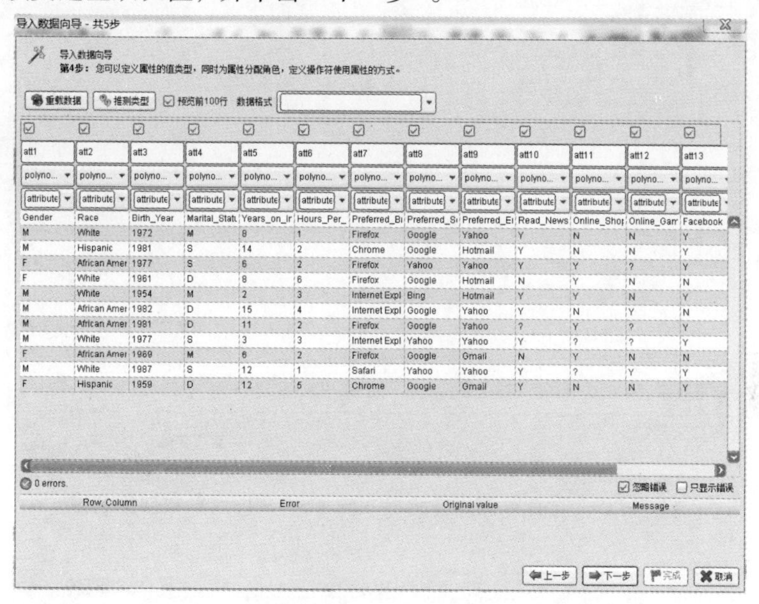

图 7 – 18　设置数据类型、角色和导入属性

（14）最后一步是选择用于存储数据集的存储库，并在明智商业分析系统 V3. 0 中为数据集命名。在图 7 – 19 中，我们已选择将数据集存储在明智商业分析系统 V3. 0 Book 存储库中，并将其命名为 Chapter3。单击“完成”后，此数据集将可用于我们希望利用它构建的任何类型的数据分析、挖掘流程。

（15）现在我们可以看到该数据集可用在明智商业分析系统 V3. 0 中。要在明智商业分析系统 V3. 0 数据分析、挖掘流程中使用该数据集，只需将其拖放到“主流程”窗口中即可，如图 7 – 20 所示。

（16）明智商业分析系统 V3. 0 中的流程内的每个矩形都是一个操作符。检索操作符用于获取数据集并使其可供使用。操作符四周和“主流程”窗口四周的小型半圆称为端口。在图 7 – 20 中，数据集的检索操作符的输出（out）端口通过一条曲线导入至结果集（res）端口。这些曲线再加上通过曲线导入的操作符，共同构成了数据分析、挖掘流。要运行数据分析、挖掘流并查看结果，请单击明智商业分析系统 V3. 0 窗口顶部工具栏中的蓝色三角形“Play”按钮。这会将视图从设计透视视图（图 7 – 20 中所示的视图，读者可以在其中更改数据分析、挖掘流）切换到结果透视视图（显示流的结果，如

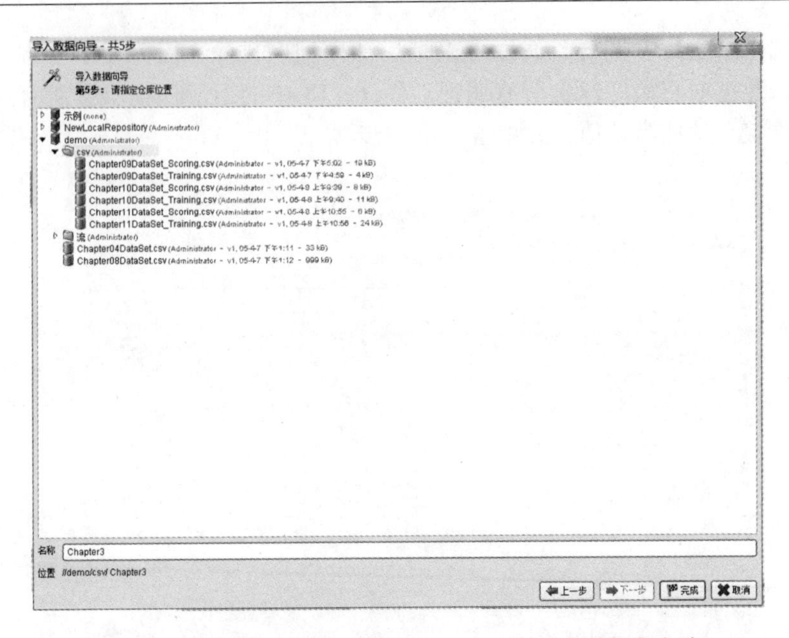

图 7－19　选择存储库并为导入的 CSV 文件设置数据集名称

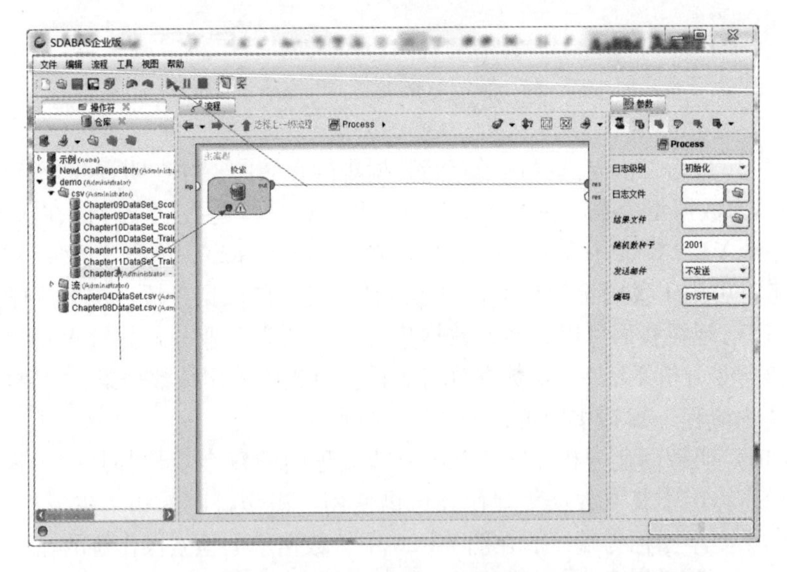

图 7－20　将数据集添加到明智商业分析系统 V3.0 中的流程中

图 7－21 所示）。当点击“Play”按钮时，系统会提示读者保存流程，我们建议读者按提示操作。明智商业分析系统 V3.0 可能还会询问读者是否希望在每次运行时覆盖保存的流程，读者还可以在出现此提示时选择首选项。

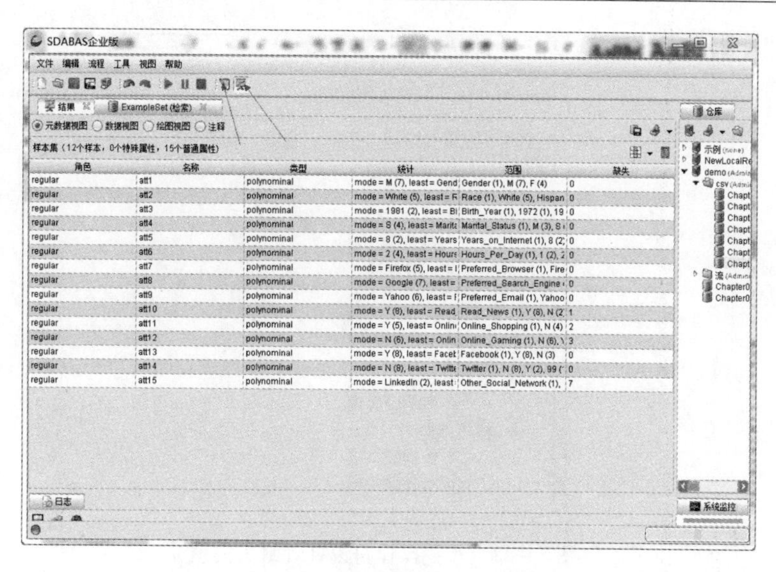

图 7－21　Chapter3 数据集的结果透视视图

（17）使用图 7－21 中的黑色箭头所指的两个图标，读者可以在设计和结果透视视图之间进行切换。正如读者可以看到的那样，结果透视视图中提供丰富的信息。在元数据视图中，会提供基本的说明性统计信息。在该视图中，我们还可以了解数据集的每个属性中，具有缺失值的观察项的数量。元数据视图中的列可以拉宽，以便其中的内容更容易阅读。这可以通过将鼠标放在每个列之间浅灰色的竖直线上，然后单击并拖动将其拉宽来实现。此处显示的信息可能会对决定缺失的数据位于何处以及如何处理这些数据非常有帮助。以 Online_ Gaming 属性为例，结果透视视图显示该属性中有 6 个 “N” 回复、2 个 “Y” 回复，以及 3 个缺失的回复。我们可以使用众值（即最常见的回复）来替换缺失的值。当然，这假设最常见的回复对于所有观察项来说都是准确的，而这可能并不准确。作为数据分析、挖掘者，我们必须思考我们对数据进行的每项更改，以及更改是否会危及数据的完整性。在有些情况下，后果可能会非常严重。例如读者可以想一想，如果 Felony_ Conviction 的某个属性的众值为 “Y”，读者是否真的希望将此属性中所有缺失的值都转换为 “Y”，只是因为它是数据集中的众值。读者可能并不希望这样做。关于数据集每个观察项中对应人员的暗示可能是不公平、不真实的。因此，我们将更改当前示例中缺失的值，以便阐述如何在明智商业分析系统 V3.0 中处理缺失的值。请注意，我们要采取的方式并非始终都是处理缺失数据的适当方式。要让明智商业分析系统 V3.0 为 Online_ Gaming 变量中的三个观察项处理从缺失到“N”的更改，请单击设计透视视图图标。

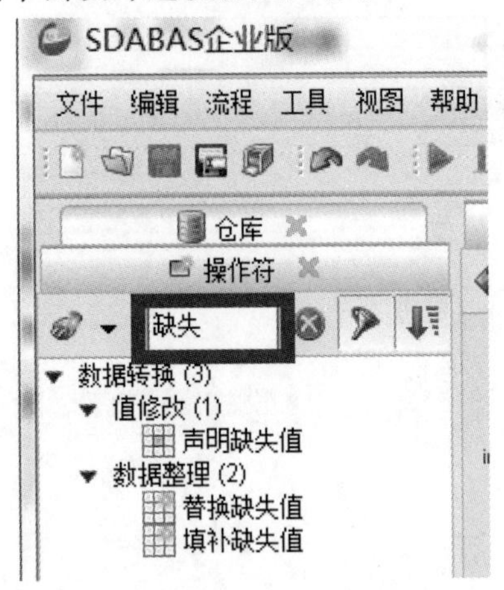

图 7－22　查找操作符以处理缺失的值

（18）要在“操作符”区域查找工具，可以浏览左下角的文件夹树状目录。明智商业分析系统 V3.0 提供了许多工具，有时查找读者想要的工具可能会有些棘手。有一个非常方便的搜索框可让读者输入关键字来查找可能需要的工具。在此框中输入“缺失”，读者会看到明智商业分析系统 V3.0 将自动搜索名称中带有这个单词的工具。我们希望替换缺失的值，并且我们可以看到在“数据转换”工具区域内的子区域“数据整理”中，有一个称为替换缺失值的操作符。让我们将此操作符添加到流中。单击并按住操作符名称，然后将其向上拖动到曲线上。当鼠标指到曲线上时，曲线将稍微变粗，这表示当读者松开鼠标按键后，操作符将导入到流中。如果松开鼠标按键后替换缺失值操作符未导入到流中，读者可以手动重新配置曲线。读者只需单击检索操作符中的 out 端口，然后单击替换缺失值操作符中的 exa 端口即可。exa 代表例项集，请切记明智商业分析系统 V3.0 使用“例项”表示数据集中的观察项。请确保替换缺失值操作符中的 exa 端口导入至结果集（res）集，以便在运行流程时，将获得输出。模型目前看起来应类似于图 7－23。

（19）在明智商业分析系统 V3.0 中选中某个操作符时，该操作符的四周会显示橘黄色矩形框。这还可让读者修改操作符的参数（或称为属性）。“参数”窗格位于明智商业分析系统 V3.0 窗口右侧，如图 7－23 中的黑色箭头所指。在此练习中，我们已决定将 Online_ Gaming 属性中所有缺失的值更改为“N”，因为这是该属性中最常见的回复。为此，请将“Attribute filter type”更

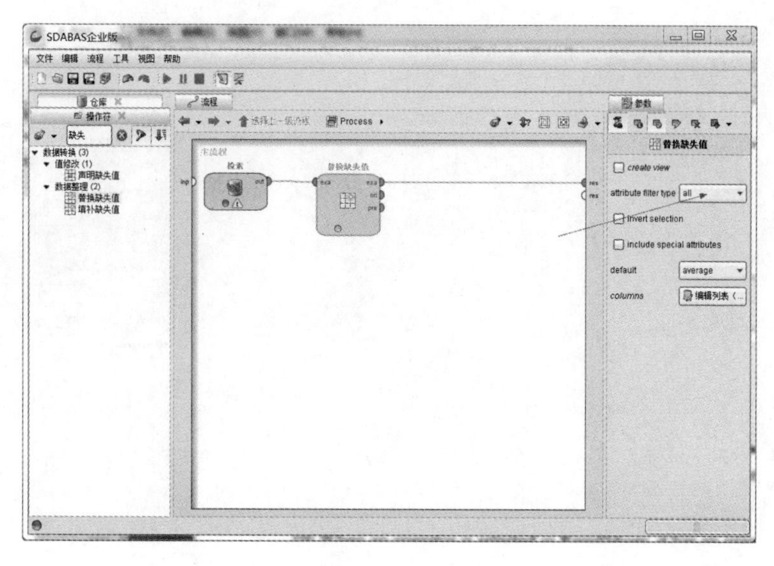

图 7－23　将缺失值操作符添加到流中

改为“Single”，此时将显示一个下拉框，读者可以通过该下拉框选择 Online_ Gaming 属性作为修改目标。接下来，请展开“default”下拉框，并选择“value”，此时将显示“replenishment value”框。在此框中输入替换值“N”。请注意，读者可能需要展开明智商业分析系统 V3.0 窗口，或使用“参数”窗格右侧的垂直滚动条，以便看到所有选项，因为选项将根据读者选择的内容而异。完成后，参数看起来应类似于图 7－24 中的参数。黑色箭头突出显示了更改后的参数设置。

（20）读者应了解参数窗格中有许多其他选项可供使用。本书中将不再一一讲解这些选项，但读者可以随意试用这些选项。例如，读者可以更改数据集中的属性子集，而不是一次更改一个属性。通过尝试不同的工具和功能，读者将更详细地了解明智商业分析系统 V3.0 的灵活性和强大功能。有参数集后，请单击播放按钮。此时将运行流程，并再次切换到结果透视视图。结果看起来应类似于图 7－25。

（21）现在，读者可以看到 Online_ Gaming 属性已移至列表顶部，并且没有缺失的值。单击属性列表上方左侧的“数据视图”单选按钮，以便使用电子表格式视图查看数据。读者将看到 Online_ Gaming 变量现在仅包含“Y”和“N”这两个值。我们已成功替换该属性中所有缺失的值。在“数据视图”中，请注意缺失的值在其他变量中是如何注释的，以 Online_ Shopping 为例，问号（?）表示观察项中缺失的值。假设对于该变量，我们不希望将空值替换

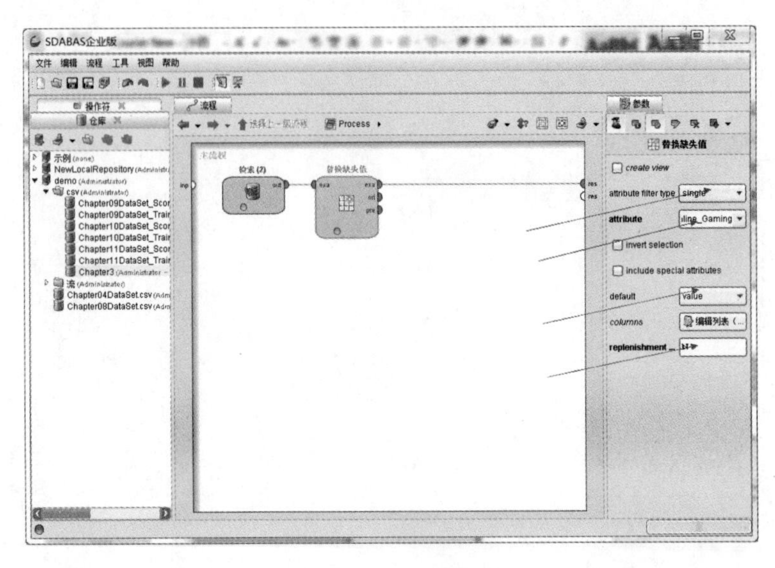

图 7－24　缺失值参数

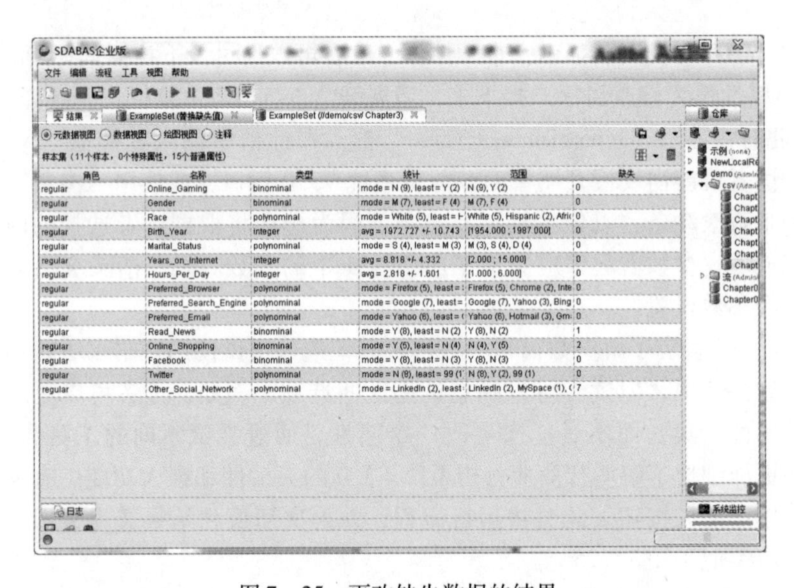

图 7－25　更改缺失数据的结果

为众值，而是希望在挖掘数据集之前，将这些观察项从数据集中移除。这可以通过数据约简来实现。

7.7　数据约简

让我们切换回设计透视视图。以下步骤将介绍如果通过过滤流程约简数据集中的观察项数量。

（1）在“操作符”选项卡内的搜索框中，输入“过滤”。这将帮助读者找到本例中将使用的“过滤器实例”操作符。将过滤器实例操作符拖动并导入到流中，使其紧跟在替换缺失值操作符之后。窗口看起来将类似于图7－26。

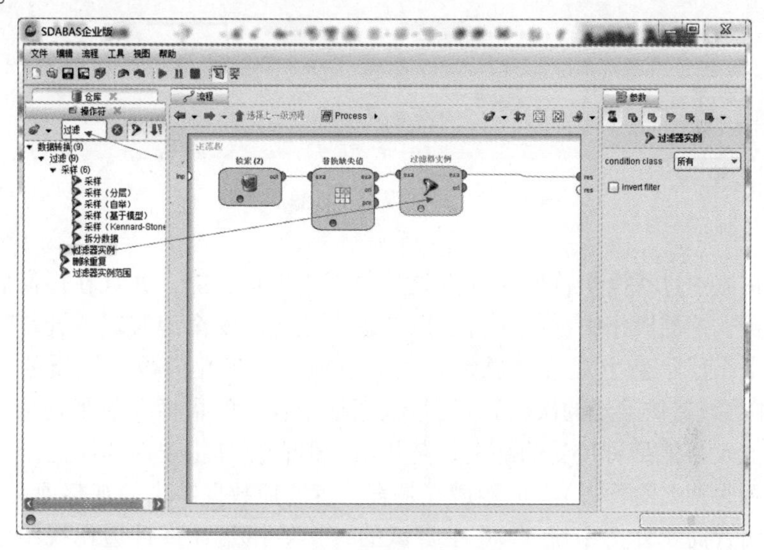

图7－26　将过滤器添加到流中

（2）在“Condition class”中，选择“属性值过滤”，并为parameter_string输入以下内容：Online_ Shopping =．务必要包括句点。此参数字符串提到属性Online_ Shopping，并告诉明智商业分析系统V3.0过滤掉该属性中值缺失的所有观察项。这会令人感到有点困惑，因为在结果透视视图中的“数据视图”中，缺失的值以问号（?）表示，但当输入参数字符串时，缺失的值以句点（.）表示。输入这些参数值后，屏幕看起来将类似于图7－27。

请通过单击播放按钮运行模型。在结果透视视图中，现在读者将看到数据集的观察项（或称为例项）已从11个约简到9个。这是因为Online_ Shopping属性有缺失值的两个观察项已被移除。通过选择“数据视图”单选按钮，读者将能够看到它们已经不存在了。它们并未从最初的源数据中被删除，它

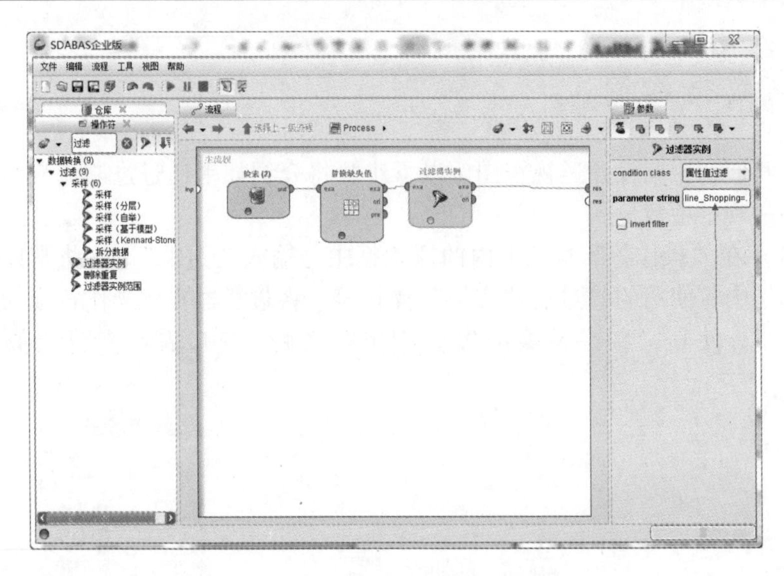

图 7－27　添加观察项过滤器参数

们只是在流中过滤操作符所在的点处从数据集中被移除，并且在任何后续的数据分析、挖掘操作中都将不再予以考虑。在无法安全地假定或计算缺失值的情况下，移除整个观察项通常是最佳措施。当属性为数字性质的属性时（例如年龄或造访某地的次数），测量数据集中程度的指标（例如均值、中位值或众值）可能是可接受的缺失值替代项，但在更具主观性的属性中（例如某人是否为网上购物者），可能最好是直接过滤掉数据缺失的观察项。（读者可以在明智商业分析系统 V3.0 中尝试的一个妙招是在设计透视视图中使用“Invert 过滤”选项。在本例中，如果读者在过滤器实例操作符的参数窗格中选中该复选框，将会保留缺失的观察项，并过滤掉其他项。）

数据分析、挖掘可能会是一项令人困惑且异常艰巨的工作，尤其是在数据集非常大时。但如果我们管理好数据，就不一定会如此。前面的示例展示了如何过滤掉属性中包含不需要的数据（或缺失的数据）的观察项，但我们还可以约简数据，以便使用较小的数据子集测试数据分析、挖掘模型。这不仅可以大幅缩短处理时间，而且还可以测试模型是否能够解答我们的问题。请遵循以下步骤在明智商业分析系统 V3.0 中抽取数据集的样本。

（1）使用前面介绍的搜索技术和操作符搜索功能查找称为“采样”的操作符，并将其添加到流中。在参数窗格中，将 Sample 设为“relative”样本，然后通过在“sample ratio”字段中输入 0.5，表示读者希望在产生的数据集中保留 50% 的观察项。窗口看起来应类似于图 7－28。

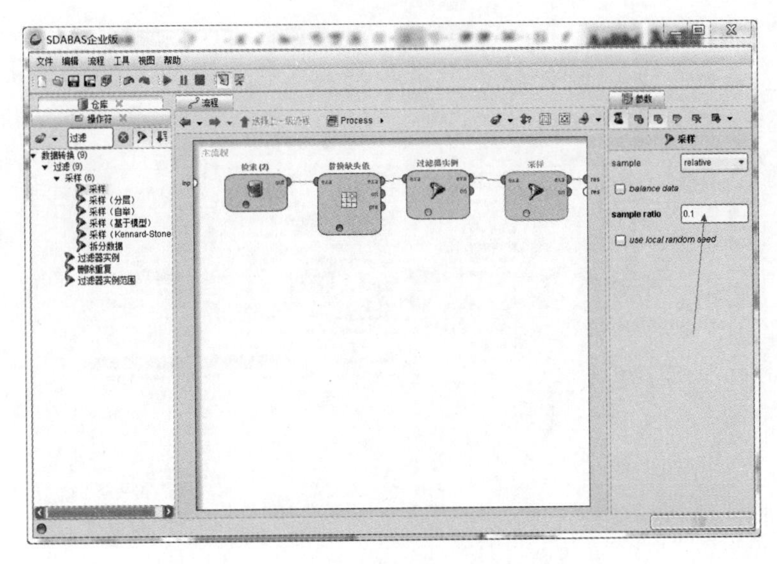

图 7－28　从数据集中抽取 50% 的随机样本

（2）现在运行模型时，读者将会发现结果仅包含四五个观察项，这几个观察项是从在过滤器操作符移除缺失 Online_ Shopping 值的记录后剩余的九个观察项中随机选择的。

读者可以看到有多种方式和众多原因来通过减少数据集中观察项的数量约简数据。接下来我们将介绍如何处理不一致的数据，但在此之前，必须先将数据重设为原来的格式，这一点至关重要。在过滤时，我们移除了一个在阐述什么是不一致的数据，以及在明智商业分析系统 V3.0 中如何处理不一致的数据时将需要用到的观察项。这是学习如何从流中移除操作符的大好机会。切换回设计透视视图并单击采样操作符。接下来，右击并选择“删除”，或直接按键盘上的删除键。此时还请删除过滤器实例操作符。请注意，导入至 res 端口的曲线也会删除。这不是一个问题，读者可以将替换缺失值操作符中的 exa 端口重新导入至 res 端口，或完成“处理不一致的数据”中的步骤后，读者将会发现曲线将会重新显示出来。

7.8　处理不一致的数据

不一致的数据不同于缺失的数据。不一致的数据发生在值确实存在的时候，但值是无效或无意义的。请参考图 7－25，该图的放大版请参见图 7－29。

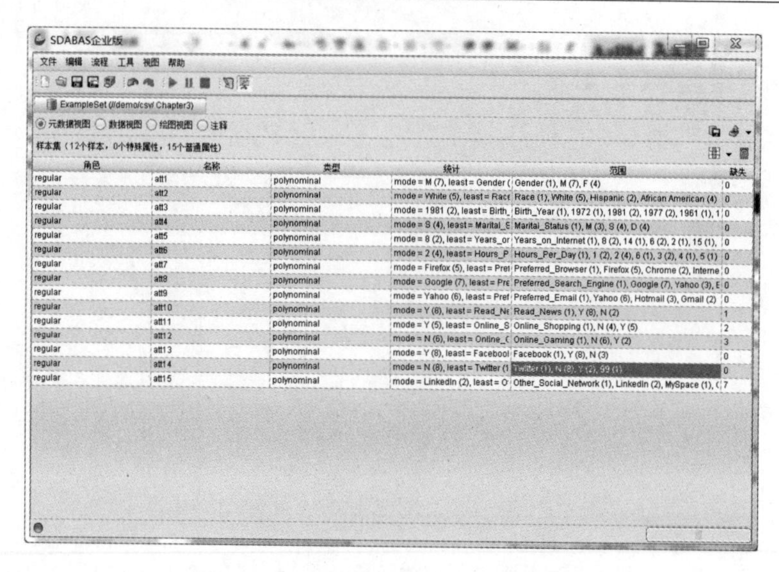

图 7-29 Twitter 属性中不一致的数据

99 在这里有什么用？Twitter 属性仅有的两个有效的值好像应该是“Y”和“N”。这是一个不一致的值，因此是无意义的。作为数据分析、挖掘者，我们可以决定是否希望过滤掉此观察项（如同过滤掉缺失的 Online_ Shopping 记录那样），或者我们可以使用可将某些值替换为其他值的操作符。

（1）返回到设计透视视图（如果读者未处于该视图中）。请确保已从流中删除采样和过滤操作符，因此窗口看起来类似于图 7-30。

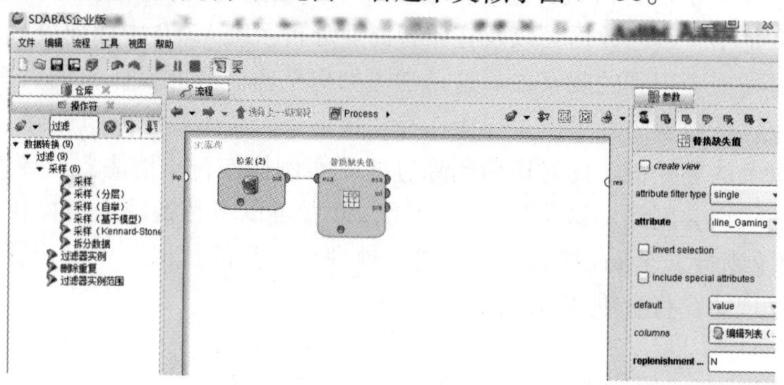

图 7-30 返回到明智商业分析系统 V3.0 中的完整数据集

（2）请注意，我们不需要移除替换缺失值操作符，因为它不会移除数据集中的任何观察项。它只会更改 Online_ Gaming 属性中的值，这不会影响我们的下一个操作符。使用“操作符”选项卡中的搜索功能查找称为替换的操作符。将此操作符拖动到流中。如果曲线在删除采样和过滤操作符期间已断开，如图 7 - 30 中所示，则将替换操作符添加到流中后，读者会看到曲线将自动重新导入起来。

（3）在参数窗格中，将“attribute filter type”更改为“single”，然后将 Twitter 指示为要修改的属性。在此数据集中，所有属性和观察项中只有一个值为 99 的例项，因此在此示例中，更改为“single”属性的操作实际上是不必要的，但在数据分析、挖掘流程的每一步中做到深思熟虑、目的明确是个很好的习惯。大多数数据集都比我们目前使用的 Chapter 3 数据集要大得多，并且复杂得多。在“replace what”字段中，输入值 99，因为这是我们希望替换的值。最后，在“replace by”字段中，我们必须确定要将 99 替换为什么。如果我们将此字段留空，则在运行模型并切换到结果透视视图中的“数据视图”时，观察项将存在一个缺失项（?）。我们还可以选择“N”的众值，并且鉴于 80% 的调查对象都表示他们不使用 Twitter，这似乎是一个安全的选择。读者可以选择读者希望使用的值。在本书的示例中，我们将输入“N”，然后运行模型。在图 7 - 31 中，读者可以看到现在 Twitter 属性有 9 个“N”值，2 个“Y”值。

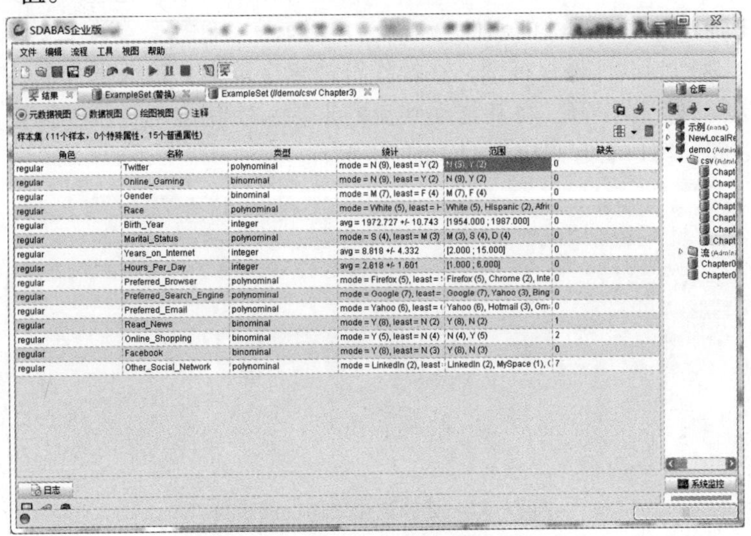

图 7 - 31　将不一致的值替换为一致的值

请务必要切记，并非所有不一致的值都如同替换单个值一样易于处理。数据集中除了不一致的值 99 之外，完全还有可能存在 87、96、101 或其他值。如果是这样，则可能需要多个替换操作符和/或缺失数据操作符来准备数据集，以便进行挖掘。在数字数据中，我们还可能会遇到虽然准确，但属于统计离群点的数据。这些数据也可以被视为不一致的数据，因此本章后面的示例将阐述如何处理统计离群点。有时数据清理可能会非常繁琐，但它最终会影响数据分析、挖掘结果的实用性，因此这些类型的活动非常重要，并且注重细节非常关键。

7.9 属性约简

在许多数据集中，读者会发现有些数据对于解答给定的问题毫不相关。在第8章中，我们将讨论评估给定属性之间的关联（或关系强度）的方法。在有些情况下，如果不采用统计方式评估属性与要评估的其他数据之间的关联，读者将不会知道特定属性的有用程度。在明智商业分析系统 V3.0 中的流程流中，我们可以移除对解答给定问题不是非常相关的属性，而无需将其完全从数据集中删除。切记，并非只是因为数据集中的某些变量对解答特定问题不相关，就意味着这些变量永远都不相关。这就是为什么在本章前面导入 Chapter 3 数据集时，我们建议导入所有属性的原因所在。通过以下步骤，可以在流中轻松排除不相关的属性。

（1）返回到设计透视视图。在操作符搜索字段中，输入选择属性。此时将显示选择属性操作符。将其拖动到流的末端，使其位于替换操作符和结果集端口之间。窗口看起来应类似于图 7－32。

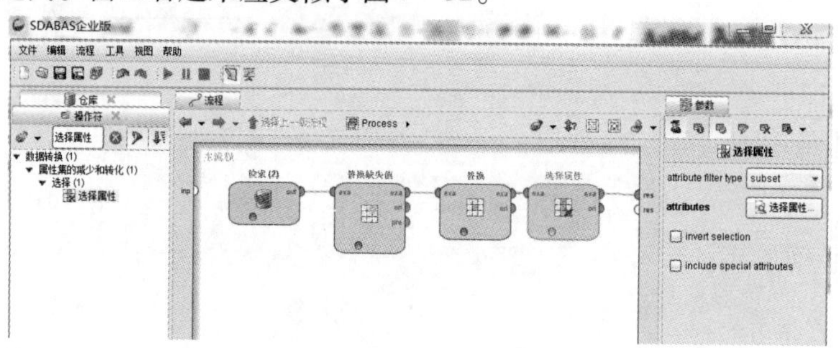

图 7－32　选择数据集属性的子集

（2）在“参数”窗格中，将“attribute filter type”设置为“subset”，然后单击“选择属性”按钮，此时将显示一个类似于图 7－33 的窗口。

（3）使用绿色右箭头和左箭头，读者可以选择要保留的属性。假设我们

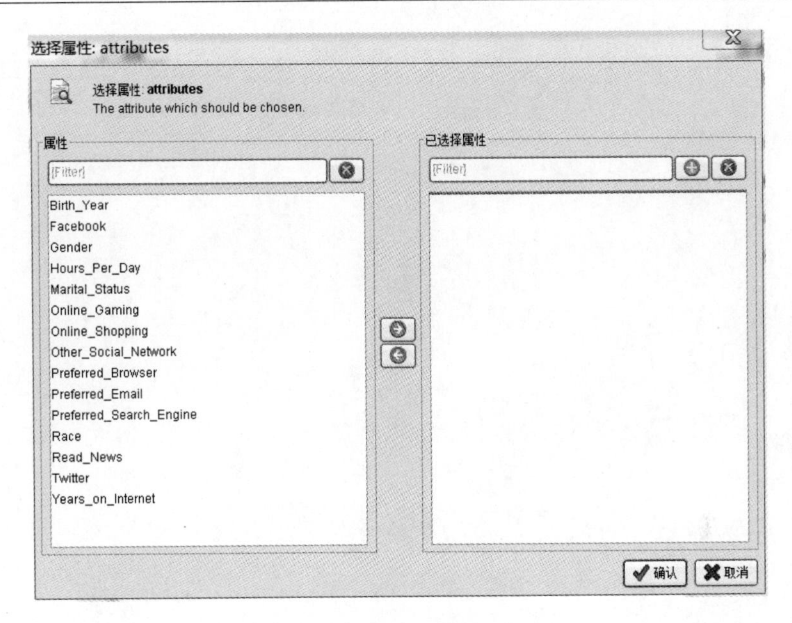

图 7－33　属性子集选择窗口

要研究互联网用户的人口统计信息。在这种情况下，我们可能会选择 Birth_ Year、Gender、Marital_ Status、Race，或许还有 Years_ on_ Internet，并使用绿色右箭头将其移动到右侧的“已选择属性”下。通过按下 control 或 shift 键(在 Windows 计算机上)，同时单击要选择或取消选择的属性，读者可以一次选择多个属性。然后可以单击“确认”。当运行模型时，结果透视视图中将仅显示这些属性。添加到模型中的所有后续数据分析、挖掘操作将仅作用于这一属性子集。

第三部分　数据分析、挖掘模型和方法

第8章　相关知识

8.1　背景和概要说明

Sarah 是一家家庭取暖用化石燃料全国供应商的区域销售经理。热燃油市场价格的近期波动（尤其是再加上每个家庭用热燃油订单的额度相差非常大）引起了 Sarah 的关注。她认为有必要了解可能影响国内市场对热燃油需求的行为及其他因素的类型。哪些因素与热燃油用量有关，以及她可以如何利用对此类因素的了解来更好地管理库存并预测需求？Sarah 相信数据分析、挖掘可以帮助她开始了解这些因素和相关信息。

8.2　了解组织

Sarah 的目标是更好地了解她所在的公司如何在家庭用热燃油市场中取得成功。她认识到有许多因素会影响热燃油消费，并相信通过调查其中一些因素之间的关系，她将能够更好地监控并应对热燃油需求。她选择使用相关来对希望调查的因素之间的关系进行建模。相关是一种统计指标，用于衡量数据集中的属性之间的关系强度。

8.3　了解数据

为了调查她的问题，Sarah 请我们帮助她创建一个包含 6 个属性的相关矩阵。通过密切合作，并使用 Sarah 公司主要从公司的账单数据库中提取的数据资源，我们创建了一个包含以下属性的数据集。

➢ Insulation：密度等级，介于 1 ~ 10 之间，用于表示每个家庭的保温层的厚度。密度等级为 1 的家庭的保温状况非常糟，而密度等级为 10 的家庭的保温状况非常好。

➢ Temperature：每个家庭最近一年的平均户外环境温度，单位为华氏度。

➢ Heating_ Oil：最近一年来每个家庭购买的热燃油总量。

➢ Num_ Occupants：每个家庭中居住的总人数。

➢ Avg_ Age：这些居住者的平均年龄。

➢ Home_ Size：家庭总面积的等级，介于1～8之间。该数字越高，家庭面积越大。

8.4 数据准备

完成以下步骤，以便准备数据集进行相关挖掘。

（1）将第12章CSV数据集导入到明智商业分析系统V3.0数据存储库中，并保存为Chapter4。除了选择导入的文件不同之外，这些步骤都是相同的。导入所有属性，并接受默认数据类型。完成后，存储库看起来应类似于图8-1。

（2）如果明智商业分析系统V3.0应用程序打开的不是新的空白流程窗口，请单击新建流程图标，或单击“文件”菜单栏下的“新建”，创建一个新流程。将Chapter4数据集拖动到主流程窗口中。请单击运行（播放）按钮，查看数据集的元数据。如果出现提示，读者可以选择保存新模型。在本书的示例中，我们将模型保存为Chapter4_ Process。

我们可以在图8-2中看到我们的6个属性。数据集中总共有1 218户家庭。我们的数据集看起来非常干净，在6个属性的任何一个属性中都没有缺失的值，并且在范围或其他说明性统计信息中没有任何明显不一致的数据。如果读者希望，可以花一些时间切换到“数据视图”，熟悉一下这些数据。我们认为这些数据的情况非常好，不再需要使用数据准备操作符，因此我们可以前往下一步……

8.5 建模

（1）切换回设计透视视图。在左下角的“操作符”选项卡中，使用搜索框并输入相关。我们要查找的工具称为相关矩阵。读者可能会在还没有输完整个搜索字之前，便已找到它。找到后，将其拖动到流程窗口内，并放入到流中。默认情况下，exa端口将导入至res端口，但在本章的示例中，我们希望创建一个由我们可以分析的相关系数组成的矩阵。因此，请务必将mat（矩

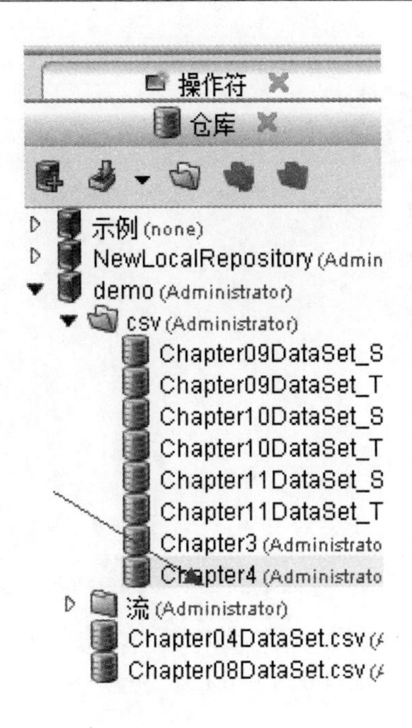

图 8－1　添加到作者的明智商业分析系统 V3.0 Book 存储库中的 Chapter4 数据集

SDABAS企业版
文件 编辑 流程 工具 视图 帮助
结果　ExampleSet (检索)　ExampleSet (//demo/csv/ Chapter3)
元数据视图　数据视图　绘图视图　注释
样本集（1218个样本，0个特殊属性，6个普通属性）

角色	名称	类型	统计	范围	缺失
regular	Insulation	integer	avg = 6.214 +/- 2.768	[2.000 ; 10.000]	0
regular	Temperature	integer	avg = 65.079 +/- 16.932	[38.000 ; 90.000]	0
regular	Heating_Oil	integer	avg = 197.394 +/- 56.248	[114.000 ; 301.000]	0
regular	Num_Occupants	integer	avg = 3.113 +/- 1.691	[1.000 ; 10.000]	0
regular	Avg_Age	real	avg = 42.706 +/- 15.051	[15.100 ; 72.200]	0
regular	Home_Size	integer	avg = 4.649 +/- 2.321	[1.000 ; 8.000]	0

图 8－2　数据集的元数据视图

阵）端口导入至 res 端口，如图 8－3 所示。

（2）相关是一种比较简单的统计分析工具，因此要修改的参数很少。我们将接受默认值，并运行模型。结果将类似于图 8－4。

（3）在图 8－4 中，相关系数位于矩阵中。相关系数比较容易解读，它们只是一种指标，用于衡量数据集中每个可能的属性集之间的关系强度。因为

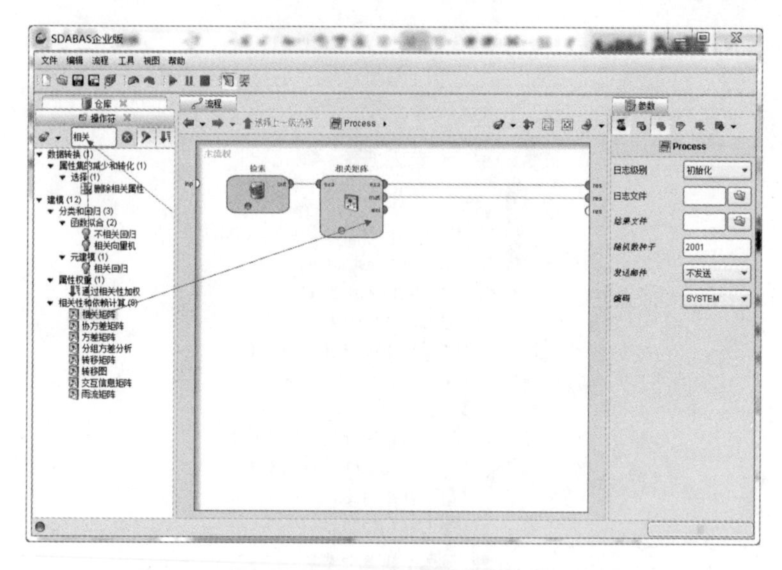

图 8－3 将相关矩阵添加到流中，并且 mat（矩阵）端口导入至结果集（res）端口

SDABAS企业版

文件 编辑 流程 工具 视图 帮助

结果 | Correlation Matrix (相关矩阵) | ExampleSet (检索)

列表视图 Pairwise Table 绘图视图 注释

Attributes	Insulation	Temperature	Heating_Oil	Num_Occu...	Avg_Age	Home_Size
Insulation	1	-0.794	0.736	-0.013	0.643	0.201
Temperature	-0.794	1	-0.774	0.013	-0.673	-0.214
Heating_Oil	0.736	-0.774	1	-0.042	0.848	0.381
Num_Occup	-0.013	0.013	-0.042	1	-0.048	-0.023
Avg_Age	0.643	-0.673	0.848	-0.048	1	0.307
Home_Size	0.201	-0.214	0.381	-0.023	0.307	1

图 8－4 相关矩阵的结果

此数据集中有 6 个属性，所以我们的矩阵有 6 个列，6 个行。在属性与自身相交的位置，相关系数为“1”，这是因为任何事物在与自身进行比较时都具有完全匹配的关系。所有其他属性对应的相关系数都小于 1。更复杂一些的话，相关系数实际上还可以为负值，因此所有相关系数都将介于 －1 ~ 1 之间。我们可以看到图 8－4 中就是这种情况，因此现在我们可以前往 CRISP－DM 的下一步……

8.6 评估

所有介于 0～1 之间的相关系数都表示正相关，所有介于 -1～0 之间的相关系数都表示负相关。尽管这看起来可能非常简单，但在解读矩阵的值时，要进行一个重要的区分。此项区分与要分析的两个属性之间的移动方向有关。让我们想一想 Heating_ Oil 属性和 Insulation rating level 属性之间的关系。它们之间的相关系数为 0.736，如图 8-4 中的矩阵所示。这是一个正值，因此是一个正相关。但这意味着什么？正相关意味着当一个属性的值上升时，另一个属性的值也会上升。同样，正相关还意味着当一个属性的值下降时，另一个属性的值也会下降。如果某个属性的值不断下降，数据分析人员有时会错误地认为存在负相关，但是如果对应属性的值也不断下降，相关仍为正相关，如图 8-5 所示。

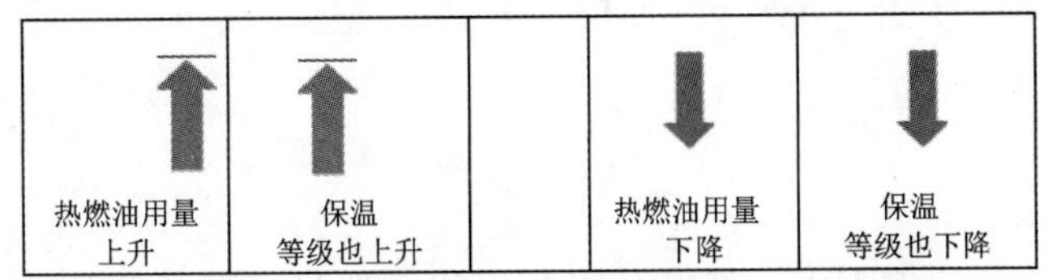

图 8-5　正相关图示

接下来，请想一想 Temperature 属性和 Insulation rating 属性之间的关系。在图 8-4 的矩阵中，我们看到它们之间的相关系数为 -0.794。在本例中，相关为负相关，如图 8-6 所示。

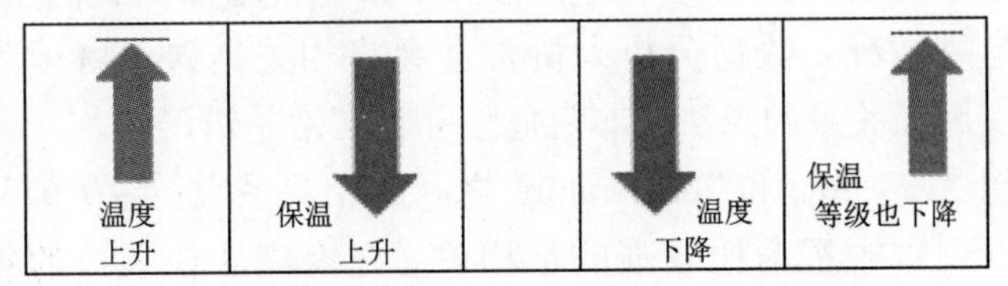

图 8-6　负相关图示

因此相关系数会告诉我们与属性之间的关系有关的一些东西，这非常有帮助，此外，它们还会告诉我们与相关强度有关的一些东西。如上文所述，所有相关都将介于 0 ~ 1 或 - 1 ~ 0 之间。相关系数越接近 1 或 - 1，相关强度就越高。图 8 - 7 展示了从 - 1 ~ 1 的相关强度。

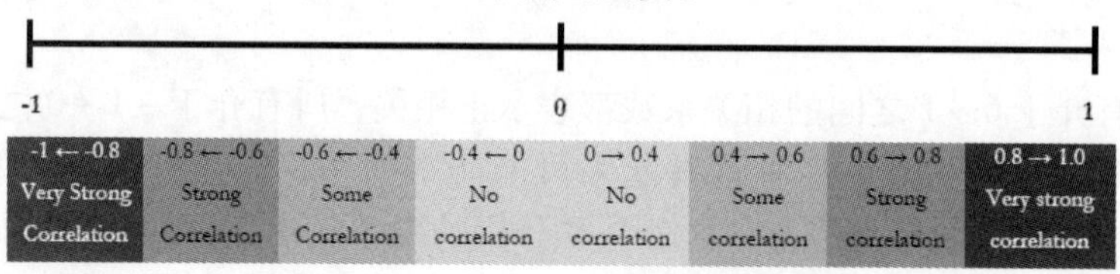

图 8 - 7　介于 - 1 ~ 1 之间的相关强度

明智商业分析系统 V3.0 采用了颜色编码来帮助我们识别相关强度。在图 8 - 4 的矩阵中，我们可以看到有些单元格带有深浅程度不同的紫色阴影，以便更强烈地凸显相关更强的内容。我们必须认识到这些只是一般指导原则，而非硬性规定。0.2 左右的相关系数确实显示属性之间有些相关，即使并不具有统计显著性。在我们继续下一步时，务必谨记这一点……

8.7 部署

在数据分析、挖掘中，部署是指利用我们通过模型了解到的内容作一些事情，即根据模型得出的结果采取一些措施。在本章的示例中，我们为经理 Sarah 进行了一些基本的探索性分析。通过此项调查可以获得几种可能的结果。

通过调查我们了解到，数据集中相关强度最高的两个属性是 Heating_ Oil 和 Avg_ Age，相关系数为 0. 848。因此，我们知道在此数据集中，随着家庭居住人员平均年龄的增加，家庭中的热燃油用量也会增加。我们不知道的是为什么会发生这种情况。数据分析人员常常会将相关错误地解读为因果关系。认为相关证实因果关系的想法是非常危险并且常常是错误的。

请想一想 Avg_ Age 和 Temperature 之间的相关系数：- 0. 673。请参考图 8 - 7，我们看到这被视为比较强的负相关。在家庭居住人员的年龄增加时，户外平均温度在下降；并且在温度上升时，居住人员的年龄在下降。但家庭居住人员的平均年龄会对家庭年均户外温度有影响吗？当然不会。如果会有影响，我们只要让不同年龄的人搬入或搬出家庭，即可控制温度。这当然非常愚蠢。尽管统计表明，在我们的数据集中，这两个属性之间存在一定的相关，但没有合理的理由表明为什么一个属性的变动会导致另一个属性的变动。这一关系可能纯属巧合，但如果不是，肯定会有一些我们的模型无法提供的其他解释。在进行所有数据分析、挖掘部署决策时，必须认识到并接受此类局限。

对相关的另一种错误解读是相关是百分比，即如果两个属性之间的相关系数为 0.776，就表示这两个属性之间的变化相似性为 77.6%。这是不正确的。尽管相关系数确实能够表明属性之间的变化相似性，但用于计算相关系数的基本数学公式只是用于衡量属性之间的相关强度（按与 1 或 -1 的接近程度来表示），未计算也未打算计算任何百分比。

了解了这些解读参数后，Sarah 可以进行多项工作，以便根据我们的模型采取行动。其中的一些选项可能包括：

➢ 去掉 Num_ Occupants 属性。尽管家庭中的居住人数可能从逻辑上看起来像是一个会影响能源用量的变量，但在我们的模型中，它与任何其他属性均没有任何重大相关。有时会有一些属性最终表明不是非常相关。

➢ 调查家庭保温层的作用。Insulation rating 属性与一些其他属性之间存在非常强的相关。可能会有一些机会与专门为现有家庭加厚保温层的公司合作（或成立一个此类公司……）。如果她希望对节能做出贡献，则通过开展促销活动来展示为家庭加厚保温层的好处可能会是一个不错的做法，但如果她希望继续销售尽可能多的热燃油，则她可能会抵触参加此类活动。

➢ 在数据集中添加更多细节内容。此数据集已经产生了一些相关的结果，但坦白说，这些结果都非常普通。我们在此模型中使用了年均温度和热燃油年总用量。但我们还知道，在全球的大多数地区，温度在全年内会不断波动，因此每月甚至每周的指标不仅可能会显示需求和用量随时间变化方面的更详细的结果，而且属性之间的相关强度可能会更高。通过我们的模型，Sarah 现在了解到某些属性会与其他属性之间存在相关，但在开展日常业务时，她可能希望了解在短于一年的时段内的用量。

➢ 为数据集添加其他属性。虽然结果表明家庭中的居住人数与其他属性之间没有多大相关，但这并不意味着其他属性将同样不相关。例如，如果 Sarah 能够了解每个家庭中的火炉和/或锅炉数量，会怎样？Home_ Size 与 Heating_ Oil 用量之间存在细微的相关，因此每个家庭中消费热燃油的设备数量或许将提供一些相关信息，或至少会让她了解更多情况。

Sarah 还记得 CRISP - DM 方式具有需要循环进行的特征。随着每月收到新的订单、发出新的账单，以及与新客户签署热燃油供应协议，将有更多数据可添加到模型中。随着她越来越了解数据集中的每个属性如何与其他属性之间相互相关，她可以通过添加新的属性以及新的观察项，来改进相关模型。

8.8 章节汇总

本章介绍了相关的概念以及数据分析、挖掘模型。选择它作为本书中的第一个模型是因为该模型构建、运行和解读起来比较简单，因此可以用来作为构建更多模型的起点。后面的模型将更加复杂，但随着学习的深入，读者将不断提高使用明智商业分析系统 V3.0 的技能并熟练掌握各种工具，从而可以更轻松地构建更复杂的模型。

让我们回想一下第 5 章中介绍的，数据分析、挖掘有两个存在部分重叠的方面，即分类和预测。相关主要是在分类方面。我们既不使用相关指标推断因果关系，也不使用相关系数根据一个属性的值预测另一个属性的值。但我们可以使用相关快速发现数据集中的一般趋势，并可以预测一个属性中观察值的变动将与其他属性中的变动存在多强的相关。

相关可让读者轻松快速地查看给定问题的要素如何与其他要素相互相关。每当读者希望了解试图解决的某个问题中的某些因素如何与其他因素相互相关时，请考虑构建一个相关矩阵来寻找答案。例如，客户满意度是否会随时间不断变化？降雨量是否会影响农作物的价格？家庭收入是否会影响人们光顾哪些饭店？其中每个问题的答案都有可能是肯定的，但相关不仅可以帮助我们了解情况是否如此，还可以帮助我们了解发生这些情况时，相关的强度如何。

第9章　关联规则

9.1　背景和概要说明

Roger在一个稳步发展的中型城市担任市长。该城市具有有限的资源，并且和大多数自治市一样，自身的资源远远无法满足需求。他感觉到社区内的居民都非常热衷于参加各种社区组织，并相信他能够让一些团体通过共同合作，来满足社区内的某些需求。他知道社区中有教会、社会俱乐部、兴趣爱好协会以及其他类型的团体。他不知道的是团体之间是否存在相应的联系，从而让两个或多个团体之间可以很自然地就城市中的项目开展合作。他决定在可以开始让社区组织开展合作并负责相应项目之前，需要找出该区域内不同类型的团体之间是否存在任何现有的关联。

9.2　了解组织

Roger的目标是确定并试图充分利用当地社区内现有的关联，从而开展一些有利于整个社区的工作。他知道城市中的许多组织、具有这些组织的联络信息，甚至还亲自参与了其中的一些组织。他的家人参与了更为广泛的组织，因此他在个人层面上了解团体的多样性以及各个团体感兴趣的东西。因为他和他的家人所认识的人参与了城市中的其他团体，所以他能够更全面地了解许多不同类型的组织、这些组织的兴趣所在、目标和可能做出的贡献。他知道从一开始，他关注的主要问题是寻找可能与其他组织存在联系的各种类型的组织。如果不首先将组织进行分组并寻找各组之间的关联，则确定在每个教会、社会俱乐部或政治组织中合作的人员将是一项艰巨的工作。只有在确定现有关联之后，他认为才可以开始联络相应人员，借此邀请他们充分利用跨组织关系网，并负责开展相应项目。他首先需要找到何处存在此类关联。

9.3 了解数据

为了解答他的问题，Roger 请我们帮助他创建一个关联规则数据分析、挖掘模型。关联规则是一种数据分析、挖掘方法，旨在寻找数据集内的属性之间存在的频繁关联。在进行购物篮分析时，关联规则非常常见。许多领域的营销人员和供应商都使用此数据分析、挖掘方法来确定哪些产品最常被一起购买。如果读者曾在电子商务零售网站（例如 Amazon. com）上购买过商品，则读者可能看到过关联规则数据分析、挖掘的结果。这些结果一般位于此类网站的推荐部分。读者可能会注意到，当读者搜索智能手机时，网站常常会向读者推荐屏幕保护膜、保护壳，以及充电线或数据线等其他附件。这些推荐的商品是通过挖掘先前客户与读者搜索的商品一起购买的商品确定的。换言之，这些商品被发现与读者搜索的商品之间存在关联，并且此项关联在该网站的数据集中出现得如此频繁，以至于可能会被视为一条规则。因此，这种数据分析、挖掘方式被称为"关联规则"。尽管关联规则在购物篮分析中最为常见，但这种建模技术可用于解答众多问题。我们将通过创建关联规则模型，借此找出各种社区组织之间的关联，来为 Roger 提供帮助。

通过密切合作，我们利用 Roger 掌握的当地社区方面的知识，创建了一个简短的在线调查。为了确保数据的完整性并防范可能的滥用情况，我们的网络调查具有密码保护。每个受邀参与调查的组织都将获得一个唯一的密码。组织的主管需要与员工共享密码，并鼓励员工参与调查。此项调查的持续时间为一个月，每次相关人员登录网站参与调查时，系统都会记录使用的密码，以便我们可以确定每个组织中有多少人参与调查。在一个月的期限结束后，我们将获得一个包含以下属性的数据集。

- Elapsed_ Time：每个调查对象完成调查所用的时间。精确到 0.1 分钟（例如，4.5 表示 4 分钟 30 秒）。
- Time_ in_ Community：用于询问调查对象在该区域居住的时间是 0 ~ 2 年、3 ~ 9 年，还是大于 10 年；并在数据集中分别记录为"Short"、"Medium"或"Long"。
- Gender：调查对象的性别。
- Working：一个内容为 yes/no 的列，用于表示调查对象目前是否从事有薪工作。
- Age：调查对象的年龄。

➢ Family：一个内容为 yes/no 的列，用于表示调查对象目前是否为家庭导向型社区组织的成员，例如 Big Brothers/Big Sisters、儿童娱乐城或运动联盟、氏族团体等。

➢ Hobbies：一个内容为 yes/no 的列，用于表示调查对象目前是否为兴趣爱好导向型社区组织的成员，例如无线电、户外娱乐、摩托车或自行车骑行活动业余爱好者组织等。

➢ Social_ Club：一个内容为 yes/no 的列，用于表示调查对象目前是否为社区社会组织的成员，例如扶轮国际、狮子会等。

➢ Political：一个内容为 yes/no 的列，用于表示调查对象目前是否为定期在社区内举行会议的政治组织的成员，例如政党、基层行动组、游说团等。

➢ Professional：一个内容为 yes/no 的列，用于表示调查对象目前是否为在当地具有分会的专业组织的成员，例如法律或医学学会、小企业主团体等的分会。

➢ Religious：一个内容为 yes/no 的列，用于表示调查对象目前是否为社区教会的成员。

➢ Support_ Group：一个内容为 yes/no 的列，用于表示调查对象目前是否为援助导向型社区组织的成员，例如戒酒匿名会、情绪管理团体等。

为了保护个人隐私，此项调查不收集调查对象的姓名，并且不要求调查对象提供个人识别信息。

9.4　数据准备

完成以下步骤，以便准备数据集进行关联规则挖掘：01。

（1）将第 9 章 CSV 数据集导入到明智商业分析系统 V3.0 数据存储库中，并保存为 Chapter9。如果读者需要有关如何将此数据集导入到明智商业分析系统 V3.0 存储库中的说明，请参考第 7 章内导入数据中的第 7 到第 14 步。除了选择导入的文件不同之外，这些步骤都是相同的。导入所有属性，并接受默认数据类型。这与第 7 章中介绍的流程相同，但愿到现在，读者已熟练掌握将数据导入到明智商业分析系统 V3.0 中的步骤。

（2）将 Chapter5 数据集拖动到明智商业分析系统 V3.0 内的新流程窗口中，并运行模型以便检查数据。运行模型时，如果出现提示，请将流程保存为 Chapter5_ Process，如图 9－1 所示。

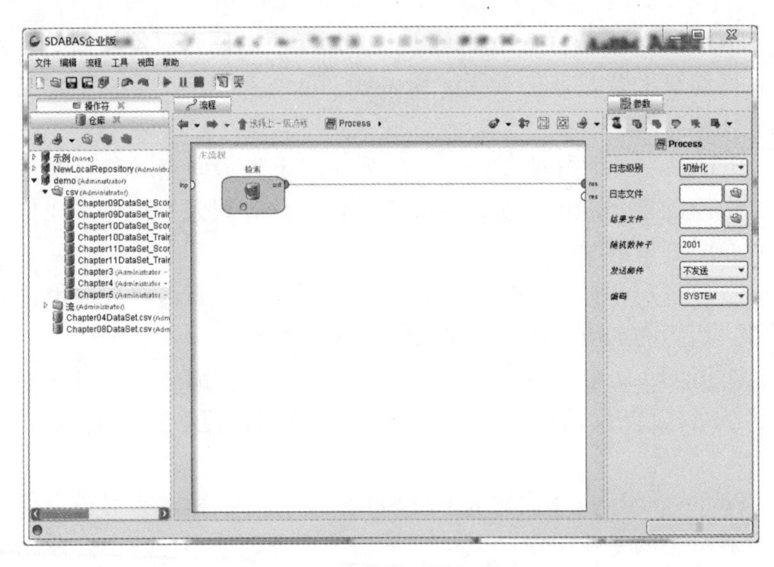

图 9－1 为示例模型添加数据

（3）在结果透视视图中，首先让我们看一下“元数据”视图（图 9－2）。请注意，在 12 个属性的 3 483 个观察项中，没有任何缺失的值。在查看统计信息时，我们没有看到任何不一致的数据。对于数字数据类型，明智商业分析系统 V3.0 提供了每个属性的平均值（avergage，或称为均值），以及每个属性的标准差。标准差用于衡量属性中的值的分散程度或变化程度，因此可用于观察不一致的数据。根据经验，任何小于均值（或算术平均值）减去两个标准差或大于均值加上两个标准差的值都为统计离群点。例如，在图 9－2 中的 Age 属性中，平均年龄为 36.731 岁，而标准差为 10.647。均值加上两个标准差为 58.025 [36.731 +（2 * 10.647）]，均值减去两个标准差为 15.437 [36.731 -（2 * 10.647）]。在图 9－2 的 范围列中，我们可以看到 Age 属性介于 17 到 57 之间，因此我们的所有观察项都在均值加减两个标准差的范围之内。在此属性中我们没有发现任何不一致的数据。由于情况并非始终如此，因此数据分析、挖掘者应始终注意用于指示不一致数据的此类指标。此外还必须要认识到两个标准差只是一般指导原则，而非硬性规定。数据分析、挖掘者应思考为什么有些观察项可能合理，但却与均值相差甚远，或为什么有些值虽然在均值加减两个标准差的范围之内，还需要进行详细检查。在查看图 9－2 时应注意的另外一项是：关于某人是否为各种社区组织的成员且内容为 yes/no 的属性被记录为 0 或 1，并被导入为“integer”数据类型。我们将在明智商业分析系统 V3.0 中使用的关联规则操作符需要属性为“binominal”数据类型，因为我们仍有一些数据准备工作要做。

SDABAS企业版

文件 编辑 流程 工具 视图 帮助

结果　ExampleSet (检索)　ExampleSet (//demo/csv/ Chapter3)

元数据视图　数据视图　绘图视图　注释

样本集（3483个样本，0个特殊属性，12个普通属性）

角色	名称	类型	统计	范围	缺失
regular	Elapsed_Time	real	avg = 5.922 +/- 2.293	[2.010 ; 10.150]	0
regular	Time_in_Community	polynominal	mode = Long (1465), least	Short (714), Medium (1304;	0
regular	Gender	binominal	mode = F (1790), least = M	M (1693), F (1790)	0
regular	Working	binominal	mode = Yes (1744), least =	No (1739), Yes (1744)	0
regular	Age	integer	avg = 36.731 +/- 10.647	[17.000 ; 57.000]	0
regular	Family	integer	avg = 0.390 +/- 0.488	[0.000 ; 1.000]	0
regular	Hobbies	integer	avg = 0.300 +/- 0.458	[0.000 ; 1.000]	0
regular	Social_Club	integer	avg = 0.188 +/- 0.391	[0.000 ; 1.000]	0
regular	Political	integer	avg = 0.094 +/- 0.292	[0.000 ; 1.000]	0
regular	Professional	integer	avg = 0.324 +/- 0.468	[0.000 ; 1.000]	0
regular	Religious	integer	avg = 0.419 +/- 0.493	[0.000 ; 1.000]	0
regular	Support_Group	integer	avg = 0.159 +/- 0.366	[0.000 ; 1.000]	0

图 9 – 2　社区团体参与情况调查的元数据

（4）切换回设计透视视图。虽然我们已经对目标和数据有了很好的了解，但我们还需要做一些额外的准备工作。首先，我们需要约简数据集中的属性数量。每个人完成调查所用的时间对于解答我们当前的问题（即社区内不同类型的组织之间是否存在现有的关联，如果存在，在何处存在）没有必然的相关性。为了将数据集约简到只包含与问题相关的属性，请将选择属性操作符添加到流中（如第 7 章中所述），并选择包含以下属性，如图 9 – 3 所示：Family、Hobbies、Social _ Club、Political、Professional、Religious、Support _

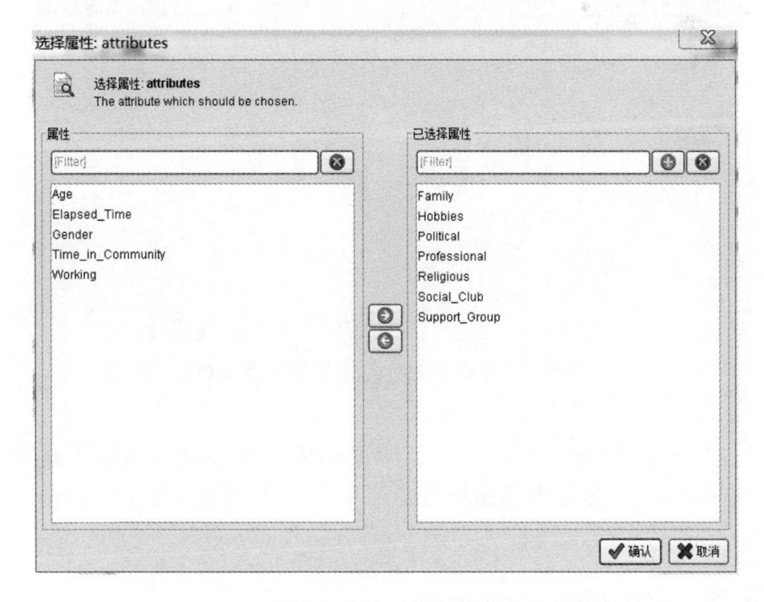

图 9 – 3　选择要包含在关联规则模型中的属性

Group。选择这些属性后，单击“确认”返回到主流程。

（5）在进行数据准备工作时需要进行的另一个步骤是将所选属性的数据类型从 integer 更改为 binominal。如前文所述，关联规则操作符需要此数据类型，才能正常工作。在设计视图的“操作符”选项卡上的搜索框中，输入“数值到”（不带引号）查找用于将数字数据类型的属性更改为某些其他数据类型的操作符。我们将使用的操作符是数值到二项式。将此操作符拖动到流中。

（6）为了实现我们的目的，在应用选择属性操作符后保留的所有属性都需要从数字转换为 binominal，如图 9－4 中的黑色箭头所指，我们要将所有属性从前一种数据类型转换为后一种数据类型。通过从“attribute filter type”下拉菜单中选择其中一个选项，我们可以转换属性的子集或单个属性。我们在前面曾这样做过，但在本例中，我们可以接受默认值并一次转换所有属性。读者还应看到在明智商业分析系统 V3.0 中，使用的数据类型是 binominal 而非 binomial（许多数据分析人员更常使用的术语）。它们有一个重要的区别，binomial 指两个数字（通常为 0 和 1）中的一个，因此基本数据类型仍为数字；而 binominal 则指两个值（数字值或字符值）中的一个。单击播放按钮运行模型，看看此项转换在数据集中是如何发生的。在结果透视视图中，读者应看到转换结果，如图 9－5 所示。

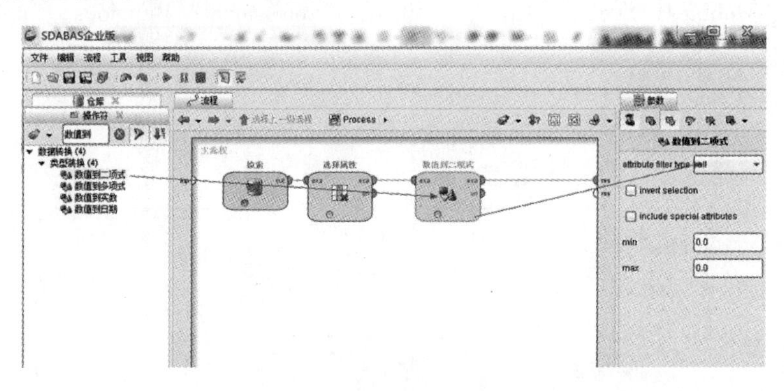

图 9－4　将数据类型转换操作符添加到数据分析、挖掘模型

（7）对于数据集中的每个属性，源数据集中为 1 或 0 的值现在将显示为“true”或“false”。数据准备阶段现已结束，接下来请继续下一步……

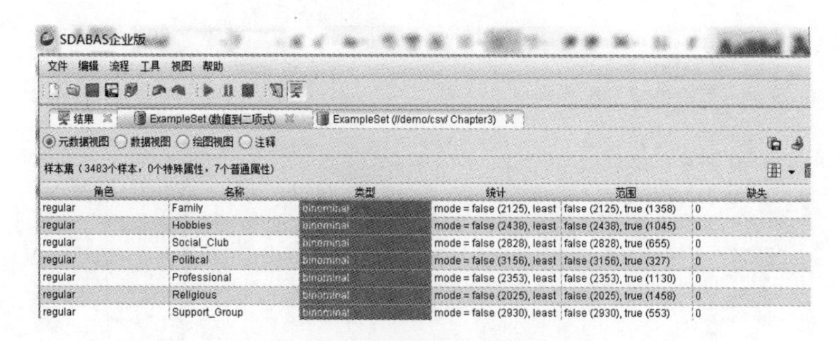

图 9－5　数据类型转换的结果

9.5　建模

（1）切换回设计透视视图。我们将使用两个特定的操作符来生成关联规则数据分析、挖掘模型。切记明智商业分析系统 V3.0 中提供了许多其他操作符可用于创建关联规则模型。我们编写本书的初衷不是作为明智商业分析系统 V3.0 培训手册，因此其中不会涵盖给定模型中可能会用到的每个可能的操作符。因此，请不要以为本章示例中阐述的关联规则挖掘方式是唯一的一种方式，它只是众多可能的方式中的一种，我们建议读者了解一下其他操作符及其功能。要继续该示例，请使用操作符选项卡中的搜索字段查找称为 FP－Growth 的操作符。请注意，读者可能会找到一个称为 W－FPGrowth 的操作符。该操作符将以略有不同的方式实施 FP－Growth 算法来查找数据中的关联，因此切勿混淆这两个非常相似的名称。在本章的示例中，请选择称为 FP－Growth 的操作符。请将其拖动到流中。FP－Growth 中的 FP 表示频繁模式（Frequency Pattern）。频繁模式分析对于许多种数据分析、挖掘而言都可以非常方便地进行，并且是关联规则挖掘的必要组成部分。如果不知道属性组合的频率，就无法确定数据中的任何模式是否发生得频繁到足以被视为规则。流看起来应类似于图 9－6。

（2）请注意右侧的 min support 参数。在本章示例的评估部分，我们将介绍此参数。此外，请确保 exa 端口和 fre 端口均导入至 res 端口。exa 端口将生成一个显示例项（数据集的观察项和元数据）的选项卡，而 fre 端口将生成一个矩阵，其中包含操作符在数据集中可能找到的任何频率模式。运行模型以便切换到结果透视视图。

（3）在结果透视视图中，我们看到其中一些属性好像存在一些频率模式，事实上，我们开始看到三个属性看起来好像彼此之间存在一些关联。在黑色

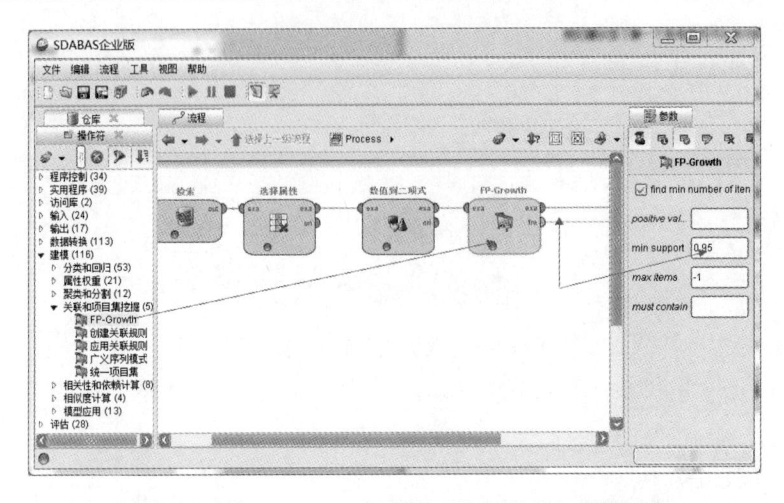

图 9-6 将 FP-Growth 操作符添加到关联规则模型中

SDABAS企业版

文件 编辑 流程 工具 视图 帮助

ExampleSet (数值到二项式)

结果

Frequer

列表视图 注释

No. of Sets: 6

Total Max. Size: 2

Min. Size: 1

Max. Size: 2

Size	Support	Item 1	Item 2
1	0.419	Religious	
1	0.390	Family	
1	0.324	Professiona	
1	0.300	Hobbies	
2	0.225	Religious	Family
2	0.239	Religious	Hobbies

图 9-7 应用 FP-Growth 操作符之后的结果

箭头所指的区域，Religious 组织似乎可能与 Family 和 Hobby 组织之间存在一些自然的关联。通过在模型中添加最后一个操作符，我们可以进一步调查这种可能的关联。返回到设计透视视图，并在操作符搜索框中查找“创建关联”（同样不带引号）。拖动创建关联规则操作符，并将其放入到将 fre 端口导入至 res 端口的曲线中。该操作符会提取频率模式矩阵数据，并找出发生得频繁到足以被视为规则的任何模式。模型看起来应类似于图 9-8。

（4）创建关联规则。操作符可以生成一组规则（通过 rul 端口）和一组

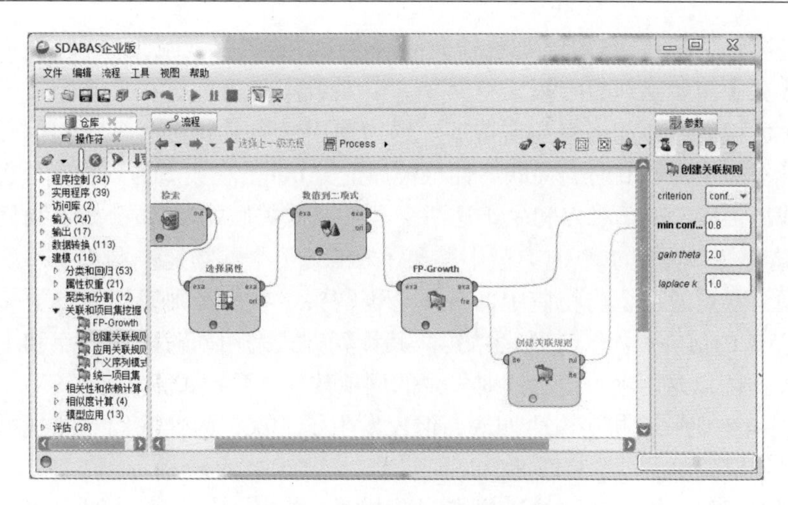

图 9－8　添加创建关联规则操作符

关联项（通过 ite 端口）。我们将仅生成规则，因此现在请接受创建关联规则的默认参数，但请注意 min confidence 参数，我们将在挖掘的评估阶段介绍该参数。运行模型。

图 9－9　运行模型结果

（5）真令人失望。没有发现任何规则。难道我们的工作都白做了？我们在第 2 步中好像看到了存在一些关联的希望，这究竟是怎么回事？切记第 5 章中提到的 CRISP－DM 是一个需要循环进行的流程。有时，我们必须在各个步骤之间反复调整，然后才能创建出能够产生结果的模型。此处就是这种情况。此处我们没有需要考虑的东西，因此或许我们需要调整模型的一些参数。这可能会是一个需要不断尝试并可能会犯错的过程，从而导致我们在当前的 CRISP－DM 步骤（建模）和下一步之间反复进行调整……

9.6　评估

（1）我们已经对模型的第一次运行了评估。没有发现任何规则。没有什么再需要评估的了，对吧？那么让我们切换回设计透视视图，看一下我们在前面的步骤中简要提到的参数。有两个主要系数用于表示是否要将频繁模式转化为关联规则，即置信率和支持率。置信率用于衡量我们有多大的信心在一个属性被标记为 true 时，关联属性也被标记为 true。在典型的购物篮分析示例中，我们可以看一下糕点和牛奶这两个常常彼此关联的项目 。如果我们查看 10 个购物篮并发现 4 个购物篮中购买了糕点，7 个购物篮中购买了牛奶，并且在购买糕点的 4 个购物篮中，有 3 个也购买了牛奶，则我们对以下关联规则有 75% 的信心："糕点 → 牛奶"。其计算方式是用同时购买糕点和牛奶的例项数 3 除以这两项可能会同时发生的例项数 4（3/4 = 0. 75 或 75%）。规则"糕点 → 牛奶"有机会发生四次，但仅发生了 3 次，因此我们对此规则的信心不是绝对的。

现在请想一想该规则的逆规则："牛奶→糕点"。在 10 个假设的购物篮中，7 个中发现了牛奶，4 个中发现了糕点。我们知道同时购买这两种产品的购物篮数（或这两种产品之间的关联频度）为 3 次。因此我们对"牛奶 → 糕点"的信心仅为 43%（3/7 = 0. 429 或 43%）。牛奶被发现和糕点一起购买的机会为 7 次，但只发现了 3 次，因此我们对"牛奶→ 糕点"的信心远低于对"糕点 → 牛奶"的信心。如果某人到商店购买糕点，则我们对于他还将购买牛奶的信心高于相反的情况。这一概念在关联规则挖掘中称为"前提 → 结论"。前提有时也称为前件，而结论有时也称为结果。对于每一对属性，置信率都会因哪个属性为前提，以及哪个属性为结论而异。当发现三个或更多个属性之间的关联时，例如"糕点、饼干 → 牛奶"，置信率将根据前两个属性被发现与第三个属性同时存在的次数来计算。手动计算该百分比可能会非常复杂，因此最好是让明智商业分析系统 V3. 0 为我们查找这些组合并进行计算！

支持率是一个更容易计算的指标，只需用规则实际发生的次数除以数据集中的观察项数量即可。数据集中的项目数是关联可能会发生的绝对次数，因为每个客户都可以在其购物篮中购买糕点和牛奶。事实上他们并没有都购买糕点和牛奶，并且在任何分析中此类现象都不太可能会发生。此类现象有可能发生，但却不太可能会发生。我们知道在我们假设的示例中，在 10 个购物篮的 3 个中一起发现了糕点和牛奶，因此我们对这一关联的支持率为 30%（3/10 = 0. 3 或 30%）。支持率没有逆值，因为该指标是关联发生的次数除以在数据集中可能会发生的次数。

现在我们了解了关联规则挖掘中的两个关键参数，接下来我们将对参数进行修改，看看是否可以在数据中发现任何关联规则。读者应再次位于设计透视视图中，如果没有，请立即切换回该视图。单击创建关联规则操作符，并将 min confidence 参数更改为 0.5（参见图 9－10），以便明智商业分析系统 V3.0 将任何置信率至少为 50% 的关联都显示为规则。使用此值作为置信率阈值时，如果我们使用上文中介绍的假设购物篮来解释置信率和支持率，“糕点→牛奶”将显示为规则，因为其置信率为 75%，而“牛奶 → 糕点”则不会，因为该关联的置信率为 43%。让我们使用 0.5 的置信率再次运行模型，并查看结果。

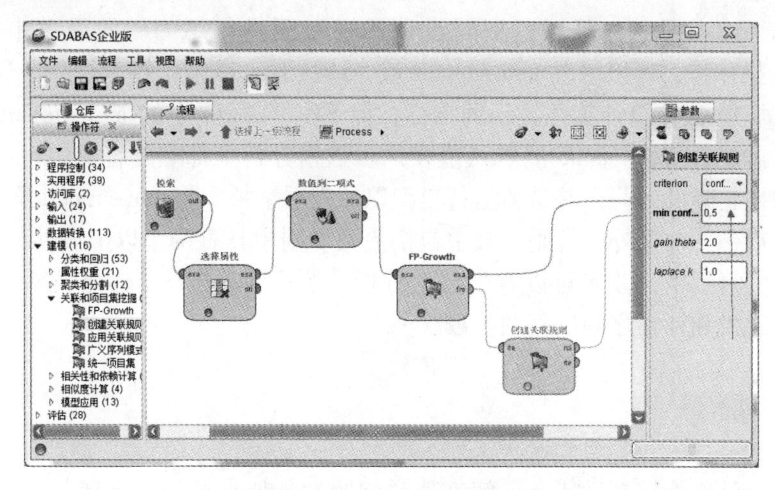

图 9－10　更改置信率阈值

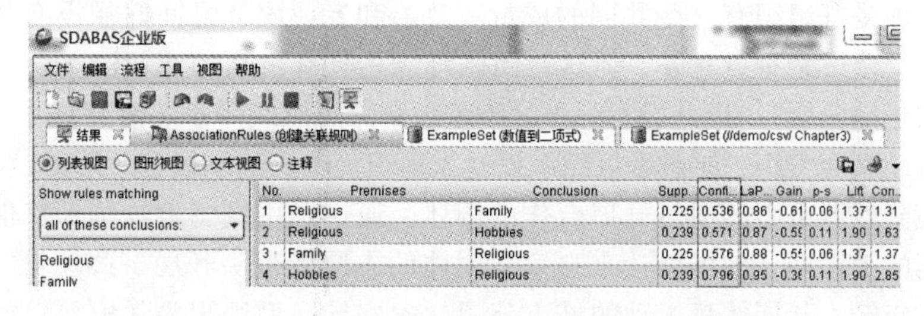

图 9－11　使用置信率阈值 50% 时发现了 4 个规则

（2）有了！我们发现了规则，并且我们认为 Religious、Family 和 Hobby 组织之间存在关联的预感是正确的（想一想图 9－7）。让我们看一下第 4 个规则，其置信率为 79.6%，在置信率阈值为 80% 时，因为微弱之差而没有被视为规则。其他关联都具有较低的置信率，但仍足以被视为规则。我们可以看到，对于这 4 个规则中的每个规则，数据集中都有超过 20% 的观察项为其提供支持。切记由于支持没有逆值，因此规则 1 和规则 3 的支持率是相同的，规则 2 和规则 4 的支持率也是如此。但当前提和结论互换时，置信率会发生变化。如果将置信率阈值设为 0.55（或 55%），规则 1 将从结果中消失，此时“Family → Religious”将是一项规则，而“Religious → Family”则不是。右侧的其他计算结果（LaPlace. . . Conviction）是用于表示规则关系强度的其他算术指标。在将这些值同支持率和置信率进行比较时，读者会看到它们彼此之间非常一致。

如果读者愿意，可以返回到设计透视视图进行练习。如果单击 FP - Growth 操作符，可以修改 min support 值。请注意，尽管支持率是一个通过创建关联规则 操作符计算并显示的指标，但 FP - Growth 中的 min support 参数实际上需要置信率。0.95 的默认值在许多数据分析中都非常普遍，但读者可能希望把它降低一些，并重新运行模型以便查看结果。将 min support 降至 0.5 确实获得了一些额外的规则，其中包括关联规则中具有两个以上属性的规则。在练习的过程中，读者可以看到数据分析、挖掘者在继续下一步之前，可能需要在建模和评估之间反复调整数次……

9.7 部署

我们已经能够帮助 Roger 解答他的问题。各种类型的社区团体之间是否存在现有的关联？是的，的确如此。我们发现社区的教会组织、家庭导向型组织和兴趣爱好组织有一些共同的成员。政治和专业团体之间好像没有什么关联可能会令读者有点意外，但这些团体可能还具有更高的专业性（例如律师协会的当地分会），因此没有强烈的跨组织交流意愿或需求。情况表明，通过积极调动教会组织、兴趣爱好组织以及家庭相关组织的积极性，Roger 将很有可能找到就城市中的项目开展合作的团体。通过利用同当地牧师和其他圣职者之间的关系网，他可以让来自宗教团体的志愿者带头开展一些项目，例如清扫供年轻人开展体育运动的城市公园（家庭导向型组织关联规则）或改善当地的自行车道（兴趣爱好组织关联规则）。

9.8 章节汇总

本章中 Roger 希望利用社区团体改善城市的虚构情景展示了关联规则数据分析、挖掘如何确定数据中具有实用价值的关联。除了介绍在明智商业分析系统 V3.0 中创建关联规则模型的流程之外，我们还介绍了一个可让我们更改属性数据类型的新操作符。我们还通过 CRISP－DM 需要循环进行的特征了解到有时数据分析、挖掘涉及进行一些反复的“调整工作”，然后才能开始下一步。此外，我们还介绍了如何计算支持率和置信率，以及这两个指标在确定规则和确定数据集中的关联强度方面的重要性。

第10章 K均值聚类

10.1 背景和概要说明

Sonia 在一家主要健康保险公司担任项目总监。最近她一直在阅读医学刊物和其他文章，并发现许多文章都在强调体重、性别和胆固醇对患冠心病的影响。她阅读的研究文件一次又一次地确认这三个变量之间存在关联。尽管人们无法在自己的性别方面下工夫，但无疑可以通过选择合理的生活方式来改变胆固醇水平和体重。于是她开始提议公司为健康保险客户提供体重和胆固醇管理项目。在考虑她的工作在哪里开展可能最为有效时，她希望了解是否存在发生高体重和高胆固醇风险最高的自然群体，如果存在，这些群体之间的自然分界线在哪里。

10.2 了解组织

Sonia 的目标是确定由公司提供保险服务且因体重和/或高胆固醇患冠心病的风险非常高的人员，并试图联络这些人员。她了解患冠心病风险较低的人员，即体重和胆固醇水平较低的人员不太可能会参加她提供的项目。她还了解可能存在高体重和低胆固醇、高体重和高胆固醇，以及低体重和高胆固醇的保单持有人。她还认识到可能会有许多人介于它们之间。为了实现目标，她需要在数以千计的保单持有人中搜索具有类似特征的群体，并制定相关且对这些不同的群体有吸引力的项目和沟通方式。

10.3 了解数据

使用该保险公司的索赔数据库，Sonia 提取了 547 个随机挑选的人员的三个属性，即受保人最近的体检表上记录的体重（单位：磅）、最近一次验血时测得的胆固醇水平，以及性别。与在许多数据集中的典型做法一样，性别属性使用0来表示女性，并使用1来表示男性。我们将使用从 Sonia 公司的数据库中提取的这些样本数据构建聚类模型，以便帮助 Sonia 了解公司的客户（即健康保险保单持有人）根据体重、性别和胆固醇水平进行分组的情况。我们应切记在构建模型时，均值尤其容易受到极端离群点的不当影响，因此在使用 K 均值聚类数据分析、挖掘方法时查看是否存在不一致的数据至关重要。

10.4　数据准备

如果读者希望跟随本示例练习进行操作，请立即导入该数据集并将其导入到明智商业分析系统 V3.0 数据存储库中。此时，读者可能已经熟练掌握如何将 CSV 数据集导入到明智商业分析系统 V3.0 存储库中，但如果读者需要查看导入步骤，请参考第 7 章。请务必正确指定属性名称，并在导入时检查数据类型。导入数据集后，将其拖动到新的空白流程窗口中，以便可以开始设置 K 均值聚类数据分析、挖掘模型。流程看起来应类似于图 10－1。

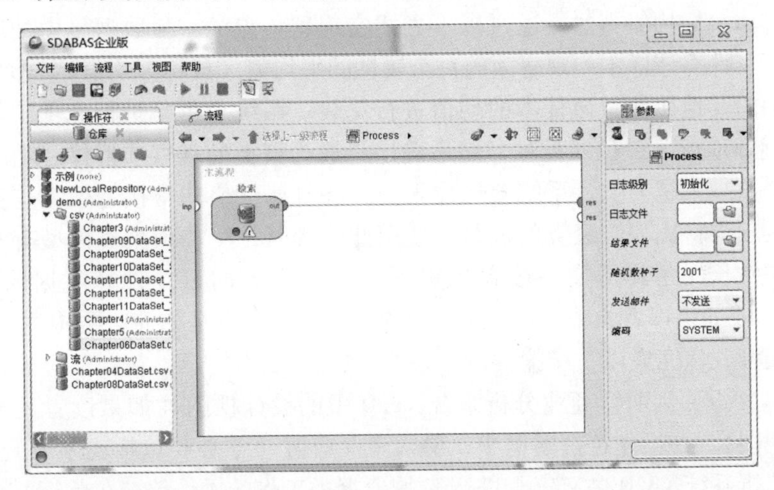

图 10－1　添加到新流程中的胆固醇、体重和性别数据集

请单击播放按钮运行模型，并查看数据集。在图 10－2 中，我们可以看到先前定义的三个属性有 547 个观察项。我们可以看到三个属性中的每个属性的平均值，以及对应的标准差和范围。其中没有看起来不一致的值（切记前面关于使用标准差查找统计离群点的备注）。由于没有缺失的值要处理，因此数据看起来非常干净，并可直接进行挖掘。

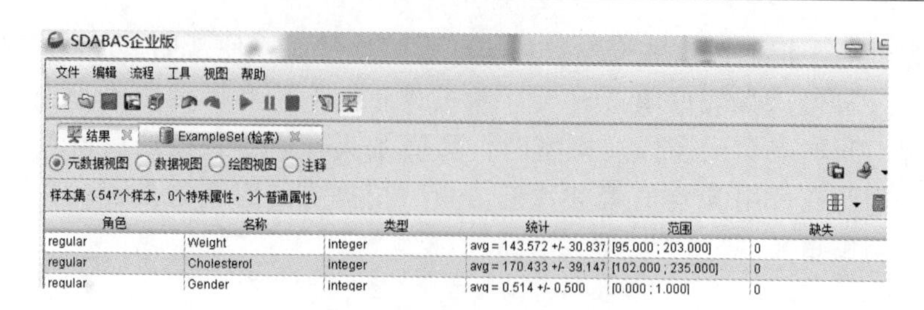

图 10－2　数据集的元数据视图

10.5　建模

K 均值聚类中的"k"表示某些数量的群体（或称为聚类）。此数据分析、挖掘方法的目的是查看每个观察项的各个属性值，并将其与由其他观察项组成的潜在群体的均值（或称为平均值）进行比较，以便发现彼此类似的自然群体。K 均值算法是通过以下方式实现这一点的：从数据集中抽取一组观察项、计算该样本中观察项的每个属性的平均值（或称为均值），然后将数据集中的其他属性与该样本的均值进行比较。系统会重复进行此项工作，以便"逐渐逼近"最佳匹配项，然后确定将成为聚类的观察项群体。随着计算出的均值越来越类似，系统会构建聚类，并且属性值非常接近聚类均值的每个观察项都将成为该聚类的成员。使用此流程时，K 均值聚类模型有时运行时间非常长，尤其是如果读者指定了一个非常大的重复计算数据的"max runs"，或如果读者希望获得大量的聚类（k）时，更是如此。要构建 K 均值聚类模型，请完成以下步骤。

（1）返回到明智商业分析系统 V3.0 中的设计视图（如果读者还未返回到该视图）。在操作符搜索框中，输入 k－均值（务必要包括连字号）。明智商业分析系统 V3.0 中有三个进行 K 均值聚类工作的操作符。在此练习中，我们将选择第一个，即"k－k－均值"。将此操作符拖动到流中，如图 10－3 所示。

（2）因为我们不需要添加任何其他操作符来准备数据进行挖掘，所有本练习中的模型非常简单。此时我们可以运行模型并开始解读结果。但结果将不是非常相关。这是因为 k（即聚类数量）的默认值为 2，如图 10－3 中右侧的黑色箭头所指。这意味着我们要求明智商业分析系统 V3.0 仅查找数据中的两个聚类。如果我们仅希望查找患冠心病的风险非常高与非常低的群体，两个聚类即可满足要求。但正如本章前面"了解组织"部分所述，Sonia 已认识到可能有一些不同类型的群体需要考虑。简单地将数据集分为两个聚类可能无法达到 Sonia 所希望的详细程度。因为 Sonia 认为可能存在至少 4 个可能的不同群体，所以让我们将 k 值更改为 4，如图 10－4 所示。我们还可以增加“max runs”的次数，但在目前，让我们接受默认值并运行模型。

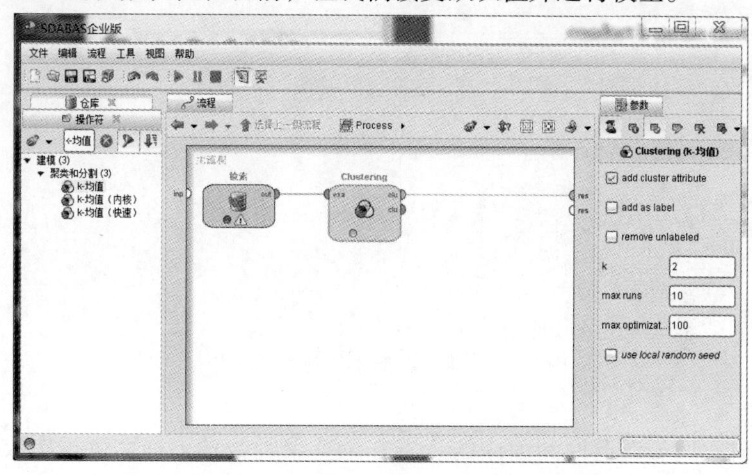

图 10－3　将 k－Means 操作符添加到模型中

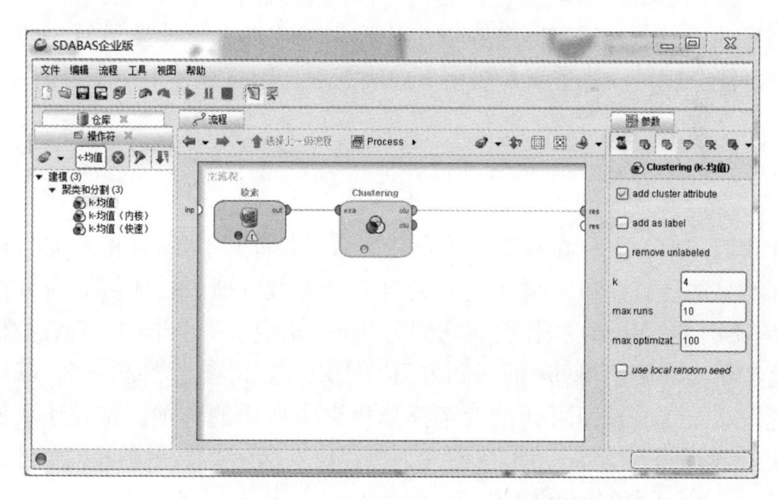

图 10－4　为模型设置所需的聚类数量

（3）当模型运行时，会生成一个初始报告，其中包含归于 4 个聚类中的每个聚类的项目数。（请注意，聚类从 0 开始编号，明智商业分析系统 V3.0 的结果是使用 Java 编程语言编写的。）在这个特定模型中，聚类非常均衡。虽然 Cluster 1 只有 118 个观察项（图 10－5），小于其他聚类，但这并不是不合理的。

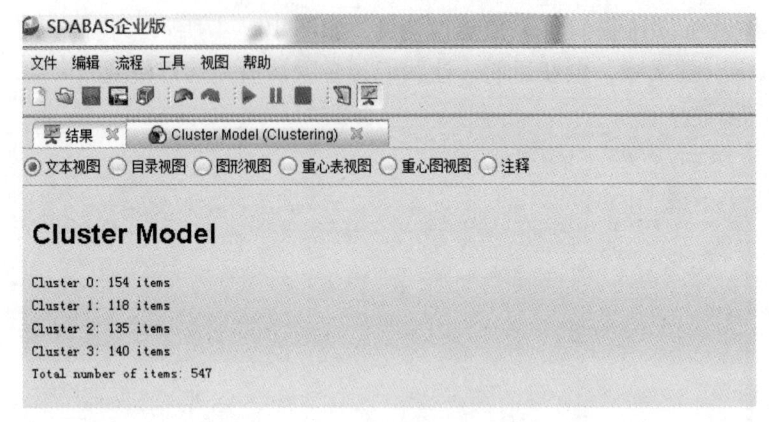

图 10－5　4 个聚类中的观察项的分布

此时我们可以退回到前面的步骤并调整聚类数量、最大运行次数，甚至可以试用 k－Means 操作符提供的其他参数。此外，还存在针对衡量类型或散度算法的其他选项。如果读者愿意，可以随意试用其中一些选项。与生成关联规则时一样，在测试不同参数以生成模型输出时，可能要进行一些反复的尝试并可能会犯错。当读者对模型参数满意后，即可继续下一步……

10.6　评估

让我们回想一下，在本章开头介绍的假设情景中，Sonia 的主要目标是寻找不同类型的心脏病风险群体之间的自然分界线。通过在明智商业分析系统 V3.0 中使用 k－Means 操作符，我们为 Sonia 确定了 4 个聚类，现在我们可以评估这些聚类在解决 Sonia 的问题方面的实用性。请参考图 10－5。其中有一些单选按钮，这些按钮可让读者选择分析聚类所用的选项。首先让我们看一下“重心表视图”。这一结果视图（如图 10－6 所示）显示了我们创建的每个聚类（共 4 个）中的属性的均值。

在此视图中，我们看到聚类 0 具有最高的平均体重和胆固醇水平。使用 0 表示女性，并使用 1 表示男性时，均值 0.591 表示此聚类中的男性多于女性。知道高胆固醇和体重是保单持有人可以自己下工夫改善的两个关键心脏病风险指标后，Sonia 可能希望在推行她的新项目时从聚类 0 的成员开始。然后她可以将项目扩展到涵盖聚类 1 和聚类 2（在这两个关键风险因素属性方面具有

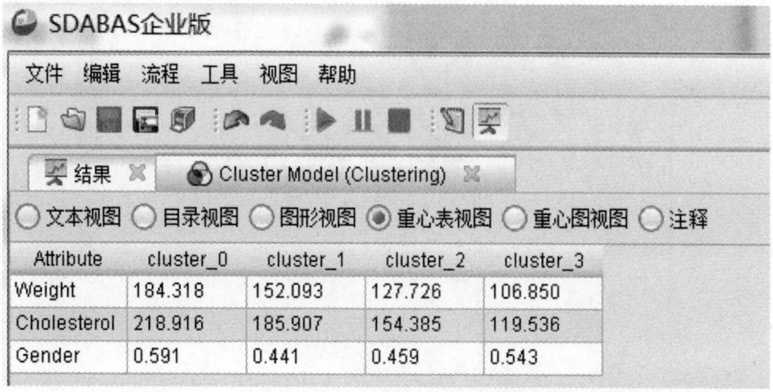
SDABAS企业版
文件 编辑 流程 工具 视图 帮助
结果
Cluster Model (Clustering)
文本视图 目录视图 图形视图 重心表视图 重心图视图 注释
Attribute cluster_0 cluster_1 cluster_2 cluster_3
Weight 184.318 152.093 127.726 106.850
Cholesterol 218.916 185.907 154.385 119.536
Gender 0.591 0.441 0.459 0.543

图 10－6　4 个（k）聚类中的每个属性的均值

递减的均值）中的成员。读者应注意到在本章的示例中，聚类的数字编号（0、1、2、3）与每个聚类的均值递减顺序一致。这纯属巧合。有时，根据读者的数据集，聚类 0 可能有最高的均值，而聚类 2 可能有第二高的均值，因此每当生成聚类时必须密切关注中心点，这一点至关重要。

我们知道聚类 0 是 Sonia 在开始时可能关注的群体，但她如何知道该尝试联络哪些人呢？谁是这一风险最高的聚类的成员？我们可以通过选择“目录视图”单选按钮，找到这些信息。关于目录视图，请参见图 10－7。

通过在“目录视图”中单击聚类 0 旁边的小 + 号，我们可以看到均值接近此聚类的均值的所有观察项。切记这些均值是针对每个属性计算的。通过单击聚类中的任何观察项，读者可以看到该观察项的属性。图 10－8 显示了单击观察项 6（6.0）之后的结果。

聚类 0 的均值为体重略高于 184 磅，胆固醇水平略低于 219。观察项 6 对应的人员在体重和胆固醇水平方面均高于这一风险最高的群体的平均值。因此，此人是 Sonia 非常希望通过联络项目为其提供帮助的人。但我们从“重心表视图”中知道，数据集中有 154 个人归于此聚类中。在“目录视图”中单击其中每一项可能不能最有效地利用 Sonia 的时间。此外，我们通过本章前面的“了解数据”部分知道，此模型只是利用一个关于保单持有人的样本数据集构建的。Sonia 可能希望从公司的数据库中为所有保单持有人提取这些属性，并再次对数据集运行模型。或者，如果她认为在查找这些群体之间的分界线方面，这些样本能够满足她的需求，则可以继续下一步……

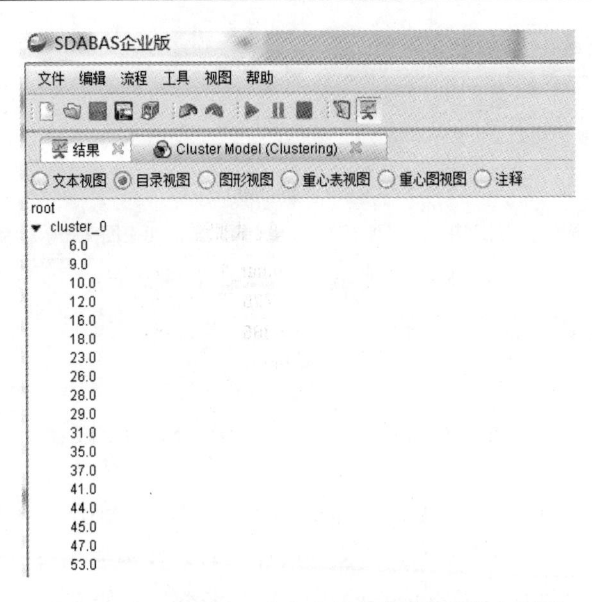

图 10－7　展示聚类 0 中包含的观察项的文件夹视图

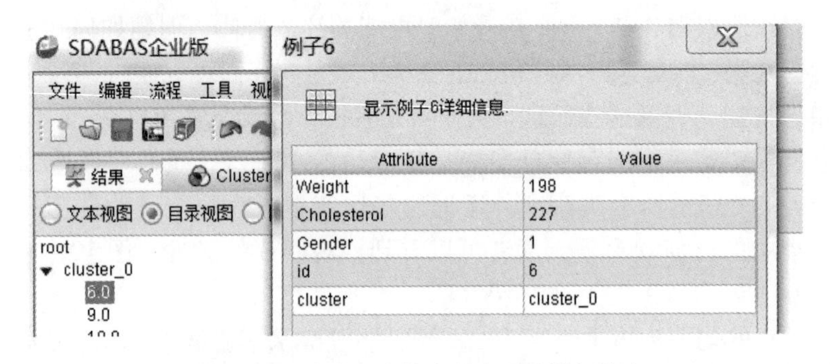

图 10－8　聚类 0 中某个观察项的详细信息

10.7　部署

我们可以帮助 Sonia 轻松快速地从聚类 0 中提取观察项。返回到明智商业分析系统 V3.0 中的设计透视视图。让我们回想一下第 7 章中介绍的，我们可以过滤掉数据集中的观察项。在第 7 章中，我们讨论了在数据准备阶段如何过滤掉观察项，但我们可以在部署阶段使用相同的操作符。使用“操作符”选项卡中的搜索字段找到过滤器实例操作符，并将其导入至 k－Means Clustering 操作符，如图 10－9 所示。请注意，我们并未将 clu（聚类）端口和

"res"（结果集）端口断开，而是将另一个 clu 端口导入至过滤器实例操作符上的 exa 端口，并将过滤器实例的 exa 端口导入至其 res 端口。

如图 10－9 中的黑色箭头所指，我们根据属性过滤器并利用参数字符串 cluster = cluster_ 0 过滤掉了观察项。这意味着将仅保留数据集中被归类到 cluster_ 0 群体中的观察项。请单击播放按钮再次运行模型。

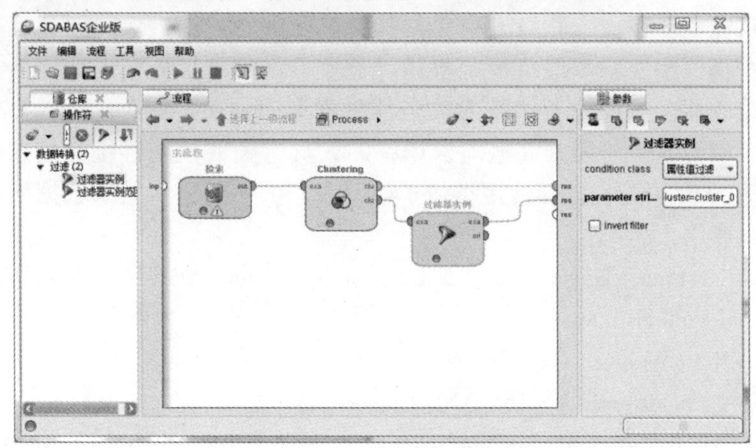

图 10－9　仅为聚类 0 中的观察项过滤掉聚类模型的输出

读者将看到"Cluster Model"选项卡没有消失。该选项卡仍可供我们使用，但现在我们添加了一个"ExampleSet"选项卡，其中仅包含归于聚类 0 中的 154 个观察项。与我们前面创建的模型的结果一样，我们会获得数据集中各种属性的说明性统计信息。

SDABAS企业版

文件 编辑 流程 工具 视图 帮助

结果　ExampleSet (过滤器实例)　Cluster Model (Clustering)

元数据视图　数据视图　绘图视图　注释

样本集（154个样本，2个特殊属性，3个普通属性）

角色	名称	类型	统计	范围	缺失
id	id	integer	avg = 271.727 +/- 157.39	[6.000 ; 543.000]	0
cluster	cluster	nominal	mode = cluster_0 (154),	cluster_3 (0), cluster_2 (	0
regular	Weight	integer	avg = 184.318 +/- 9.809	[167.000 ; 203.000]	0
regular	Cholesterol	integer	avg = 218.916 +/- 8.191	[204.000 ; 235.000]	0
regular	Gender	integer	avg = 0.591 +/- 0.493	[0.000 ; 1.000]	0

图 10－10　仅剩下聚类 0 中的观察项的过滤结果

Sonia 可以使用这些数据开始联络潜在的项目参与者。由于高风险群体的体重介于 167 磅和 203 磅之间，胆固醇水平介于 204 和 235 之间（请参见图 10－10 中的 Range 统计信息），她可以再次访问公司的数据库并输入一个类似于以下内容的 SQL 查询：

```
SELECT First_ Name, Last_ Name, Policy_ Num, Address, Phone_ Num
FROM PolicyHolders_ view
WHERE Weight > =167
AND Cholesterol > =204;
```

这可让她获得一个联络人名单，其中包含由公司提供保险服务且在数据分析、挖掘模型中归于最高风险群体（聚类0）的每个人员，无论男女。她可以在过滤器实例操作符中将参数条件更改为 cluster = cluster_ 1，并重新运行模型，以便获得与第二高风险群体中的人员有关的说明性统计信息。她还可以修改 SQL 语句，以便使用类似于以下内容的查询，从组织数据库中获得该群体的联络人名单：

```
SELECT First_ Name, Last_ Name, Policy_ Num, Address, Phone_ Num
FROM PolicyHolders_ view
WHERE (Weight > =140 AND Weight < =169)
AND (Cholesterol > =168 AND Cholesterol < =204);
```

如果她还希望按性别划分群体，也可以在 SQL 语句的 WHERE 子句中添加该条件，例如“AND Gender =1”。随着 Sonia 继续开发健康改进项目，她将获得她最希望列为目标对象的人员名单，以便增强这些人的健康意识、为保单持有人提供相关培训，并改正这些人的行为，从而降低公司客户的心脏病发病率。

10.8 章节汇总

K 均值聚类是一种数据分析、挖掘模型，数据挖掘模型的类型图来说，它主要是在分类方面。在本章的示例中，没有必要预测哪些保单持有人将会或不会患心脏病。它只是从数据集内的属性中提取已知的指标，并根据这些属性与群体平均值的接近程度对这些指标进行分组。因为任何可以量化的属性都还可以计算出均值，因此 K 均值聚类能够根据群体的典型值或标准值，有效地对观察项进行分组。此外，它还能够帮助我们了解一个群体的开始和结束界限，即数据集中群体之间的自然分界线。

K 均值聚类在对观察项进行分组方面非常灵活。明智商业分析系统 V3.0 中的 k - Means 操作符可让数据分析、挖掘者设置他们希望生成的聚类数量、指定用于确定聚类的样本均值数量，以及使用一些不同的算法来评估均值。尽管 K 均值聚类的设置和定义非常简单，但却是一种非常强大的方法，能够在数据集中查找数据项的自然群体。

第11章 判别分析

11.1 背景和概要说明

Gill运营着一个体育学院，旨在帮助高中学生的运动员最大限度地发挥其在体育方面的潜力。对于学院的男生，他侧重于四个主要体育项目，即橄榄球、篮球、棒球和曲棍球。他发现虽然许多高中运动员在念高中时都喜欢参加多种体育项目，但随着他们开始考虑在大学时从事的体育项目，他们将倾向于专攻某一项。通过多年来与运动员之间的合作，Gill整理了一个内容非常广泛的数据集。现在他想知道他是否可以使用先前部分客户的以往成绩，为即将到来的高中运动员预测主攻的体育项目。最终，他希望可以就每个运动员可能最应选择专攻哪个体育项目，向他们提供建议。通过评估每个运动员在一系列测试中的成绩，Gill希望我们可以帮助他确定每个运动员在哪个体育项目方面资质最高。

11.2 了解组织

Gill的目标是对年轻运动员进行考核，并根据其在一系列指标方面的成绩来帮助他们决定最适合专攻哪个体育项目。Gill认识到他的所有客户都热衷于体育运动，并且喜欢参加多种体育项目。他的大多数客户都非常年轻、热爱体育运动、适应能力非常强，并且都擅长多种体育项目。多年来，他看到有些人具有极高的天赋，无论选择专攻任何体育项目都能有杰出的表现。因此他认识到，由于此项数据分析、挖掘工作的局限，他可能无法使用数据来确定运动员的“最佳”体育项目。此外，他还查看了过去的衡量指标和评估工作，并发现先前有些运动员确实在事先选定了某种体育项目，并在专攻该项目后取得了巨大成功。根据他的行业经验，他决定尝试使用数据分析、挖掘来了解运动员的资质，并请我们提供帮助。

11.3 了解数据

为了制订计划，我们与 Gill 一起对他的数据资源进行了审查。在过去的几年中，进入 Gill 学院的每个运动员都接受了一系列针对多项运动特征和个人特征的测试。虽然学院对参加多种不同体育项目的男生和女生都进行了这些测试，但在此项初步研究中，我们和 Gill 决定只查看男生的数据。因为学院已经运营了一段时间，所有 Gill 能够知道之前有哪些学员选择专攻一种体育项目，以及其中每个学员选择的是哪种体育项目。通过与 Gill 密切合作，我们收集了先前所有选择专攻一种体育项目的客户在这些测试中的结果，Gill 还添加了其中每个学员专攻的体育项目，于是我们获得了一个包含 493 个观察项以及以下属性的数据集。

➢ Age：参与者在接受运动特征和个人特征系列测试时的年龄（精确到 0.1 位），介于 13 ~ 19 岁之间。

➢ Strength：通过一系列举重运动测得的参与者的力量，介于 0 ~ 10 分之间，其中 0 分表示力量有限，10 分表示力量足可以毫不费力地进行所有举重运动。没有参与者的评分达到 8 分、9 分或 10 分，但却有些参与者的评分为 0 分。

➢ Quickness：参与者在接受一系列反应能力测试后获得的成绩。这些测试记录参与者在灯光发出指示后经过多长时间才按下按钮，或蜂器响起后经过多长时间才跳起来。反应时间被记录在表中，介于 0 ~ 6 分之间，其中 6 分表示反应非常快，0 分表示反应非常慢。对于此属性，每个分值都有对应的参与者。

➢ Injury：一个内容为 yes（1）/no（0）且非常简单的列，用于表示年轻运动员是否曾受过与体育运动相关的伤，并且严重到需要手术或其他重要医疗干预的程度。通过冰敷、休息、舒展肢体等方法治疗的常见伤被记录为 0。需要 3 周以上才能痊愈、需要采取物理疗法或需要手术的伤将被记录为 1。

➢ Vision：不仅使用视力表按一般的 20/20 视力等级对运动员进行测试，而且还使用视线跟踪技术测试他们用视线跟踪物体的能力。此项测试要求参与者识别视野内快速移动的物体，并估算移动物体的移动速度和方向。此项评分介于 0 ~ 4 分之间，其中 4 分表示视力非常好，并能够很好地识别移动物体。没有参与者的评分达到满分（4 分），但 0 ~ 3 分之间都有对应的参与者。

➢ Endurance：参与者接受一系列身体素质测试，其中包括跑步、柔软体操、有氧心肺功能运动和长距离游泳。此项成绩介于 0 ~ 10 分之间，其中 10

分表示能够在不感到任何疲劳的情况下完成所有任务。在此项属性方面，参与者的评分介于 0 ~ 6 分之间。Gill 告诉我们，即使状况再好的专业运动员在这部分测试中的评分也不能达到 10 分，因为此项测试旨在测试人类耐力的极限。

➢　Agility：参与者在接受一系列移动、扭转、转动、跳跃、转向等测试后获得的评分。此项测试旨在检查运动员朝各个方向敏捷、精确、有力移动的能力。这是一项综合指标，受一些其他指标的影响，因为敏捷性通常取决于一个人的力量、速度等。此项属性的评分介于 0 ~ 100 分之间。在 Gill 提供的数据集中，此项成绩都介于 13 ~ 80 分之间。

➢　Decision_ Making：此部分旨在测试运动员在各种运动状况中作出决策的过程。让运动员参与各种模拟情景，以便测试他们在是否挥棒、是否传球、是否朝运动场上可能有利的位置移动等方面的选择。此项评分介于 0 ~ 100 分之间，但 Gill 表示在完成此项测试的人中，没有人的评分能够低于 3 分，因为只要成功开始并结束决策测试部分，即可得到 3 分。Gill 知道此数据表中的所有 493 名前运动员都成功开始并结束了此部分测试，但数据表中却有一些分数低于 3 分，而且还有一些分数高于 100 分，因此我们知道后面我们还有一些数据准备工作要做。

➢　Prime_ Sport：此项属性是指 453 名运动员中的每名运动员在离开 Gill 的学院后专攻的体育项目。这是 Gill 希望能够为目前的客户预测的属性。对于此项研究中的男生，此项属性将为以下 4 种体育项目中的其中一种：橄榄球、篮球、棒球和曲棍球。

随着我们分析并熟悉这些数据，我们发现除了 Prime_ Sport 之外的所有属性均为数字，因此，我们可以排除 Prime_ Sport，并对数据集进行 K 均值聚类数据分析、挖掘。如果这样做，我们或许能够根据数据集中每个属性的均值，将人员按体育项目聚类分组。不过，拥有 Prime_ Sport 属性使得我们能够使用一种不同类型的数据分析、挖掘模型，即判别分析。判别分析与 K 均值聚类非常类似，因为它会将观察项按类型相似的值进行分组，但它还有一项功能，这就是预测。这样一来，判别分析将帮助我们跨过数据挖掘模型的类型图中的交叉部分。它仍是一项用于分类观察项的数据分析、挖掘技术，但在分类时采用的是预测方式。当我们拥有一个数据集，并且其中有一个属性在为尚没有该属性的其他观察项预测相同的值方面非常有用，我们即可使用训练数据和检验数据来进行预测式挖掘。训练数据是指拥有该已知预测属性的数据集。对于训练数据集中的观察项，预测属性的结果是已知的。预测属性有时也称为因变属性（或称为变量）或目标属性，是读者要尝试预测的内容。在构建模型时，明智商业分析系统 V3.0 会提示我们将此属性设置为标签。检验数据是具有训练数据集所有属性（预测属性之外）的观察项。我们可以使用训练数据集让明智商业分析系统 V3.0 针对预测变量（在此例中，为 Prime_ Sport）评估所有属性的值，然后将这些值与检验数据集进行比较，并为检验数据集中的每个观察项预测 Prime_ Sport。这可能会令人感到有点困惑，但本章中的示例应该有助于阐明这一点，现在让我们继续下一个 CRISP - DM 步骤。

11.4 数据准备

本章中的示例将与其他章节中的示例有所不同。读者不是只导入一个 CSV 格式的示例数据集，而是要导入两个。

这两个数据集的名称分别为 Chapter07DataSet_ 检验集 .csv 和 Chapter07DataSet_ 训练集 .csv。请立即导入这两个数据集，并像前几章中一样将其导入到明智商业分析系统 V3.0 存储库中。在导入时，请务必在数据集的第一行中指定属性名称。请务必为这两个数据集中的每个数据集指定描述性名称，以便可以知道它们用于第 7 章，并能够区分训练数据集和检验数据集。导入后，仅将训练数据集拖动到新流程窗口中。

（1）到目前为止，当我们将数据添加到新流程后，即已允许该操作符被标记为“检索”，这是由明智商业分析系统 V3.0 默认完成的。这是我们第一次在模型中将有多个检索操作符，因为我们有两个数据集，即训练数据集和检验数据集。为了轻松区分这两个数据集，让我们首先为已经拖放到主流程窗口中的训练数据集重命名检索操作符。右击此操作符并选择“重命名”，此时读者将能够为此操作符输入新名称。在本示例中，我们将此操作符命名为“训练集”，如图 11 - 1 所示。

（2）从数据准备阶段我们了解到，在挖掘此数据集之前，我们需要修正一些数据。具体而言，Gill 注意到在 Decision_ Making 属性中存在一些不一致的数据。运行模型并查看元数据，如图 11 - 2 所示。

（3）仍在结果透视视图中时，切换到“数据视图”。单击 Decision_ Making 属性的列标题，以便按从小到大的顺序对属性排序（请注意，小三角形表示数据使用此属性按升序排序）。在此视图中（图 11 - 3），我们看到有 3 个观察项的评分小于 3 分。我们将需要处理这些观察项。

（4）再次单击 Decision_ Making 属性，以便按降序对属性重新排序。同

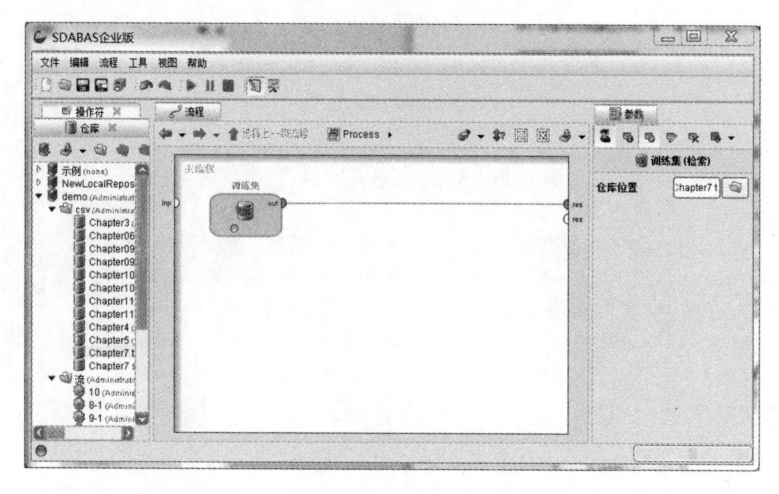

图 11－1　检索操作符被重命名为“训练集”

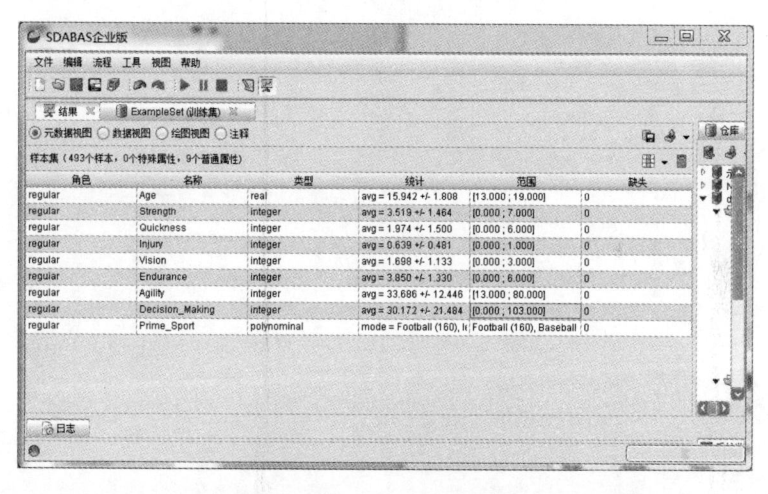

图 11－2　确定 Decision_ Making 属性中不一致的数据

样，我们有一些需要处理的值（图 11－4）。

（5）切换回设计透视视图。让我们通过从训练数据集中移除的方式，来处理这些不一致的数据。我们可以将这些不一致的值设置为缺失的值，然后将缺失的值设置为其他值，例如均值。但在此示例中，我们确实不知道在该变量中本来应该是什么，因此将这些值更改为均值的做法似乎有点武断。移除这些不一致的数据意味着仅移除 493 个观察项中的 11 个观察项，因此我们将直接移除这些数据，而非冒险使用不好的数据。为此，请在流中连续添加

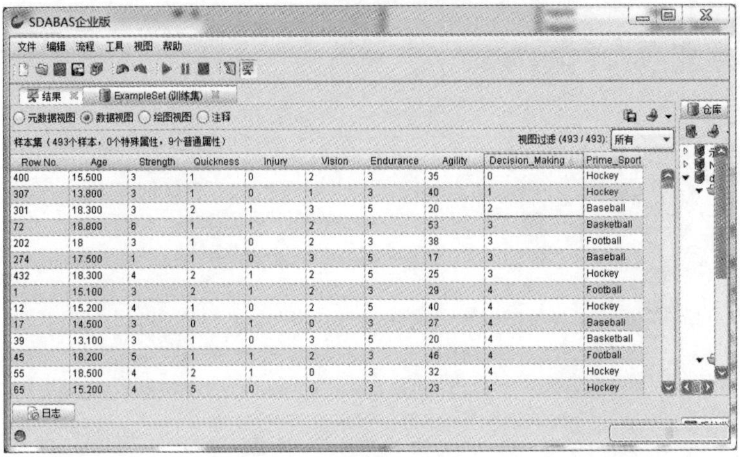
SDABAS企业版
文件 编辑 流程 工具 视图 帮助
结果
ExampleSet (训练集)
元数据视图 数据视图 绘图视图 注释
样本集（493个样本，0个特殊属性，9个普通属性）
视图过滤 (493 / 493): 所有
仓库
Row No. Age Strength Quickness Injury Vision Endurance Agility Decision_Making Prime_Sport
400 15.500 3 1 0 2 3 35 0 Hockey
307 13.800 3 1 0 1 3 40 1 Hockey
301 18.300 3 2 1 3 5 20 2 Baseball
72 18.800 6 1 1 2 1 53 3 Basketball
202 18 3 1 0 2 3 38 3 Football
274 17.500 1 1 0 3 5 17 3 Baseball
432 18.300 4 2 1 2 5 25 3 Hockey
1 15.100 3 2 1 2 3 29 4 Football
12 15.200 4 1 0 2 5 40 4 Hockey
17 14.500 3 0 1 0 3 27 4 Baseball
39 13.100 3 1 0 3 5 20 4 Basketball
45 18.200 5 1 1 2 3 46 4 Football
55 18.500 4 2 1 0 3 32 4 Hockey
65 15.200 4 5 0 0 3 23 4 Hockey
日志

图 11－3　使用 Decision_ Making 属性按升序排序的数据集

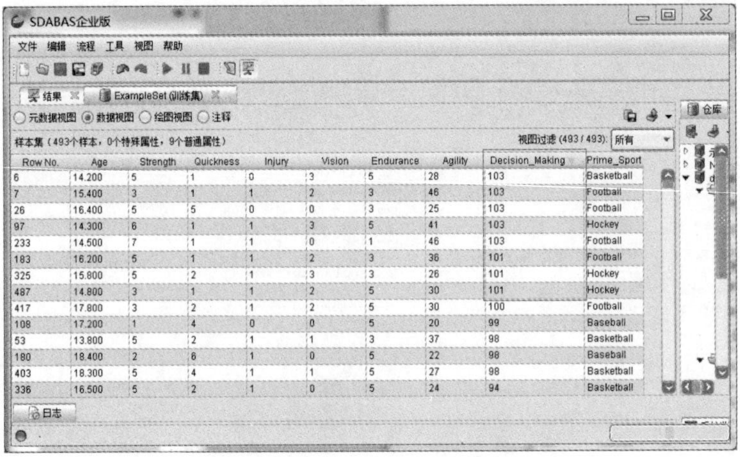
SDABAS企业版
文件 编辑 流程 工具 视图 帮助
结果
ExampleSet (训练集)
元数据视图 数据视图 绘图视图 注释
样本集（493个样本，0个特殊属性，9个普通属性）
视图过滤 (493 / 493): 所有
仓库
Row No. Age Strength Quickness Injury Vision Endurance Agility Decision_Making Prime_Sport
6 14.200 5 1 0 3 5 28 103 Basketball
7 15.400 3 1 1 2 3 46 103 Football
26 16.400 5 5 0 0 3 25 103 Football
97 14.300 6 1 1 3 5 41 103 Hockey
233 14.500 7 1 1 0 1 46 103 Football
183 16.200 5 1 1 2 3 36 101 Football
325 15.800 5 2 1 3 3 26 101 Hockey
487 14.800 3 1 1 2 5 30 101 Hockey
417 17.800 3 2 1 2 5 30 100 Football
108 17.200 1 4 0 0 5 20 99 Baseball
53 13.800 5 2 1 1 3 37 98 Basketball
180 18.400 2 6 1 0 5 22 98 Baseball
403 18.300 5 4 1 1 5 27 98 Basketball
336 16.500 5 2 1 0 5 24 94 Basketball
日志

图 11－4　按降序重新排序的 Decision_ Making 变量

两个过滤器实例操作符。将其中每个操作符的“Condition class”设置为“attribute_ value_ 过滤”，并为第一个操作符的“parameter strings”输入“Decision_ Making > =3”（不带引号），为第二个操作符的“parameter strings”输入“Decision_ Making < =100”。这会将训练数据集约简至 482 个观察项。关于本步骤中介绍的设置，请参见图 11－5。

（6）如果读者愿意，可以运行模型以确认观察项（例项）数量已约简至 482 个。然后，在设计透视视图中，使用“操作符”选项卡中的搜索字段查

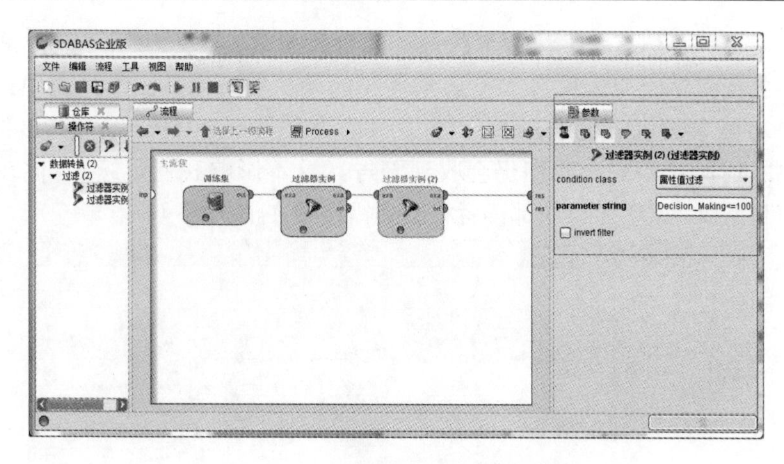

图 11－5　过滤掉数据不一致的观察项

找“判别”，找到用于线性判别分析的操作符。将此操作符添加到流中，如图 11－6 所示。

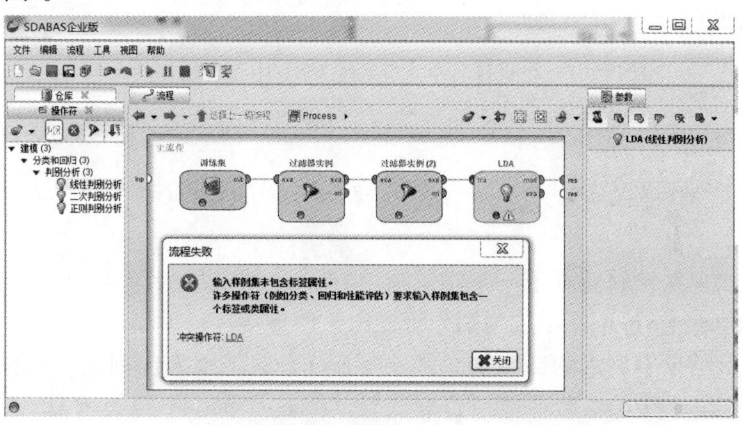

图 11－6　将线性判别分析操作符添加到模型中

（7）LDA（即线性判别分析）操作符上的 tra 端口表示此工具确实希望收到来自训练数据集（如读者已提供的训练数据集）的输入，运行时，我们仍会收到错误，如图 11－6 出现的流程失败提示：输入样例属性未包含标签属性。许多操作符（例如分类、回归和性能评估）要求输入样例集包含一个标签或类属性（ LDA 接受数字类型的属性）。错误告诉我们 LDA 操作符希望其中一个属性被指定为“标签”。在明智商业分析系统 V3.0 中，标签是读者希望预测的属性。在导入数据集时，我们可以将 Prime_ Sport 属性指定为标签，而非一般属性，但直接在流中更改属性的角色非常简单。使用“操作符”选项卡中的搜索字段搜索称为“设置角色”的操作符。将其添加到流中，然后在窗口右侧参数区域的“name”字段中选择“Prime_ Sport”，并在“target role”中选择“label”。我们仍会收到警告（这不影响我们继续），但在明智商业分析系统 V3.0 窗口底部读者将看到错误现在消失了（图 11 -7）。

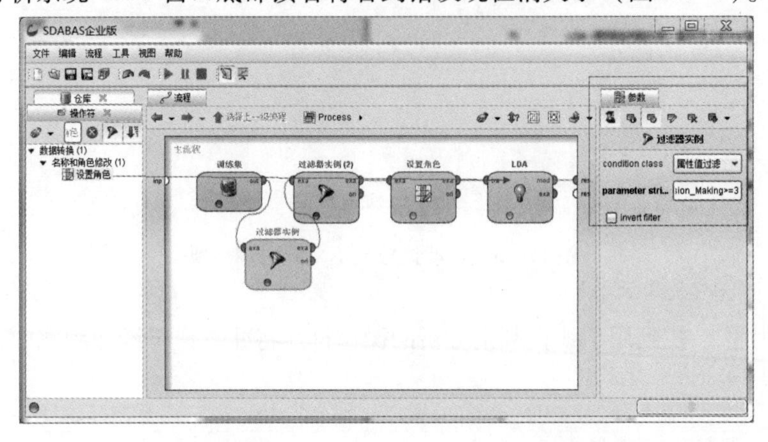

图 11 -7 在明智商业分析系统 V3.0 中设置属性的角色

11.5 建模

（1）现在我们拥有了一个功能流。在 mod 端口导入至 res 端口时，明智商业分析系统 V3.0 将生成判别分析输出。请直接运行模型。

（2）结果中显示的概率的总和将等于 1。这是因为在判别分析模型的这一阶段，仅计算了观察项选择目标属性 Prime_ Sport 中每类项目（共 4 类）的可能性。因为这是训练数据集，其中每个观察项均已分类，所以明智商业分析系统 V3.0 可以轻松计算这些概率。橄榄球的概率为 0.3237。如果参考图 11 -2，读者将看到 493 个观察项中有 160 个观察项选择橄榄球作为 Prime_ Sport。因此，观察项选择橄榄球的概率为 160/493，即 0.3245。但在第 3 步和第 4 步中（图 11 -3 和图 11 -4），我们移除了 11 个在 Decision_ Making 属性中具有不一致数据的观察项。其中有 4 个选择橄榄球的观察项（图 11 -4），因此橄榄球计数减少到了 156 个，总计数则减少到了 482 个：156/482 = 0.3237。由于不存在 Prime_ Sport 的值缺失的观察项，因此 Prime_ Sport 中的每个概率值都将是总计数中的一部分，并且这些值的总和将等于 1，如图 11 -8 所示。这些概率（再结合每个属性的值）将用于为检验数据集中 Gill

当前的每个客户预测 Prime_ Sport 分类。现在返回到设计透视视图，在“仓库”选项卡中，将检验数据集拖放到主流程窗口中。请勿将其导入至现有的流，而是将其直接导入至 res 端口。右击该操作符，并将其重命名为“检验集”。关于这些步骤的图示，请参见图 11 -9。

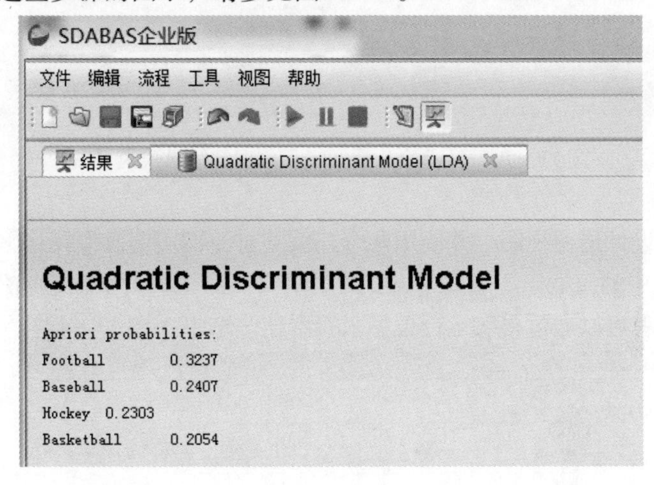

图 11 -8　对训练数据集进行判别分析获得的结果

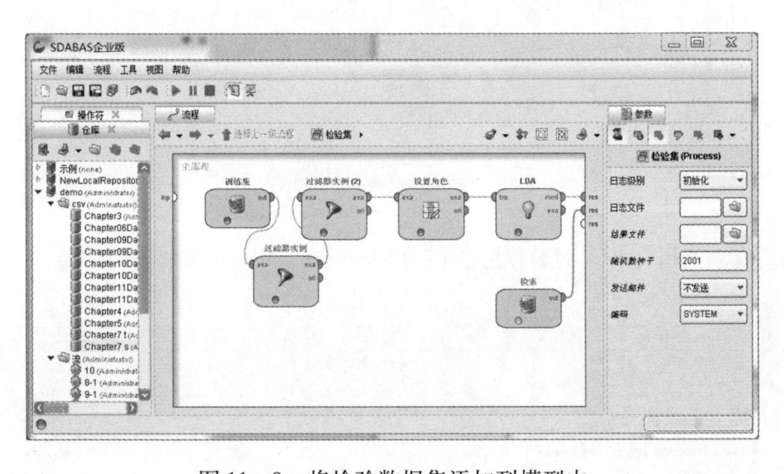

图 11 -9　将检验数据集添加到模型中

（3）再次运行模型。这一次明智商业分析系统 V3. 0 将在结果透视视图中提供一个额外的选项卡，其中将显示检验数据集的元数据（图 11 -10）。

（4）检验数据集包含 1 841 个观察项，但如图 11 -10 中所示，Decision_ Making 属性同样有一些不一致的数据。重复上文第 3 步和第 4 步中介绍的流程，

SDABAS企业版

文件 编辑 流程 工具 视图 帮助

ExampleSet (检索)

元数据视图 数据视图 绘图视图 注释

样本集（1841个样本，0个特殊属性，8个普通属性）

角色	名称	类型	统计	范围	缺失
regular	Age	real	avg = 15.981 +/- 1.729	[13.000 ; 19.000]	0
regular	Strength	integer	avg = 3.569 +/- 1.477	[0.000 ; 7.000]	0
regular	Quickness	integer	avg = 1.970 +/- 1.542	[0.000 ; 6.000]	0
regular	Injury	integer	avg = 0.666 +/- 0.472	[0.000 ; 1.000]	0
regular	Vision	integer	avg = 1.598 +/- 1.186	[0.000 ; 3.000]	0
regular	Endurance	integer	avg = 3.728 +/- 1.364	[0.000 ; 6.000]	0
regular	Agility	integer	avg = 34.185 +/- 12.335	[13.000 ; 80.000]	0
regular	Decision_Making	integer	avg = 29.688 +/- 22.422	[0.000 ; 119.000]	0

图 11 - 10　显示检验数据集元数据的结果透视视图

以便返回到设计透视视图，并使用两个连续的过滤器实例操作符移除 Decision_Making 属性中的值低于 3 或高于 100 的观察项（图 11 - 11）。这将留下 1 767 个观察项，读者可以通过再次运行模型来查看这一结果（图 11 - 12）。

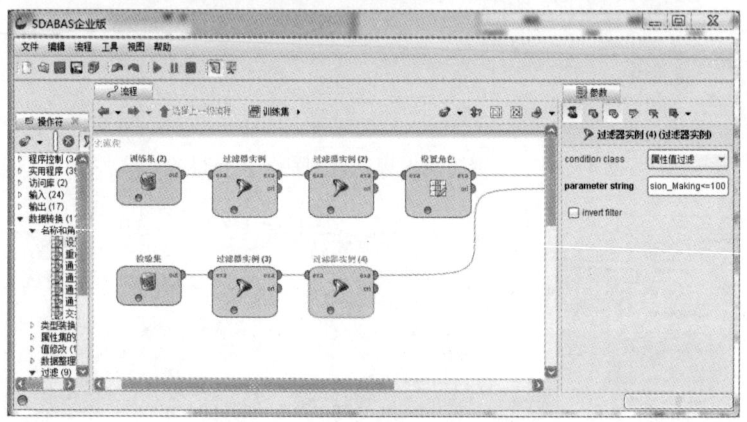

图 11 - 11　过滤掉包含不一致 Decision_ Making 值的观察项

SDABAS企业版

文件 编辑 流程 工具 视图 帮助

结果　ExampleSet (过滤器实例 (4))　ExampleSet (设置角色)

元数据视图 数据视图 绘图视图 注释

样本集（1767个样本，0个特殊属性，8个普通属性）

角色	名称	类型	统计	范围	缺失
regular	Age	real	avg = 15.983 +/- 1.730	[13.000 ; 19.000]	0
regular	Strength	integer	avg = 3.567 +/- 1.480	[0.000 ; 7.000]	0
regular	Quickness	integer	avg = 1.988 +/- 1.552	[0.000 ; 6.000]	0
regular	Injury	integer	avg = 0.665 +/- 0.472	[0.000 ; 1.000]	0
regular	Vision	integer	avg = 1.600 +/- 1.188	[0.000 ; 3.000]	0
regular	Endurance	integer	avg = 3.736 +/- 1.366	[0.000 ; 6.000]	0
regular	Agility	integer	avg = 34.013 +/- 12.300	[13.000 ; 80.000]	0
regular	Decision_Making	integer	avg = 29.946 +/- 21.117	[3.000 ; 100.000]	0

图 11 - 12　验证已移除值不一致的观察项

（5）现在还剩下一步，即可完成模型并为检验数据集中的 1 767 名男生预测 Prime_ Sport。返回到设计透视视图，并使用“操作符”选项卡中的搜索字段查找称为应用模型的操作符。将此操作符拖放到检验数据集的流中，如图 11－13 所示。

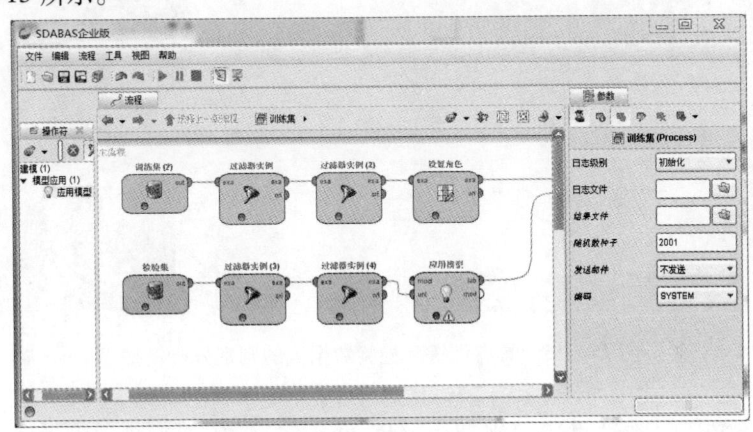

图 11－13　将应用模型操作符添加到判别分析模型中

（6）正如读者在图 11－13 中所看到的，应用模型操作符产生了一个错误。这是因为应用模型操作符需要使用模型生成操作符的输出作为其输入。这很容易解决，因为 LDA 操作符（该操作符为我们生成了一个模型）有一个 mod 端口用作输出。我们只需将 LDA 的 mod 端口与当前所连的 res 端口断开，并将其导入至应用模型操作符的 mod 输入端口即可。为此，请单击 LDA 操作符的 mod 端口，然后单击应用模型操作符的 mod 端口。进行此项操作时，系统将弹出警告（图 11－14）。

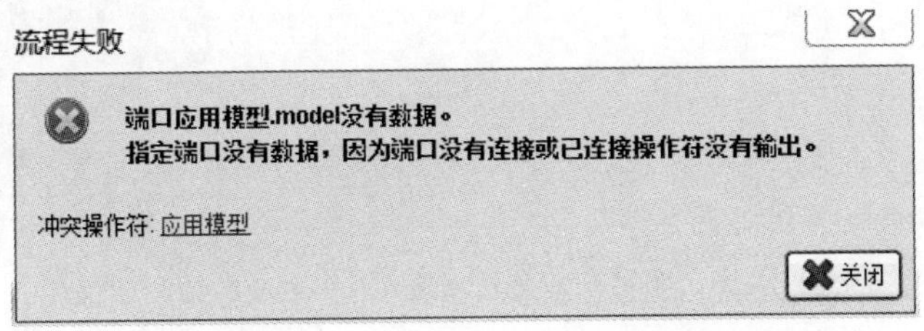

图 11－14　明智商业分析系统 V3.0 中的端口重新导入警告

（7）读者确实希望重新配置曲线，从而将 mod 端口导入至 mod 端口。错误消息将消失，并且检验模型可开始进行预测（图 11－15）。

（8）通过单击播放按钮运行模型。明智商业分析系统 V3.0 将生成五个新

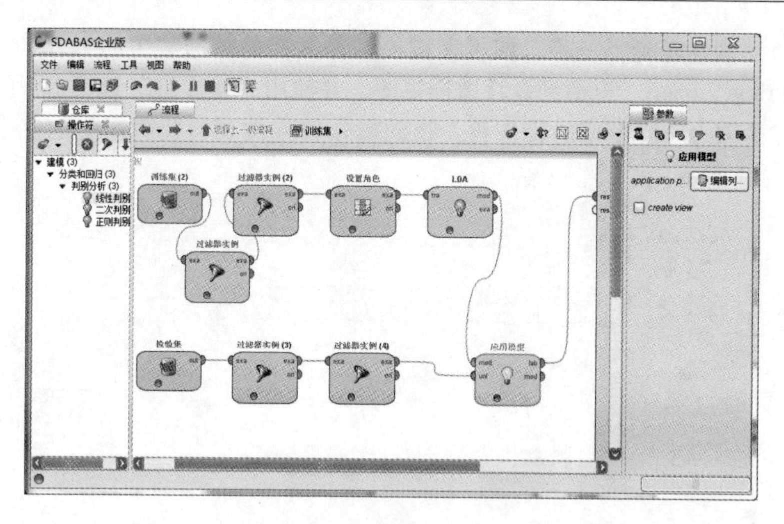

图 11－15 具有训练和检验数据流的判别分析模型

属性并将其添加到结果透视视图中（图 11－16），从而为我们继续下一步做好准备……

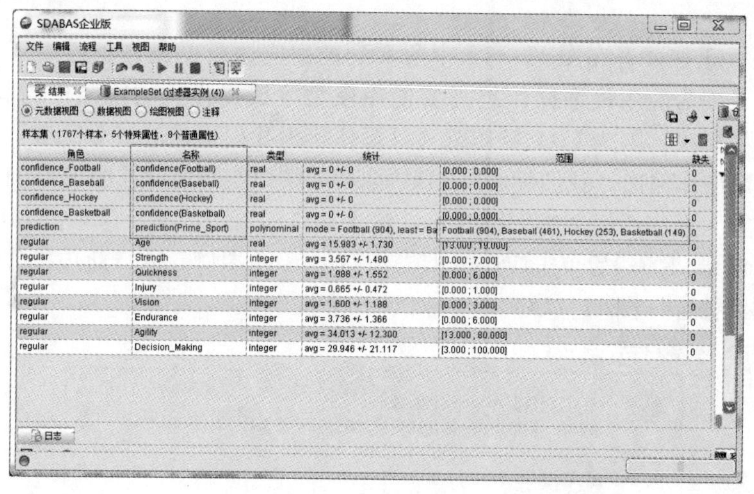

图 11－16 明智商业分析系统 V3.0 生成的预测属性

11.6 评估

明智商业分析系统 V3.0 创建的前 4 个属性为置信率，用于表示明智商业分析系统 V3.0 的预测结果在与该软件可能已为每个观察项预测的其他值相比时的相对强度。在本示例数据集中，明智商业分析系统 V3.0 没有为 4 项目标体育项目中的任何一项生成置信率。如果明智商业分析系统 V3.0 发现某个观察项很可能会有多个可能的 Prime_ Sport，则会计算出观察项所代表的人在一项及其他项体育项目中获得成功的百分比概率。例如，如果某个观察项的统计概率是相应人员的 Prime_ Sport 可以为 4 项中的任何一项，但棒球的统计概率最高，则该观察项的置信率属性可能为：置信率（橄榄球）：8%；置信率（棒球）：69%；置信率（曲棍球）：12%；置信率（篮球）：11%。在有些数据分析、挖掘预测模型（包括本书后面介绍的一些模型）中，数据将产生局部置信率，例如此例。但在本章示例使用的数据集中，不会发生这种现象。最有可能的解释是本章前面所讨论的情况：所有运动员都热衷于多项体育运动，因此其测试评分可能会因专攻项目的不同而有所差异。在统计术语中，这通常称为异质性。

但未发现置信率并不意味着我们的工作是失败的。明智商业分析系统 V3.0 在我们对检验数据应用 LDA 模型时生成的第 5 个新属性是每个男生（共 1 767 名）的 Prime_ Sport 预测结果。单击“数据视图”单选按钮，读者将看到明智商业分析系统 V3.0 已对检验数据应用判别分析模型，从而根据学院前学员的专攻体育项目获得了每个男生的 Prime_ Sport 预测结果（图 11－17）。

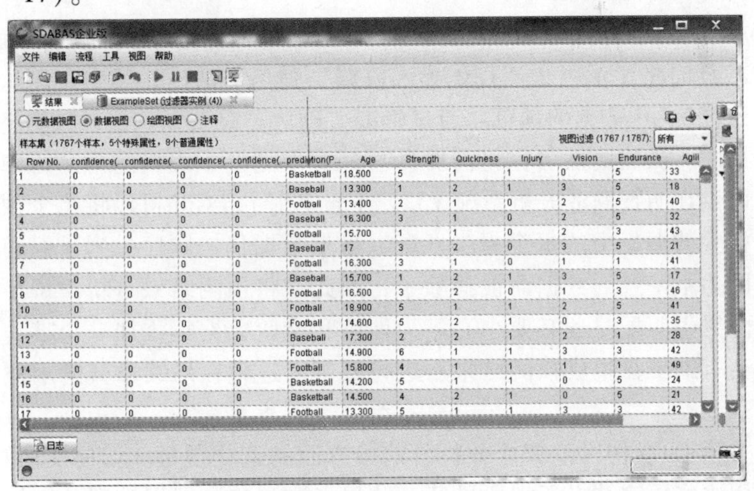

Row No.	confidence(...	confidence(...	confidence(...	confidence(...	prediction(P...	Age	Strength	Quickness	Injury	Vision	Endurance	Agili
1	0	0	0	0	Basketball	18.500	5	1	1	0	5	33
2	0	0	0	0	Baseball	13.300	1	2	1	3	5	18
3	0	0	0	0	Football	13.400	2	1	0	2	5	40
4	0	0	0	0	Baseball	16.300	3	1	0	2	5	32
5	0	0	0	0	Football	15.700	1	1	0	2	3	43
6	0	0	0	0	Baseball	17	3	2	0	3	5	21
7	0	0	0	0	Football	16.300	3	1	0	1	1	41
8	0	0	0	0	Baseball	15.700	1	2	1	3	5	17
9	0	0	0	0	Football	16.500	3	2	0	1	3	46
10	0	0	0	0	Football	18.900	5	1	1	2	5	41
11	0	0	0	0	Football	14.600	5	2	1	0	3	35
12	0	0	0	0	Baseball	17.300	2	2	1	2	1	28
13	0	0	0	0	Football	14.900	6	1	1	3	3	42
14	0	0	0	0	Football	15.800	4	1	1	1	1	49
15	0	0	0	0	Basketball	14.200	5	1	1	0	5	24
16	0	0	0	0	Basketball	14.500	4	2	1	0	5	21
17	0	0	0	0	Football	13.300	5	1	1	3	3	42

图 11－17　检验数据集中每个男生的 Prime_ Sport 预测结果

11.7 部署

Gill 现在拥有了一个数据集，其中包含已在学院接受运动特征系列测试的每个男生的预测结果。如何使用这些预测结果将需要进行一些思考和讨论。Gill 可以从明智商业分析系统 V3.0 中提取这些数据，并将其与每个男生逐个重新关联。对于比较小的数据集，例如这个数据集，我们只需通过复制粘贴，即可将结果移动到电子表格中。要快速练习将结果移动到其他格式中，请尝试以下步骤。

（1）打开一个空白的 OpenOffice Calc 电子表格。

（2）在明智商业分析系统 V3.0 中，位于结果透视视图的“数据视图”中时，单击“Row No.”下面的 1（单元格将变灰）。

（3）按 Ctrl + A（Windows 中表示“全选”的键盘指令；对于 Mac 或 Linux，读者也可以使用对应的键盘指令）。“数据视图”中的所有单元格都将变灰。

（4）按 Ctrl + C（或对应的表示“复制”的键盘指令，如果使用的不是 Windows）。

（5）在空白的 OpenOffice Calc 电子表格中，右击单元格 A1，并从关联菜单中选择“Paste Special”。

（6）在弹出的对话框中，选择“Unformatted Text”，然后单击“确认”。

（7）此时将显示一个“Text 导入数据”弹出对话框，其中会显示明智商业分析系统 V3.0 数据的预览。通过单击“确认”接受默认值，数据将粘贴到电子表格中。虽然属性名称将需要抄写并添加到电子表格的第一行中，但数据现在可供在明智商业分析系统 V3.0 外部使用了。Gill 可以将每个预测结果重新与检验数据集中的每个男生匹配。虽然数据仍按顺序排列，但切记有些观察项因为不一致的数据而被移除了，因此在将预测结果重新与每个观察项所代表的男生匹配时务必要小心。为训练和检验数据集添加一个唯一的识别号可能会有助于在生成预测结果后进行匹配。这将在后续章节的示例中予以阐述。

本书第 18 章将讨论数据分析、挖掘方面的道德规范。如前文所述，Gill 如何使用这些预测结果还需要进行一些思考和讨论。根据模型预测结果促使某个年轻的客户选择特定体育项目作为他的理想项目是否合乎道德？是否只是因为学院前学员选择专攻某项体育项目，我们就可以假定当前的客户将走相同的路？最后一章将就如何解答此类问题提供一些建议，但我们最好至少现在就在章节示例背景中考虑一下这些问题。

Gill 在与年轻的运动员合作方面具有丰富的经验并了解他们的强项和弱项，可能能够以符合道德的方式使用预测结果。或许他可以首先将客户按 Prime_ Sports 预测结果进行分组，并开展更多“针对具体项目”的训练，例如弹跳测试（对于篮球）、滑冰（对于曲棍球）、传球和接球（对于棒球）等。这可让他记录每个运动员的更具体的数据，甚至观察根据数据得出的预测结果实际上是否与在运动场、球场或冰场上看得到的表现一致。这个示例能够很好地说明为什么 CRISP－DM 方式具有“需要循环进行的特征”：我们为 Gill 生成的预测结果是进行新一轮评估的起点，而非终点。判别分析让 Gill 对年轻学员可能擅长的领域有了一些了解，并可在他与每个学员合作时为他指明方向，但他必然要收集更多数据，并了解使用此项数据分析、挖掘技术和方式是否有助于引导客户选择在他们长大后可能选择专攻的体育项目。

11.8　章节汇总

判别分析能够帮助我们跨过数据分析、挖掘中分类和预测之间的门槛。在第 7 章之前，我们的数据分析、挖掘模型和方法主要侧重于数据的分类。使用判别分析时，我们可以进行在性质上与 K 均值聚类非常类似的流程，同时可以通过使用训练数据集中适当的目标属性，为检验数据集生成预测结果。这可以成为对 K 均值模型的强大补充，从而让我们能够将聚类应用于其他尚未分类的数据集。

当有些观察项的分类已知，而其他观察项的分类未知时，使用判别分析可能会非常有用。判别分析的一些典型应用包括用于生物领域和组织行为领域。例如在生物领域，判别分析已成功应用于根据植物和动物的特征对这些生物进行分类。在组织行为领域，此类数据建模已用于根据个人特征、偏好和资质，帮助工作人员确定可能取得成功的职业道路。通过将已知的过往成绩与未知但结构类似的数据相匹配，我们可以使用判别分析有效地构建模型，然后使用模型检验未知记录，从而让我们了解未知观察项可能归于哪个类别。

第12章　线性回归

12.1　背景和概要说明

第8章示例中的区域销售经理 Sarah 再次找到我们，希望我们为她提供更多帮助。随着业务蓬勃发展，销售团队签订数以千计的新客户，她希望确保公司能够满足这一全新的需求水平。她非常高兴我们能够帮助她发现数据中的关联，现在她希望我们可以帮助她再做一些预测。她知道她的数据集中的属性（例如温度、保温层和居住人员年龄）之间存在一些关联，现在她想知道她是否可以利用第8章中的数据集预测新客户的热燃油用量。读者知道，这些新客户还没有开始消费热燃油，并且新客户的数量非常大（准确地来说为42 650个），因此她希望知道她需要拥有多少库存，才能满足这些新客户的需求。她是否可以使用数据分析、挖掘来查看家庭属性和已知的过往消费量，以便预测并满足新客户的需求。

12.2　了解组织

Sarah 新的数据分析、挖掘目标非常明确：她希望预测对某种消耗品的需求。我们将使用线性回归模型来帮助她进行希望的预测。她已拥有数据，即 Chapter 4 数据集（提供了每个家庭的属性概况）中的1 218个观察项，以及这些家庭的热燃油年消费量。她希望使用此数据集作为训练数据来预测42 650个新客户的热燃油用量。她知道这些新客户的家庭在性质上与现有客户群非常类似，因此现有客户的使用行为应该可用作预测新客户未来用量的可靠基准。

12.3　了解数据

让我们回顾一下，第8章中的数据集包含以下属性。

- Insulation：密度等级，介于1～10之间，用于表示每个家庭的保温层的厚度。密度等级为1的家庭的保温状况非常糟，而密度等级为10的家庭的保温状况非常好。

➢ Temperature：每个家庭最近一年的平均户外环境温度，单位为华氏度。

➢ Heating_ Oil：最近一年来每个家庭购买的热燃油总量。

➢ Num_ Occupants：每个家庭中居住的总人数。

➢ Avg_ Age：这些居住者的平均年龄。

➢ Home_ Size：家庭总面积的等级，介于1~8之间。该数字越高，家庭面积越大。

我们将使用第8章数据集作为本章中的训练数据集。Sarah已经汇总了一个单独的逗号分隔值文件，其中为42 650个新客户包含了所有这些相同的属性，当然除了Heating_ Oil之外。她已将该数据集提供给我们，以便用作模型中的检验数据集。

12.4 数据准备

读者应该已导入Chapter 4数据集，此外，请导入并导入配套网站上的Chapter 8数据集。将Chapter 4和Chapter 8数据集都导入到明智商业分析系统V3.0数据存储库中后，请完成以下步骤。

（1）将这两个数据集拖放到明智商业分析系统V3.0内的新流程窗口中。将Chapter 4数据集重命名为“训练集”（CH4），并将Chapter 8数据集重命名为“检验集”（CH8）。将两个out端口均导入至res端口，如图12-1所示，然后运行模型。

（2）图12-2和图12-3显示了训练和检验数据集的并排比较。使用线性回归作为预测模型时，务必要切记检验数据中所有属性的范围必须在训练数据中对应属性的范围之内。这是因为我们不能依赖训练数据集为值在训练数据集的值范围之外的观察项预测目标属性。

（3）我们可以看到在比较图12-2和图12-3时，除了Avg_ Age之外，所有属性的范围都是相同的。在检验数据集中，有些观察项的Avg_ Age略低于训练数据集中的下限15.1，而有些观察项的Avg_ Age则略高于训练数据集中的上限72.2。读者可能会想这些值与训练数据集中的值如此接近，如果我们使用训练数据集来预测这些观察项所代表的家庭的热燃油用量，应该不会有什么问题。尽管与该属性的范围存在如此细微的偏差不会产生准确性极差的结果，但我们不能使用线性回归预测值作为对此类推断提供支持的证据。

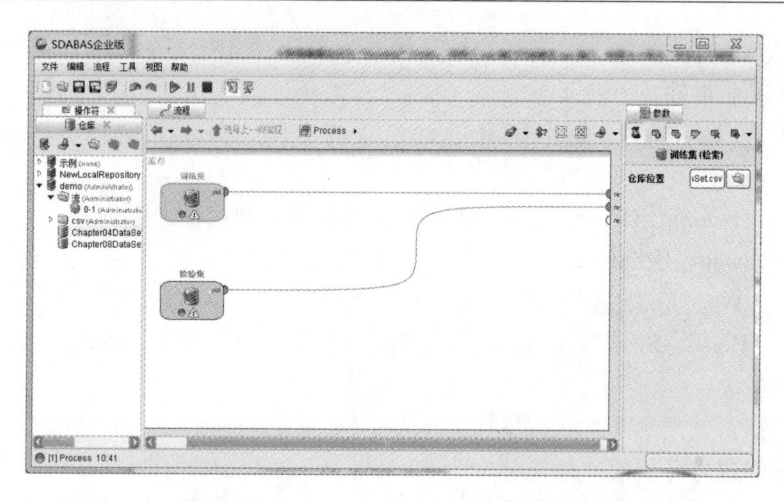

图 12－1　使用 Chapter 4 和 Chapter 8 数据集设置线性回归模型

SDABAS企业版

文件 编辑 流程 工具 视图 帮助

结果　ExampleSet (检验集)　ExampleSet (训练集)

元数据视图　数据视图　绘图视图　注释

样本集（1218个样本，0个特殊属性，6个普通属性）

角色	名称	类型	统计	范围	缺失
regular	Insulation	integer	avg = 6.214 +/- 2.768	[2.000 ; 10.000]	0
regular	Temperature	integer	avg = 65.079 +/- 16.932	[38.000 ; 90.000]	0
regular	Heating_Oil	integer	avg = 197.394 +/- 56.24	[114.000 ; 301.000]	0
regular	Num_Occupants	integer	avg = 3.113 +/- 1.691	[1.000 ; 10.000]	0
regular	Avg_Age	real	avg = 42.706 +/- 15.051	[15.100 ; 72.200]	0
regular	Home_Size	integer	avg = 4.649 +/- 2.321	[1.000 ; 8.000]	0

图 12－2　训练数据集内属性的值范围

SDABAS企业版

文件 编辑 流程 工具 视图 帮助

结果　ExampleSet (检验集)　ExampleSet (训练集)

元数据视图　数据视图　绘图视图　注释

样本集（42650个样本，0个特殊属性，5个普通属性）

角色	名称	类型	统计	范围	缺失
regular	Insulation	integer	avg = 5.989 +/- 2.576	[2.000 ; 10.000]	0
regular	Temperature	integer	avg = 63.962 +/- 15.313	[38.000 ; 90.000]	0
regular	Num_Occupants	integer	avg = 5.489 +/- 2.875	[1.000 ; 10.000]	0
regular	Avg_Age	real	avg = 44.040 +/- 16.737	[15.000 ; 73.000]	0
regular	Home_Size	integer	avg = 4.495 +/- 2.291	[1.000 ; 8.000]	0

图 12－3　检验数据集内属性的值范围

因此，我们需要从数据集中移除这些观察项。添加两个过滤器实例操作符，并使用参数 attribute_ value_ 过滤和 Avg_ Age > = 15.1 && Avg_ Age < =

72.2。如果现在运行模型，将剩下42 042个观察项。再次检查范围，以确保现在没有任何检验属性的范围超出训练属性的范围。然后返回到设计透视视图。

（4）与判别分析一样，线性回归也是一种预测模型，因此需要将一个属性指定为标签，即我们希望预测的目标属性。在“操作符”选项卡中搜索“设置角色”操作符，并将其拖动到训练流中。更改参数，以便将Heating_Oil指定为此模型的标签（图12-4）。

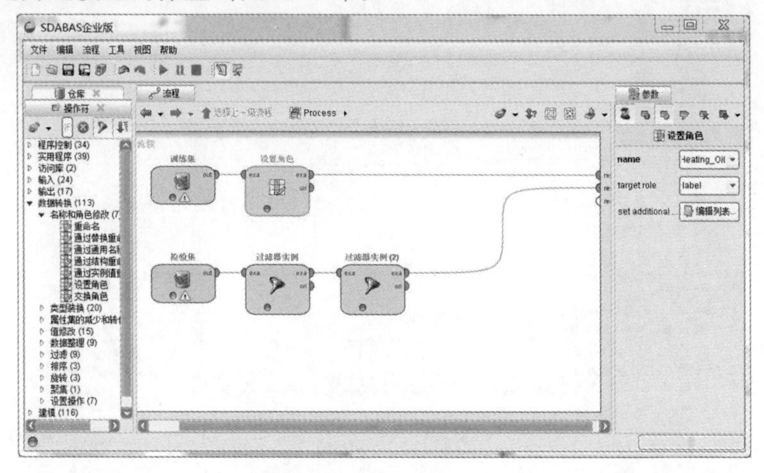

图12-4　添加操作符，以便将Heatin_ Oil指定为标签

完成此步骤后，数据集便已准备好，继续下一步……

12.5　建模

（1）再次使用“操作符”选项卡中的搜索字段找到Linear Regression操作符，并将其拖放到训练数据集的流中（图12-5）。

（2）请注意，Linear Regression操作符使用的默认容差为0.05（在统计术语中，也称为置信率水平或显著性水平）。0.05在此类统计分析中非常常见，因此我们将接受该默认值。完成模型之前的最后一步是使用应用模型操作符将训练流导入至检验流。请务必将应用模型操作符的lab和mod端口均导入至res端口，如图12-6所示。

（3）运行模型。有两条从应用模型操作符导入至res端口的曲线将在结果透视视图中产生两个选项卡。让我们首先看一下“LinearRegression”选项卡，以便开始下一步……

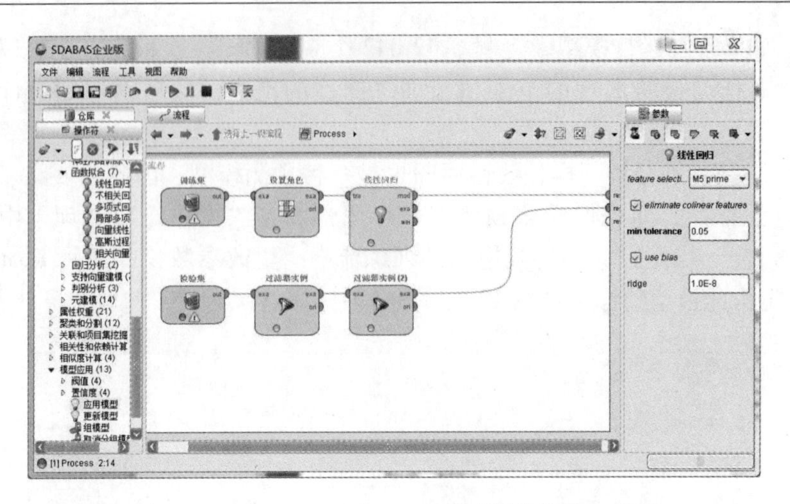

图 12－5 将 Linear Regression 模型操作符添加到流

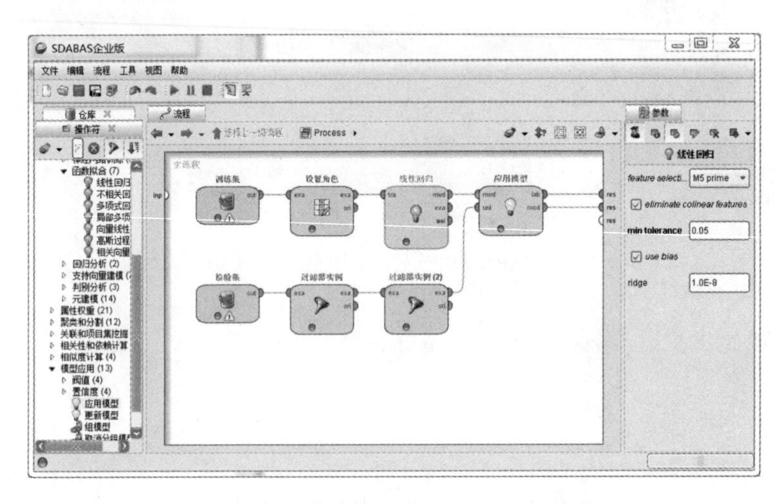

图 12－6 对检验数据集应用模型

12.6 评估

线性回归建模的核心目的是确定给定观察项与代表平均值（即数据集中所有点的中心）的假想线接近的程度。这条假想线是“线性回归”一词中线性的由来。使用线性回归计算预测结果的公式是 $y = mx + b$。读者可能会发现这是之前在代数课上学过的用于计算直线斜率的公式。在此公式中，变量 y 是目标属性（或称为标签，即我们要预测的内容）。因此在本章的示例中，y

是我们预测每个家庭将消费的热燃油量。但我们将如何预测 y 呢？我们需要知道 m、x 和 b 都代表什么。变量 m 是给定预测因子属性（有时称为自变量）的值。例如，Insulation 是热燃油用量的一个预测因子，因此 Insulation 是一个预测因子属性。变量 x 是该属性的系数，如图 12－7 中的第二列所示。系数是属性在公式中的权重。Insulation（系数为 3. 323）的权重高于此数据集中任何其他预测因子属性的权重。在计算 y（热燃油用量）时，每个观察项都将使其 Insulation 值乘以 Insulation 系数来适当确定该属性的权重。变量 b 是为所有线性回归计算添加的一个常量。以 Intercept 表示，在图 12－7 中显示为 134. 511。因此，假设某个家庭的保温密度为 5，则使用这些 Insulation 值的公式为 $y = (5 \times 3.323) + 134.511$。

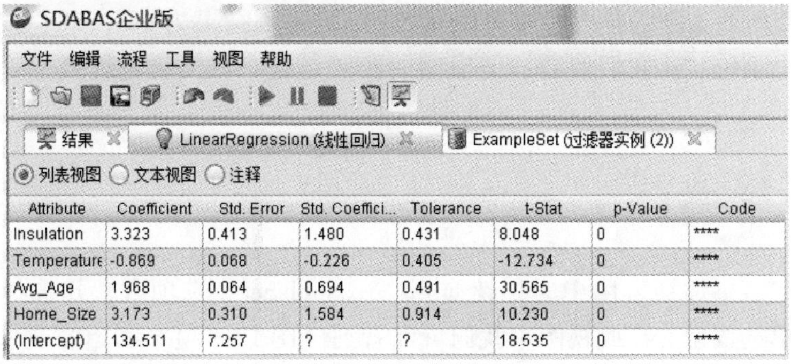

SDABAS企业版
文件　编辑　流程　工具　视图　帮助
结果　LinearRegression (线性回归)　ExampleSet (过滤器实例 (2))
列表视图　文本视图　注释

Attribute	Coefficient	Std. Error	Std. Coeffici...	Tolerance	t-Stat	p-Value	Code
Insulation	3.323	0.413	1.480	0.431	8.048	0	****
Temperature	-0.869	0.068	-0.226	0.405	-12.734	0	****
Avg_Age	1.968	0.064	0.694	0.491	30.565	0	****
Home_Size	3.173	0.310	1.584	0.914	10.230	0	****
(Intercept)	134.511	7.257	?	?	18.535	0	****

图 12－7　线性回归系数

但请稍等一下！我们有多个预测因子属性。我们要使用包含 5 个属性的组合来预测热燃油用量，但上文介绍的公式中仅使用了其中的一个。此外，图 12－7 所示的 LinearRegression 结果集选项卡中仅有 4 个预测因子变量。Num_ Occupants 怎么不见了？

对于后一个问题，是因为在此数据集中，Num_ Occupants 不是具有统计显著性的热燃油用量预测因子，所以明智商业分析系统 V3. 0 未将其用作预测因子。换言之，当明智商业分析系统 V3. 0 评估此数据集中的每个属性对训练数据集中每个家庭的热燃油用量有多大影响时，居住人数的影响微乎其微，因此在公式中的权重被设为了 0。可以解释为什么会发生这种情况的一个例子是，家中居住两个老人使用的热燃油与家中居住 5 个年轻人使用的热燃油相同。与年轻家庭相比，老年人可能洗澡所用的时间更长，并且在冬天希望使室内保持更高的温度。家中居住人数的变化并不能帮助很好地解释每个家庭的热燃油用量，因此在此模型中未被用作预测因子。

但如何回答前一个问题，即关于此模型中有多个自变量的问题？当有多个预测因子时，如何设置线性公式？可以使用以下公式。

$y = mx + mx + mx \cdots + b$。让我们举一个例子。假如我们希望使用的模型为具有以下属性的家庭预测热燃油用量：

- Insulation：6
- Temperature：67
- Avg_ Age：35.4
- Home_ Size：5

则针对此家庭的公式为：$y = (6 * 3.323) + [67 * (-0.869)] + (35.4 * 1.968) + (5 * 3.173) + 134.511$。

我们对此家庭的热燃油年订购量（y）的预测结果为 181.758，或基本上为 182 个单位。让我们查看一下模型的预测结果，以便讨论继续下一步的可能性……

12.7 部署

仍在结果透视视图中时，切换到“ExampleSet”选项卡，并选择“数据视图”单选按钮。在此视图中我们可以看到（图 12-8），明智商业分析系统 V3.0 已快速高效地预测出 Sarah 公司的每个新客户在第一年可能会使用的热燃油单位数量。此数量位于 prediction（Heating_ Oil）属性内。

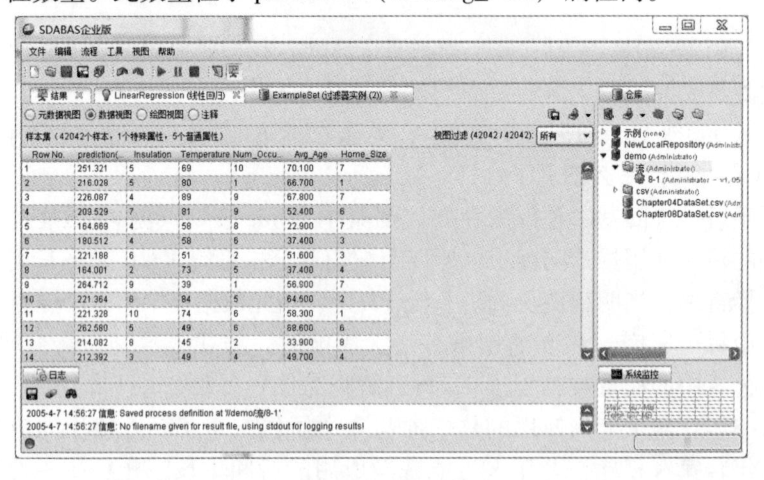

图 12-8 针对 42 042 个新客户的热燃油预测结果

让我们通过为第 1 行运行以下线性回归公式，看一下 42 042 个家庭中的第一个家庭：

$(5 * 3.323) + [69 * (-0.869)] + (70.1 * 1.968) + (7 * 3.173) + 134.511 = 251.321$。

请注意，在此公式中，我们忽略了 Num_ Occupants 属性，因为它不具有预测作用。该公式的结果与明智商业分析系统 V3.0 对该家庭的预测结果非常吻合。除了 Avg_ Age 值超出范围的家庭之外，Sarah 现在获得了针对每个新客户家庭的预测结果。Sarah 可能会如何使用这些数据？她可以首先对预测属性求和。这可让她知道公司总共需要新进多少单位的热燃油，才能满足来年的需求。这可以通过将数据导出到电子表格中并对列求和来实现，或者甚至可以在明智商业分析系统 V3.0 使用聚集操作符来实现。我们将对此进行简要介绍。

（1）切换回设计透视视图。

（2）在“操作符”选项卡中搜索聚集操作符，并将其添加到 lab 和 res 端口之间，如图 12－9 所示。虽然图中没有显示，但如果读者希望在结果透视视图中生成一个显示所有观察项及其预测结果的选项卡，可以将聚集操作符上的 ori 端口导入至 res 端口。

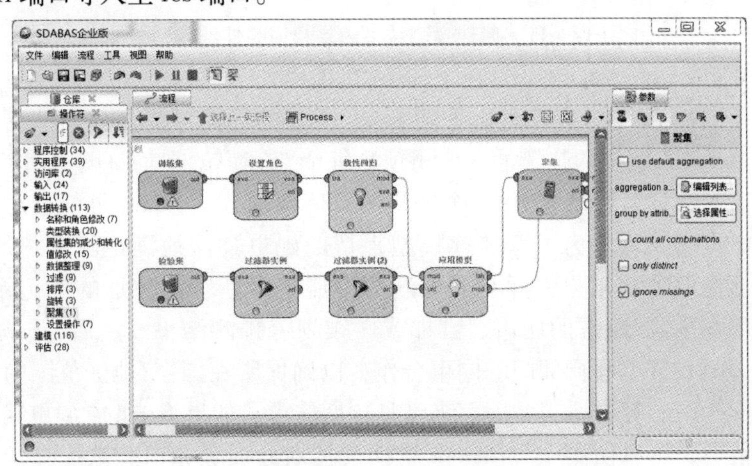

图 12－9　将聚集操作符添加到线性回归模型中

（3）单击“编辑列表”按钮。此时将显示一个类似于图 12－10 的窗口。将 prediction（Heating_ Oil）属性设置为求和属性，并将求和功能设置为“sum”。如果读者希望，还可以添加其他求和项。在图 12－10 的示例中，我们还为 prediction（Heating_ Oil）添加了一个“average”功能。

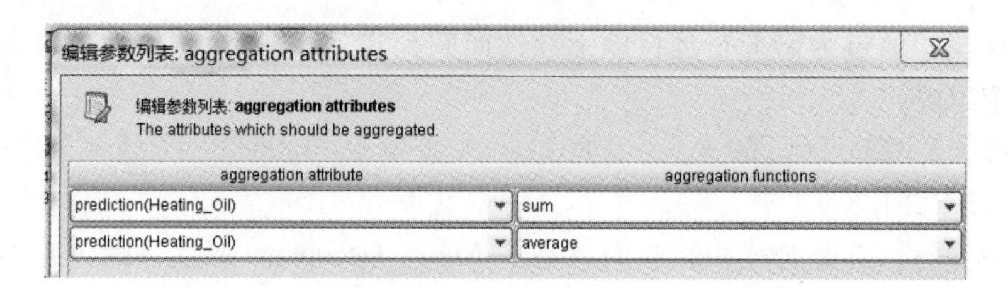

图 12－10　在明智商业分析系统 V3.0 中配置求和项

（4）对求和项感到满意后，单击“确认”返回到主流程窗口，然后运行模型。在结果透视视图中，选择“ExampleSet（聚集）”选项卡，然后选择“数据视图”单选按钮。此时将显示预测属性的总和与平均值，如图 12－11 所示。

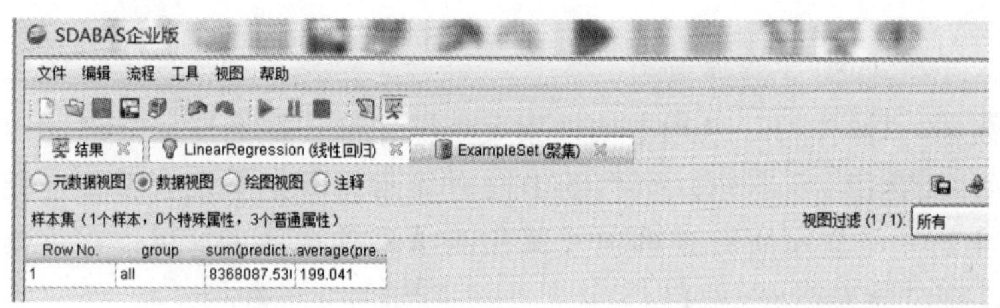

图 12－11　属性预测结果的总和说明性统计信息

从图 12－11 中，我们可以看到 Sarah 所在的公司可能会向这些新客户销售约 8 368 088 单位的热燃油。公司预测每个新客户的平均订购量将约为 200 单位。这些数据是所有 42 042 个客户的总体数据，但 Sarah 可能会对各个地区的趋势更感兴趣。为了部署此模型来帮助她更具体地满足新客户的需求，她可能会提取预测结果，并将其重新与可能包含新客户住址的源记录匹配，从而按所在国家/地区的城市、县郡或区域划分预测结果。然后，Sarah 可以与运营部门和订单履行部门的同事合作，以确保所在国家/地区范围内的区域热燃油配送中心拥有适当的库存来满足预期需求。如果 Sarah 希望更精细地分析这些数据，可以使用一个 month 属性按月划分训练和检验数据集，然后再次进行预测，以便发现用量在全年的波动情况。

12.8 章节汇总

线性回归是一种预测模型，能够使用训练和检验数据集生成数据的数字预测结果。请务必切记，线性回归要求所有属性都使用数字数据类型。它使用于计算直线斜率的代数公式来确定观察项落在检验数据中假想线的何处。它会采用统计方法评估数据集中的每个属性，以便预测目标属性。不属于强预测因子的属性会从模型中被去除。属于强预测因子的属性将被指定系数，用于确定属性在预测公式中的权重。属性值在对应训练属性值范围之内的任何观察项都可以被加入到公式中，以便预测目标属性。

计算出线性回归预测结果后，可以将这些结果进行汇总，以便确定检验数据子集的预测结果之间是否存在差异。收集到更多数据后，可以将其添加到训练数据集中，以便创建更强大的训练数据集，或将某些属性的范围扩展到包含更多的值。请务必切记，检验属性的范围必须位于训练属性的范围之内，才能确保有效预测。

第13章　逻辑回归

13.1　背景和概要说明

还记得第10章中的健康保险项目总监 Sonia 吗？她又来向我们寻求帮助了！K均值聚类项目在查找可以从她的项目中受益的人群方面为她提供了巨大帮助，因此她希望进行更多工作。这一次，她希望为有心脏病发作史的客户提供帮助。她希望帮助他们改善生活方式，包括控制体重和压力，以便降低心脏病二次发作的几率。Sonia 想知道，如果使用适当的训练数据，是否可以预测公司保单持有人出现心脏病二次发作的几率。她认为通过提供体重、胆固醇和压力控制培训班或援助组织，肯定能够为一些有心脏病发作史的保单持有人提供帮助。通过降低这些关键的心脏病发作风险因素，她公司的客户将过上更健康的生活，并且公司必须支付心脏病二次发作相关治疗费用的风险也将下降。Sonia 认为她甚至能够通过向受保人表明他们现在是风险更低的保单持有人，针对在生活的其他方面（例如寿险保费方面）节省费用的方式为他们提供培训。

13.2　了解组织

Sonia 希望扩展她的数据分析、挖掘活动，以便确定她应开发哪些类型的项目来帮助心脏病患者避免心脏病再次发作。她知道一些风险因素（例如体重、高胆固醇和压力）会增加心脏病发作的几率，尤其是对于有心脏病发作史的人更是如此。她还知道提供开发的项目来帮助缓减这些风险所需的费用远远低于为有多次心脏病发作史的患者提供医疗护理所需的费用。说服她所在的公司资助开展这些项目非常容易，要找出哪些患者将受益于这些项目则有些棘手。她希望我们能够根据数据分析、挖掘为她提供一些指导，以便确定哪些患者是参加这些项目的合适人选。Sonia 的目标是她希望知道某件事情（心脏病二次发作）是否可能会发生，如果答案是肯定的，将会发生或不会发生的几率是多少。逻辑回归是一种绝佳的工具，能够预测某件事情发生或不会发生的几率。

13.3　了解数据

Sonia 能够访问公司的医疗索赔数据库，从而能够为我们生成两个数据集。第一个数据集是由有心脏病发作史的人员组成的列表，其中有一个属性用于表示他们是否有多次心脏病发作史。第二个数据集是由只有一次心脏病发作史的人员组成的列表。前一个数据表（包含 138 个观察项）将用作训练数据，后一个数据表（包含 690 个人的数据）将用于检验。Sonia 希望能够帮助后一组人避免心脏病二次发作。在编制这两个数据集时，我们定义了以下属性。

➢ Age：相应人员的年龄（按四舍五入的方式精确到整数）。

➢ Marital_ Status：相应人员当前的婚姻状况，用以下编号表示：0——一直单身；1——已婚；2——离异；3——丧偶。

➢ Gender：相应人员的性别：0 表示女性；1 表示男性。

➢ Weight_ Category：将相应人员的体重按以下三个级别分类：0 表示正常；1 表示超重；2 表示肥胖。

➢ Cholesterol：相应人员的胆固醇水平，是在治疗最近一次心脏病发作时记录下来的（对于检验数据集中的人员，是在治疗仅有的一次心脏病发作时记录下来的）。

➢ Stress_ Management：一个二元属性，用于表示相应人员先前是否曾参加过压力控制课程：0 表示没有参加过；1 表示参加过。

➢ Trait_ Anxiety：一个介于 0～100 之间的评分，用于衡量每个人的自然压力水平和应对压力的能力。两个数据集中的每个人在第一次心脏病发作恢复后不久，都接受了一项标准的自然焦虑水平测试。他们的得分被编制成表，并按 5 分的增量记录在此属性中。0 分表示相应人员在任何情况下都从未感到焦虑、压力或紧张，100 分则表示相应人员生活在持续高度焦虑的状况下，并且无法处理自己所面临的情况。

➢ 2nd_ Heart_ Attack：该属性仅在训练数据集中存在。它将是我们的标签，即预测或目标属性。在训练数据集中，该属性被设置为“Yes”（对于有二次心脏病发作史的人员）和“No”（对于没有二次心脏病发作史的人员）。

13.4 数据准备

完成以下步骤。

（1）导入训练数据集。该流程的大部分内容将与前面章节中进行的操作相同，但对于逻辑回归，则存在一些细微的差异。请务必将第一行设置为属性名称。在第4步中设置数据类型和属性角色时，读者需要进行至少一项更改。请务必将2nd_ Heart_ Attack属性的数据类型设置为“nominal”。虽然它是一个内容为yes/no的字段，并且明智商业分析系统V3.0会因此将其默认为binominal类型，但在建模阶段将使用的逻辑回归操作符需要标签为nominal类型。明智商业分析系统V3.0未提供binominal转换为nominal或integer转换为nominal的操作符，因此我们需要在导入时将此目标属性设置为所需的数据类型“nominal”，如图13－1所示。

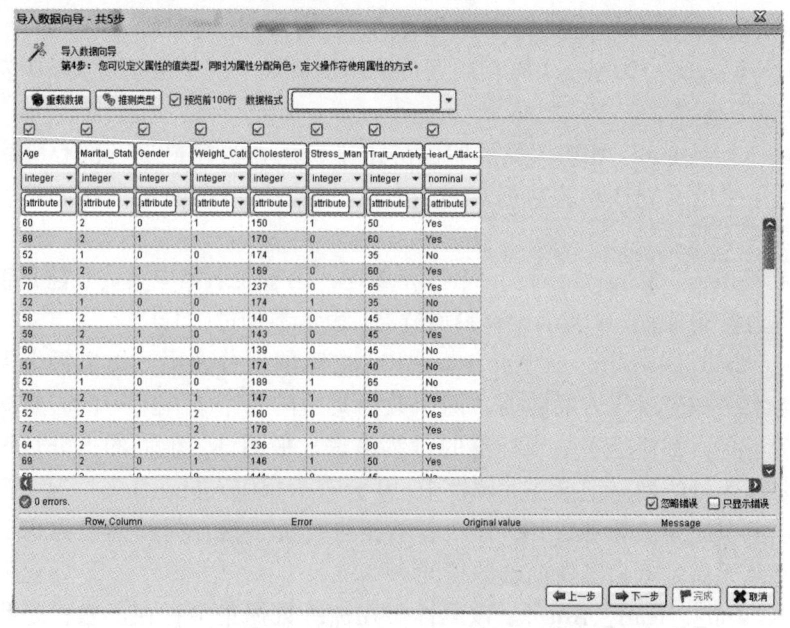

图13－1 在导入期间将2nd_ Heart_ Attack属性的数据类型设置为“nominal”

（2）此时，如果读者希望的话，还可以将2nd_ Heart_ Attack属性的角色更改为“label”。在图13－1中，我们没有进行此项操作，因此后面在准备数据时，我们将在流中添加一个设置角色操作符。

（3）为训练数据完成数据导入流程，然后将该数据集拖放到新的空白主流程中。将该数据集的检索操作符重命名为训练集。

（4）现在请导入检验数据集。请务必确保所有属性的数据类型均为“integer”。这应该是默认类型，但也可能不是，因此请仔细检查。因为 2nd_ Heart_ Attack 属性未包含在检验数据集中，所以不需要担心是否要像在第 1 步中那样对其进行更改。完成导入流程，将检验数据集拖放到主流程中，并将该数据集的检索操作符重命名为检验集。模型目前看起来应类似于图 13 -2。

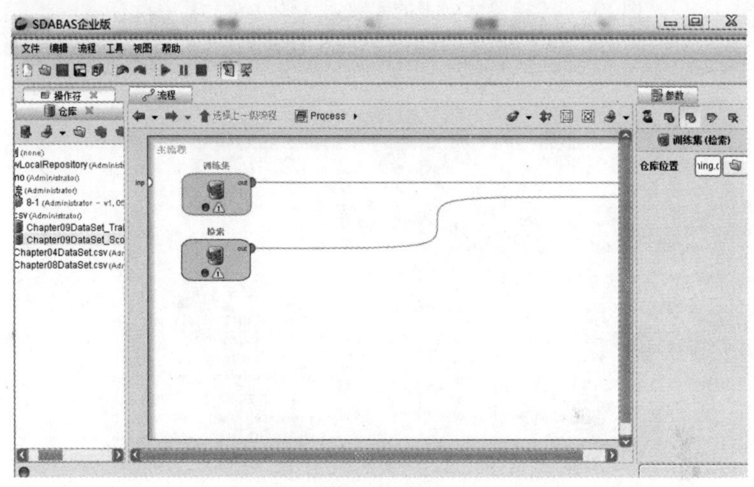

图 13 -2　位于明智商业分析系统 V3.0 内新主流程窗口中的训练和检验数据集

（5）运行模型，并在检验和训练结果集选项卡（分别对应于图 13 -3 和图 13 -4）之间比较所有属性的范围。读者应发现他们的范围是相同的。与使用线性回归时一样，检验值必须全部介于由训练数据集中对应的值设定的上限和下限之间。在图 13 -3 和图 13 -4 中我们可以看到此处就是这种情况，因此我们的数据非常干净，在从 Sonia 的源数据库中提取时便已准备好，我们不需要进行进一步的数据准备工作来过滤掉值不一致的观察项或修改缺失的值。

请注意，所有检验范围都在所有训练范围之内。

（6）切换回设计透视视图，并将设置角色操作符添加到训练流中。切记如果读者在导入期间已将 2nd_ Heart_ Attack 指定为 label 角色，此时将不需

SDABAS企业版

文件 编辑 流程 工具 视图 帮助

结果 | ExampleSet (检索) | ExampleSet (训练集)

元数据视图 数据视图 绘图视图 注释

样本集（690个样本，0个特殊属性，7个普通属性）

角色	名称	类型	统计	范围	缺失
regular	Age	integer	avg = 62.932 +/- 7.899	[42.000 ; 81.000]	0
regular	Marital_Status	integer	avg = 1.696 +/- 0.822	[0.000 ; 3.000]	0
regular	Gender	integer	avg = 0.623 +/- 0.485	[0.000 ; 1.000]	0
regular	Weight_Category	integer	avg = 0.920 +/- 0.763	[0.000 ; 2.000]	0
regular	Cholesterol	integer	avg = 178.265 +/- 32.2	[122.000 ; 239.000]	0
regular	Stress_Management	integer	avg = 0.457 +/- 0.498	[0.000 ; 1.000]	0
regular	Trait_Anxiety	integer	avg = 55.435 +/- 12.33	[35.000 ; 80.000]	0

图 13－3　检验数据集的元数据（请注意，其中没有 2nd_ Heart_ Attack 属性）

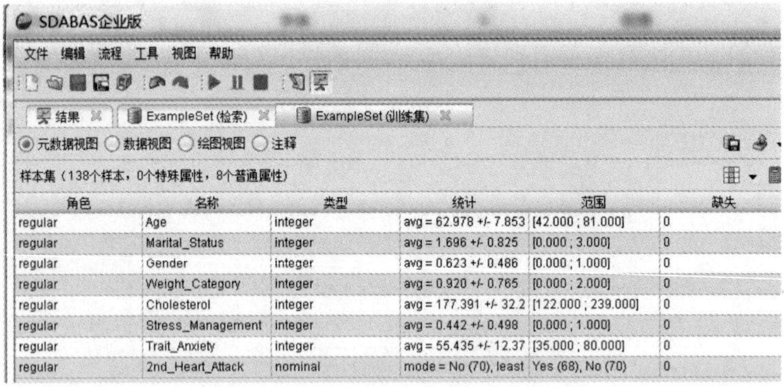

SDABAS企业版

文件 编辑 流程 工具 视图 帮助

结果 | ExampleSet (检索) | ExampleSet (训练集)

元数据视图 数据视图 绘图视图 注释

样本集（138个样本，0个特殊属性，8个普通属性）

角色	名称	类型	统计	范围	缺失
regular	Age	integer	avg = 62.978 +/- 7.853	[42.000 ; 81.000]	0
regular	Marital_Status	integer	avg = 1.696 +/- 0.825	[0.000 ; 3.000]	0
regular	Gender	integer	avg = 0.623 +/- 0.486	[0.000 ; 1.000]	0
regular	Weight_Category	integer	avg = 0.920 +/- 0.765	[0.000 ; 2.000]	0
regular	Cholesterol	integer	avg = 177.391 +/- 32.2	[122.000 ; 239.000]	0
regular	Stress_Management	integer	avg = 0.442 +/- 0.498	[0.000 ; 1.000]	0
regular	Trait_Anxiety	integer	avg = 55.435 +/- 12.37	[35.000 ; 80.000]	0
regular	2nd_Heart_Attack	nominal	mode = No (70), least	Yes (68), No (70)	0

图 13－4　训练数据集的元数据（存在 2nd_ Heart_ Attack 属性，且数据类型为“nominal”）

要添加设置角色操作符。在本书的示例中我们没有这么做，所以我们需要使用该操作符将 2nd_ Heart_ Attack 指定为标签，即目标属性。

设置标签属性后，即可开始下一步……

13.5　建模

（1）使用“操作符”选项卡中的搜索字段找到 Logistic Regressio 操作符。读者将看到如果只搜索“logistic”（如图 13－6 所示），明智商业分析系统 V3.0 中有多种不同的逻辑和逻辑回归操作符可供使用。在本例中我们将使用第一个操作符，但读者可以随意试用其他操作符。将逻辑回归操作符拖动到训练流中。

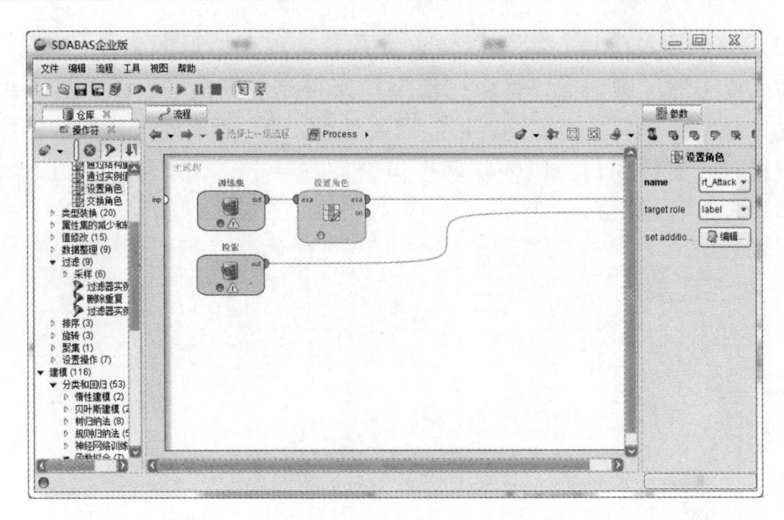

图 13 - 5　在准备逻辑回归挖掘的过程中配置
2nd_ Heart_ Attack 属性的角色

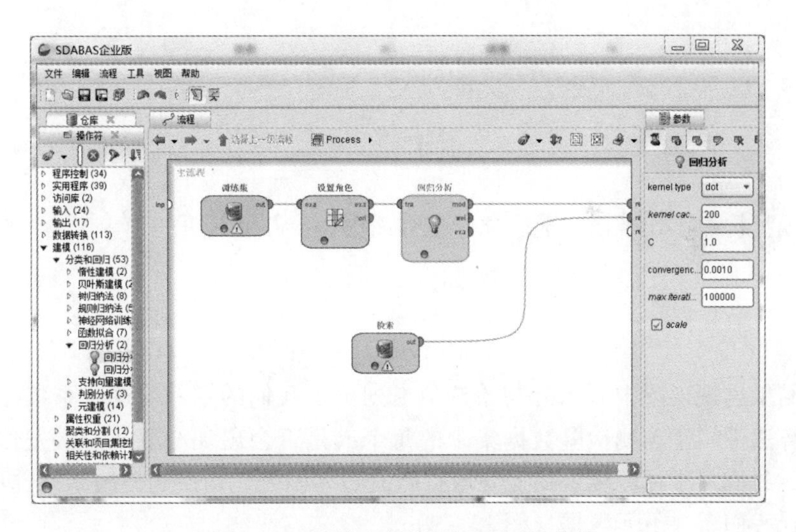

图 13 - 6　训练流中的逻辑回归 操作符

（2）Logistic Regression 操作符将采用与线性回归操作符大体相同的方式，生成每个预测因子属性的系数。如果读者希望看到这些内容，可以立即运行模型。逻辑回归的代数公式与线性回归的代数公式不同，并且要复杂一些。我们不再计算直线的斜率，而是尝试确定观察项落在数据集中未妥善定义的弯曲假想线上给定点的概率。该公式中将使用针对逻辑回归的系数。

（3）如果读者已运行模型以便查看系数，现在请返回到设计透视视图。与在前几章中的示例一样，将应用模型操作符添加到流中，以便将训练和检验数据集合并在一起。切记读者可能需要像在第 11 章建模中所做的一样，断开并重新导入某些端口，以便将两个流合并在一起。请务必确保 lab 和 mod 端口均导入至 res 端口。

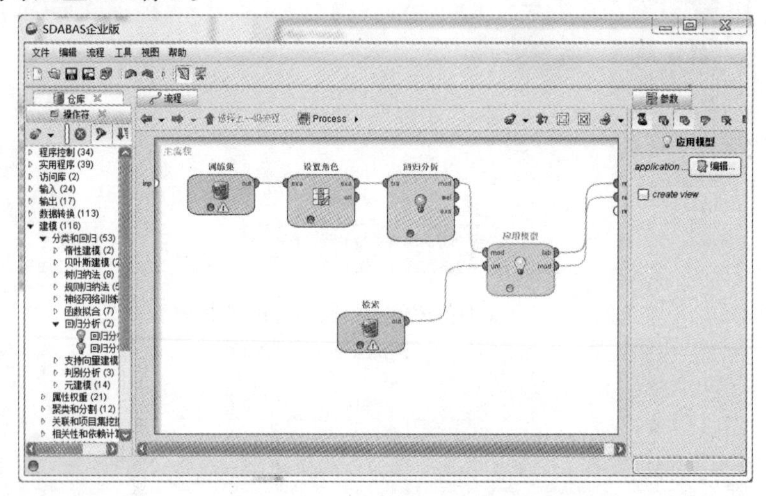

图 13－7　对检验数据集应用模型

模型构建工作现已完成。立即运行该模型，并继续下一步。

13.6 评估

结果透视视图中所示的初始选项卡列出了我们的系数。这些系数在逻辑回归算法中用于预测检验数据集中的每个人是否会出现心脏病二次发作，如果会，我们对于预测结果将变为现实的信心有多大。切换到检验结果选项卡。首先让我们看一下元数据（图 13－9）。

在此图中，我们可以看到明智商业分析系统 V3.0 生成了 3 个新属性，即 confidence（Yes）、confidence（No）和 prediction（2nd_ Heart_ Attack）。在 Statistics 列中，我们发现在 690 个人中，我们预测不会和将会出现心脏病二次发作的人数分别为 357 人和 333 人。Sonia 希望她可以让这 333 人（或许还有 357 人中预测结果为“No”的置信率水平较低的一些人）参加她的项目，以便改善他们的健康状况，进而降低心脏病再次发作的几率。让我们切换到“数据视图”。

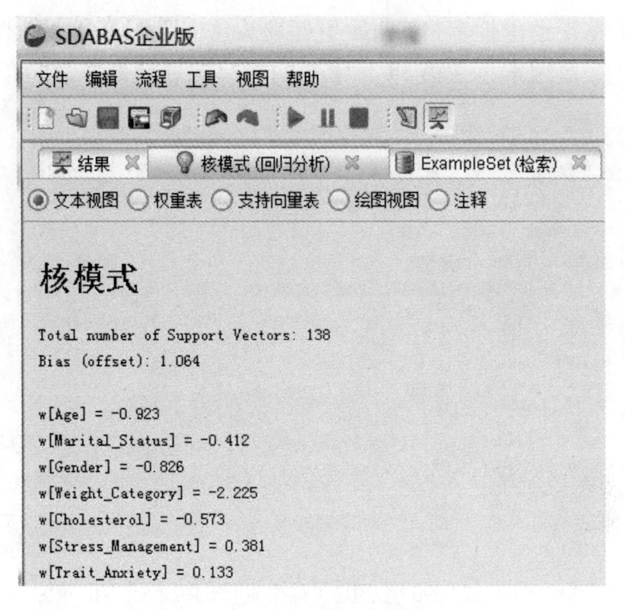

图 13 - 8　每个预测因子属性的系数

SDABAS企业版

文件 编辑 流程 工具 视图 帮助

结果　核模式 (回归分析)　ExampleSet (检索)

元数据视图　数据视图　绘图视图　注释

样本集（690个样本，3个特殊属性，7个普通属性）

角色	名称	类型	统计	范围	缺失
confidence_Yes	confidence(Yes)	real	avg = 0.473 +/- 0.420	[0.000 ; 0.996]	0
confidence_No	confidence(No)	real	avg = 0.527 +/- 0.420	[0.004 ; 1.000]	0
prediction	prediction(2nd_Heart_	nominal	mode = No (357), leas	Yes (333), No (357)	0
regular	Age	integer	avg = 62.932 +/- 7.899	[42.000 ; 81.000]	0
regular	Marital_Status	integer	avg = 1.696 +/- 0.822	[0.000 ; 3.000]	0
regular	Gender	integer	avg = 0.623 +/- 0.485	[0.000 ; 1.000]	0
regular	Weight_Category	integer	avg = 0.920 +/- 0.763	[0.000 ; 2.000]	0
regular	Cholesterol	integer	avg = 178.265 +/- 32.2	[122.000 ; 239.000]	0
regular	Stress_Management	integer	avg = 0.457 +/- 0.498	[0.000 ; 1.000]	0
regular	Trait_Anxiety	integer	avg = 55.435 +/- 12.33	[35.000 ; 80.000]	0

图 13 - 9　检验预测结果的元数据

在图 13 - 10 中，我们可以看到每个人都获得了一个为“No”（不会出现心脏病二次发作）或“Yes”（将会出现心脏病二次发作）的评估结果。在评估的这一环节请务必切记，如果这是真实的，而非教科书中的示例，则这些将是真实的人，有自己的名称、家庭和生活。没错，我们确实是在使用数据来评估他们的健康状况，但我们不应像对待数字一样对待这些人。但愿我们的工作和分析将帮助虚构客户 Sonia 更好地为这些人服务。在挖掘数据时，我们应时刻谨记人员因素，在第 14 章中我们将对此进行更详细的介绍。

SDABAS企业版

文件 编辑 流程 工具 视图 帮助

结果 | 核模式 (回归分析) | ExampleSet (检索)

○元数据视图 ◉数据视图 ○绘图视图 ○注释

样本集（690个样本，3个特殊属性，7个普通属性） 视图过滤 (690 / 690): 所有

Row No.	confidence(...	confidence(...	prediction(2...	Age	Marital_Stat...	Gender	Weight_Cat...	Cholesterol	Stress_Man...
1	0.139	0.861	No	61	0	1	1	139	1
2	0.937	0.063	Yes	55	2	1	2	163	0
3	0.275	0.725	No	53	1	1	1	172	0
4	0.952	0.048	Yes	58	1	1	2	206	0
5	0.367	0.633	No	62	2	1	1	148	1
6	0.026	0.974	No	70	1	0	0	172	0
7	0.002	0.998	No	52	1	0	0	171	1
8	0.211	0.789	No	50	1	1	1	172	0
9	0.756	0.244	Yes	67	2	1	1	172	0
10	0.326	0.674	No	62	1	1	1	166	1
11	0.992	0.008	Yes	66	2	1	2	220	0
12	0.030	0.970	No	56	2	1	0	141	0
13	0.988	0.012	Yes	77	2	1	2	181	1

图 13－10 对 690 名心脏病首次发作的患者进行的预测

我们已经预测出检验数据集中的有些人将会出现心脏病二次发作，其他人则不会，但我们对这些预测结果的信心有多大？confidence（Yes）和 confidence（No）属性可以帮助我们解答这个问题。首先，让我们只考虑第 1 行中的人，这是一个一直单身的 61 岁男士。他被归类为超重，但胆固醇水平低于平均值（图 13－9 的元数据中显示的平均值为略高于 178）。他在焦虑水平测试中的评分正好为中间值 50 分，并且曾参加过压力控制课程。通过使用这些个人属性，并与训练数据中的属性进行比较，模型得出“No”预测结果正确的置信率水平为 86.1%。这使得我们对预测结果的怀疑程度为 13.9%。“No”和“Yes”值的和将始终等于 1，即 100%。对于数据集中的每个人，其属性都会被馈入到逻辑回归模型中，以便计算预测结果和置信率。

让我们以图 13－10 中的另一个人为例。请看一下第 11 行，这是一个已离异的 66 岁男士。他的每个属性都高于平均值。尽管他不像数据集中的某些人那样老，但会越来越老，并且他还存在肥胖问题。他的胆固醇水平在数据集中处于最高位，焦虑水平测试得分高于平均水平，并且未曾参加过压力控制课程。我们预测此人将会出现心脏病二次发作，并且置信率为 99.2%。结果中显示有警告符号，Sonia 现在可以非常轻松地看到。了解了如何查看输出后，Sonia 可以继续下一步……

13.7　部署

对于第 11 行中的这个人，很明显 Sonia 应立即联络这位男士，并在各方面为其提供帮助。她可能希望帮助他找一家减肥援助组织（例如 Overeaters Anonymous）、提供有过如何处理离婚和/或压力方面的信息，以及鼓励他与医生合作，以便通过节食（或许还要辅之以医疗）更好地调节胆固醇水平。在 690 人中，可能有一些人明显需要特定帮助。单击两次属性名称 confidence（Yes）。在明智商业分析系统 V3.0 结果透视视图中单击某个列标题（属性名称）将按该属性对数据集进行排序。单击一次将按升序排序，第二次单击将按降序重新排序，第三次单击可使数据集返回到原来的状态。图 13－11 显示了按 confidence（Yes）属性降序排序的结果。

SDABAS企业版
文件 编辑 流程 工具 视图 帮助
结果 | 核模式 (回归分析) | ExampleSet (检索)
元数据视图 数据视图 绘图视图 注释
样本集（690个样本，3个特殊属性，7个普通属性）　视图过滤 (690 / 690): 所有

Row No.	confidence(Yes)	confidence(No)	prediction(2...	Age	Marital_Stat...	Gender	Weight_Cat...	Cholesterol	St
677	0.996	0.004	Yes	76	3	1	2	174	0
433	0.995	0.005	Yes	74	3	1	2	177	0
605	0.995	0.005	Yes	74	3	1	2	175	0
474	0.995	0.005	Yes	73	3	1	2	181	0
687	0.994	0.006	Yes	73	3	1	2	177	0
633	0.994	0.006	Yes	69	2	1	2	221	0
436	0.993	0.007	Yes	67	2	1	2	223	0
408	0.993	0.007	Yes	67	2	1	2	222	0
141	0.992	0.008	Yes	66	2	1	2	224	0
170	0.992	0.008	Yes	66	2	1	2	223	0
308	0.992	0.008	Yes	66	2	1	2	223	0
483	0.992	0.008	Yes	66	2	1	2	223	0
189	0.992	0.008	Yes	66	2	1	2	222	0

图 13－11　按 confidence（Yes）降序排序的结果（单击两次属性名称）

如果读者从第一条记录（第 667 行）开始向下一直数到 confidence（Yes）值为 0.950 的记录，读者会发现数据集中共有 140 个人存在心脏病再次发作风险的置信率为 95% 或更高（其中不包含“Yes”列中置信率为 0.949 的人）。其中有些人很容易被注意到。读者可能注意到其中许多人都已离异，但也有些人是丧偶。以任何方式失去配偶都是非常令人难过的，因此或许 Sonia 可以首先提供更多旨在为此类人员提供援助的项目。在这些人中，大多数人都存在肥胖问题且胆固醇水平高于 200，并且没有人曾参加过压力控制课程。Sonia 有多种机会为这些人提供帮助，并且她可能会为这些人提供参加多个项目的机会，或制定一个全面改善身体和心理健康的项目。因为其中许多人有

如此多共同的高风险特征，因此或许可以找到一个绝佳的方式来为他们成立援助组织。

但数据集中还有一些人也可能需要帮助，但不是如此明显，并且或许只需要一两个方面的帮助。第三次单击 confidence（yes），使结果数据返回到原来的状态（按行号排序）。现在，请向下滚动，直到找到第 95 行（图 13－12 中亮显的行）。请注意此人的属性。

接下来找到第 554 行（图 13－13）。

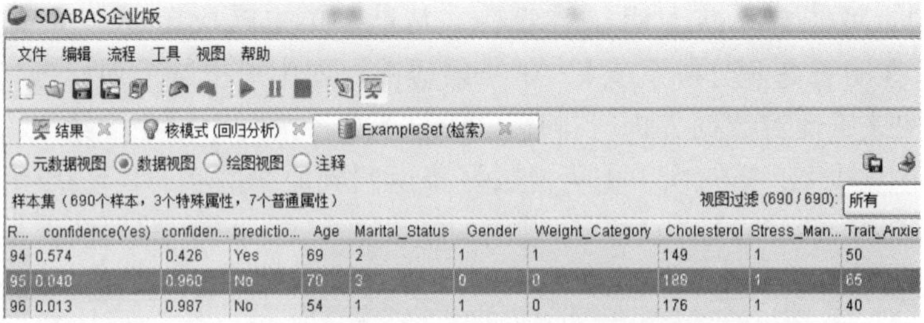

SDABAS企业版

文件 编辑 流程 工具 视图 帮助

结果 核模式（回归分析） ExampleSet（检索）

元数据视图 数据视图 绘图视图 注释

样本集（690个样本，3个特殊属性，7个普通属性） 视图过滤（690 / 690）：所有

R...	confidence(Yes)	confiden...	predictio...	Age	Marital_Status	Gender	Weight_Category	Cholesterol	Stress_Man...	Trait_Anxie
94	0.574	0.426	Yes	69	2	1	1	149	1	50
95	0.040	0.960	No	70	3	0	0	188	1	65
96	0.013	0.987	No	54	1	1	0	176	1	40

图 13－12　查看类似但具有不同风险水平的两人中的第一个人

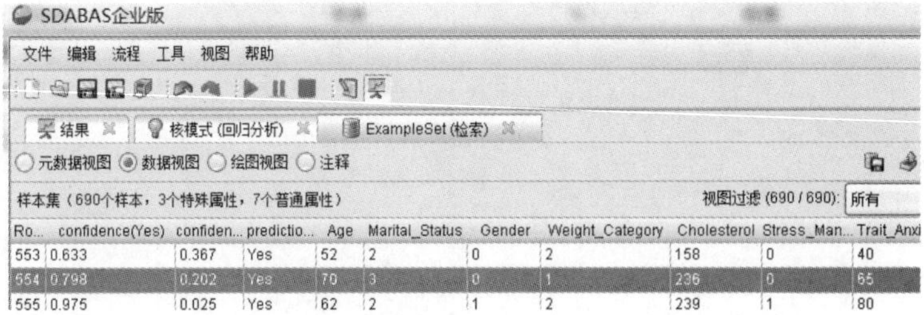

SDABAS企业版

文件 编辑 流程 工具 视图 帮助

结果 核模式（回归分析） ExampleSet（检索）

元数据视图 数据视图 绘图视图 注释

样本集（690个样本，3个特殊属性，7个普通属性） 视图过滤（690 / 690）：所有

Ro...	confidence(Yes)	confiden...	predictio...	Age	Marital_Status	Gender	Weight_Category	Cholesterol	Stress_Man...	Trait_Anxi
553	0.633	0.367	Yes	52	2	0	2	158	0	40
554	0.798	0.202	Yes	70	3	0	1	236	0	65
555	0.975	0.025	Yes	62	2	1	2	239	1	80

图 13－13　类似但具有不同风险水平的两人中的第二个人

第 95 行和第 554 行中的两人有许多共同之处。首先，她们都是因为有心脏病发作史而被包含在此数据集中。她们都是 70 岁的丧偶女士。她们的焦虑水平测试得分都是 65 分。但我们却预测第一个人不会出现心脏病再次发作的置信率为 96%，另一个人将会出现心脏病再次发作的置信率几乎为 80%。即使她们的体重类别相似，但超重无疑增加了第二位女士出现心脏病再次发作的风险。但在比较这两位女士时，真正明显的区别是第二位女士的胆固醇水平几乎达到了该数据集中范围的上限（图 13－9 中所示的上限为 239），并且未曾参加过压力控制课程。或许 Sonia 可以使用此类比较来帮助这位女士了解她可以多么显著地降低心脏病再次发作的几率。Sonia 基本上可以这样说："有些和你非常像的女士心脏病再次发作的几率几乎为零。通过降低胆固醇水平、

学习控制压力，或许还有将体重减到更接近正常水平，你几乎可以消除心脏病再次发作的风险。”接下来，Sonia 可以为这位女士提供专门针对控制胆固醇水平、体重或压力的特定项目。

13.8 章节汇总

逻辑回归是一种绝佳的方式，能够预测某件事情是否会发生，以及我们对此类预测结果的信心有多大。它会考虑多种数字属性，然后使用训练数据集中的这些属性预测在可比较的检验数据集中可能出现的结果。逻辑回归使用 nominal 类型的目标属性（在明智商业分析系统 V3.0 中称为标签）将检验数据集中的观察项按可能出现的结果分类。

与线性回归一样，检验数据的范围必须在对应的训练数据范围之内。如果没有此类限制，对检验数据集中的观察项作出的推断将是不安全且不合理的，因为训练数据中没有可比较的观察项为检验推断提供依据。但在这些限制范围内使用时，逻辑回归可以帮助我们快速轻松地预测数据集中某些现象的结果，并确定我们对于该预测的准确性有多大的信心。

第 14 章　决策树

14.1　背景和概要说明

Richard 在一家大型网上零售公司工作。他所在的公司即将推出下一代电子阅读器，并希望最大限度地提高营销活动的有效性。他们有许多客户，其中有些客户购买过公司前几代电子阅读器中的其中一款产品。Richard 注意到，在公司推出前一代产品时，有些人非常急于获得该产品，而其他人则似乎愿意等着过一段时间再购买。他想知道是什么促使一些人在产品推出时立即抢购，而其他人的购买动力则要差一些。

Richard 所在的公司通过庞大的网站为新款电子阅读器提供特定产品和服务，借此推动这款电子阅读器的销售——例如，电子阅读器拥有者可以使用公司网站购买数字杂志、报纸、书籍、音乐等。公司还销售数以千计其他类型的产品，例如传统的印刷书籍以及各种电子产品。Richard 相信通过挖掘与公司网站上的一般消费者行为有关的客户数据，他将能够确定哪些客户将最早购买新款电子阅读器，哪些客户次之，以及哪些客户将等着过一段时间再购买。他希望通过预测客户何时准备好购买下一代电子阅读器，能够确定针对最有可能响应广告和促销活动的人员进行营销的时间。

14.2　了解组织

Richard 不仅希望能够预测购买行为发生的时间，还希望能够了解客户在公司网站上的行为如何表明购买新电子阅读器的时间。Richard 研究了学者和社会学家埃弗雷特·罗杰斯在 20 世纪 60 年代率先发表的经典扩散理论。罗杰斯推测新技术或创新的采用倾向于遵循“S”形曲线，即最先采用这些技术的是由最具魄力和创新精神的客户组成的一小群人，然后是由中间主体采用者组成的一大群人，再然后是由晚期采用者组成的一小群人（图 14-1）。

位于曲线前面的是最先希望获得并购买这些技术的一小群人。我们中的

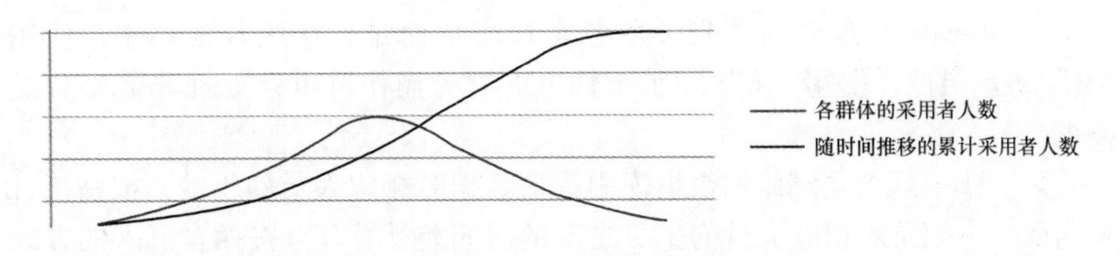

图 14-1　埃弗雷特·罗杰斯的创新采用理论

大多数人将属于中间 70%～80% 的最终将获得这些技术的人。曲线右侧末下端是最终将采用的落后者。想一想 DVD 播放器和手机遵循这条曲线的情况。

了解了罗杰斯的理论后，Richard 相信他可以将公司的客户按以下四个最终将购买新款电子阅读器的群体进行分类：创新者、早期采用者、早期主体采用者或晚期主体采用者。这些群体符合罗杰斯在技术创新传播方面的社会采用理论以及 Richard 对于公司前一代产品采用速度的非正式观察。他希望通过观察客户在公司网站上的活动，可以大概预测每个人最有可能购买电子阅读器的时间。他认为数据分析、挖掘可以帮助他确定哪些活动是用于预测客户将归于哪个类别的最佳预测因子。知道这一点后，他可以确定根据购买可能性针对每个客户进行营销的时间。

14.3　了解数据

Richard 请我们帮助他开展该项目。我们决定使用决策树模型来找出用于预测购买行为的有效预测因子。因为 Richard 所在的公司通过网站开展所有业务，所以拥有一个丰富的数据集，其中包含每个客户的信息，例如他们最近浏览的是什么产品，以及他们已实际购买什么产品。他为我们准备了两个数据集。训练数据集包含已购买公司前一代阅读器的客户在公司网站上的活动，以及他们购买阅读器的时间。第二个数据集包含 Richard 希望其购买新款电子阅读器的当前客户的属性。他希望根据训练数据集中所包含人员的特征和购买时间，确定检验数据集中的每个人将归于哪个采用者类别。

在分析数据集时，Richard 发现客户在数字媒体和书籍方面的活动，以及在公司网站上所销售电子产品方面的一般活动，都同人们在购买电子阅读器时的活动有许多共同之处。在牢记这一点的情况下，我们和 Richard 合作编制了包含以下属性的数据集。

➢ User_ ID：为在公司网站上拥有账户的每个人指定的具有唯一性的数字识别码。

➢ Gender：客户的性别，参考客户账户而定。在此数据集中，使用“M”表示男性，使用“F”表示女性。决策树操作符可以处理非数字数据类型。

➢ Age：从公司网站的数据库中提取数据时相应人员的年龄。按系统日期与账户中记录的相应人员的生日之间的时间差计算，并按四舍五入的方式精确到整数。

➢ Marital_ Status：账户中记录的相应人员的婚姻状况。在账户中表示自己已婚的人员在数据集中被输入为“M”。由于公司网站没有区分人员的单身类型，因此离异与丧偶的人士同一直单身的人士被归为了一类（在数据集中使用“S”表示）。

➢ Website_ Activity：该属性用于表示每个客户在公司网站上的活跃程度。通过与 Richard 合作，我们使用公司网站数据库中记录每个客户访问公司网站时持续时间的信息，来计算客户使用公司网站的频度和每次的持续时间。然后这会转换为以下其中一个类别：很少访问、定期访问或频繁访问。

➢ Browsed_ Electronics_ 12Mo：一个内容为 Yes/No 的列，用于表示相应人员在过去的一年中是否曾在公司网站上浏览电子产品。

➢ Bought_ Electronics_ 12Mo：另一个内容为 Yes/No 的列，用于表示他们在过去的一年中是否曾通过 Richard 公司的网站购买电子产品。

➢ Bought_ Digital_ Media_ 18Mo：一个内容为 Yes/No 的字段，用于表示相应人员在过去的一年半中是否曾购买过某种形式的数字媒体（例如 MP3 音乐）。该属性不包括购买数字书籍。

➢ Bought_ Digital_ Books：Richard 认为，作为与公司新款电子阅读器相关的购买行为指标，该属性有可能是最佳指标。因此，我们将该属性与购买其他类型的数字媒体区分开来。此外，该属性用于表示客户是否曾购买过数字书籍，而不仅仅只限于过去一年左右的时间。

➢ Payment_ Method：表示相应人员的付款方式。如果相应人员曾采用多种方式付款，则使用众值，或最常使用的付款方式。该属性有以下 4 个选项：

①银行转账——通过电子支票或其他电汇形式由银行直接向公司付款。

②网站账户——客户在其账户中设置了一个信用卡或永久性电子资金转账，以便在购物时直接通过账户划拨。

③信用卡——相应人员每次通过公司网站购物时，都输入信用卡卡号和授权码。

④月结账单——相应人员会定期购物，并会收到纸质或电子账单稍后通过邮寄支票或通过公司网站付款系统支付。

➢ eReader_ Adoption：该属性仅在训练数据集中存在。其中包含与购买前一代电子阅读器的客户有关的数据。在产品发布后一周内购买的人员在此属性中被记录为“创新者”。在第一周之后但在第二到第三周之内购买的人员被输入为“早期采用者”。在第三周之后但在前两个月之内购买的人员为“早期主体采用者”。在前两个月之后购买的人员为“晚期主体采用者”。将训练数据应用于检验数据时，此属性将用作标签。

有了 Richard 的数据并了解其涵义后，即可继续下一步……

14.4　数据准备

请完成以下步骤。

(1) 将这两个数据集导入到明智商业分析系统 V3.0 存储库中。读者无需担心属性数据类型，因为决策树操作符可以处理各种类型的数据。请务必确保在导入时将每个数据集的第一行指定为属性名称。使用描述性名称将它们保存在存储库中，以便能够区分它们。

(2) 将这两个数据集拖放到新的主流程窗口中。将检索对象分别重命名为训练集和检验集。运行模型，以便查看数据并熟悉各个属性。

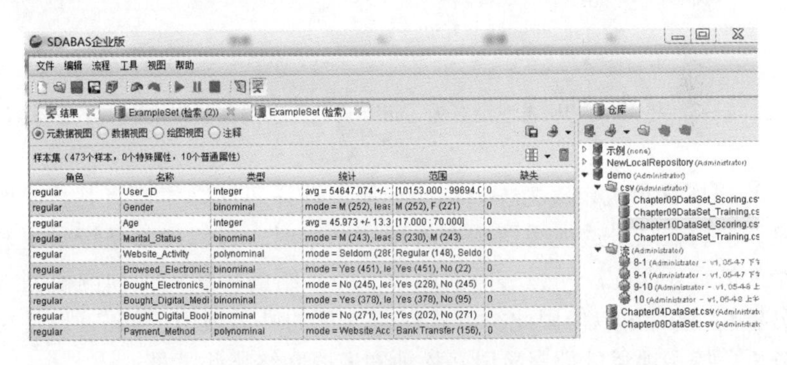

图 14－2　检验集元数据视图

(3) 切换回设计透视视图。尽管数据集中没有缺失或明显不一致的值，但仍有一些数据准备工作要做。首先，User_ ID 是为每个客户随意指定的值。客户不使用此值进行任何工作，它只是用于唯一识别数据集中的每个客户。它与每个人员的购买和技术采用趋势没有任何关联，也不能以任何方式预测该趋势。因此，它不应作为自变量包含在模型中。

我们可以使用两种方式来处理该属性。首先，我们可以使用选择属性操作符移除该属性，如第7章中所述。或者，我们可以尝试采用一种新的非预测属性处理方式。这种方式使用设置角色操作符来实现。使用“操作符”选项卡中的搜索字段找到设置角色 操作符，并将其添加到训练和检验流中。在屏幕右侧的“参数”区域，将 User_ ID 属性的角色设置为“id”。这会使该属性在整个建模过程中都保留在数据集中，但不会被视为标签属性的预测因子。请务必对训练和检验数据集都执行此项操作，因为在这两个数据集中都发现了 User_ ID 属性（图 14 –3）。

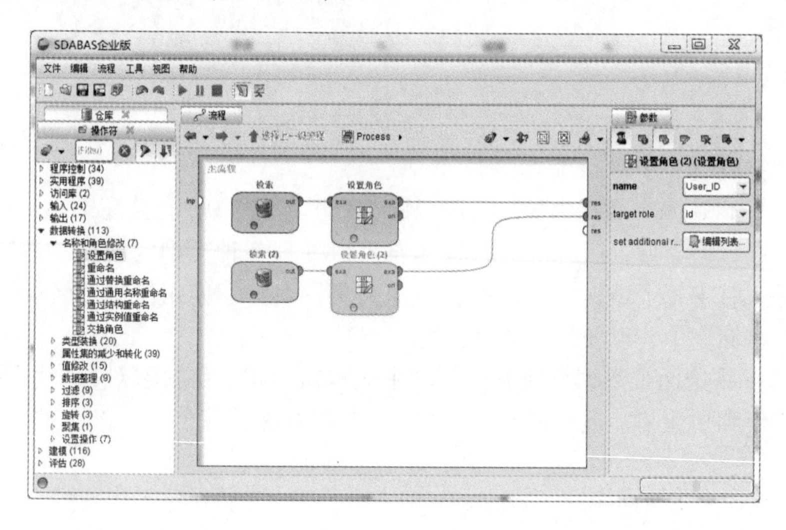

图 14 –3　将 User_ ID 属性设置为“id”角色，以便在预测模型中不予考虑

（4）将属性角色设置为“id”而非使用选择属性操作符将其移除的一个好处是，稍后在结果透视视图中查看预测结果时，可以使每条记录更轻松地与每个人员重新匹配。回想一下前面章节中介绍的一些其他预测模型（例如判别分析），读者可以使用此类方式保留人员的姓名或 ID 号码，以便可以在数据分析、挖掘项目的部署阶段轻松地知道要联络哪些人员。

在添加决策树操作符之前，我们还需要完成另一个数据准备步骤。与本书中到目前为止使用的其他预测模型操作符一样，决策树操作符也需要训练流提供一个“label”属性。在本例中，我们希望预测 Richard 的新一代电子阅读器客户可能归于哪个采用者群体。因此标签将为 eReader_ Adoption（图 14 –4）。

（5）接下来，在“操作符”选项卡中搜索“决策树”。选择基本的决策树操作符，并将其添加到训练流中，如图 14 –5 所示。

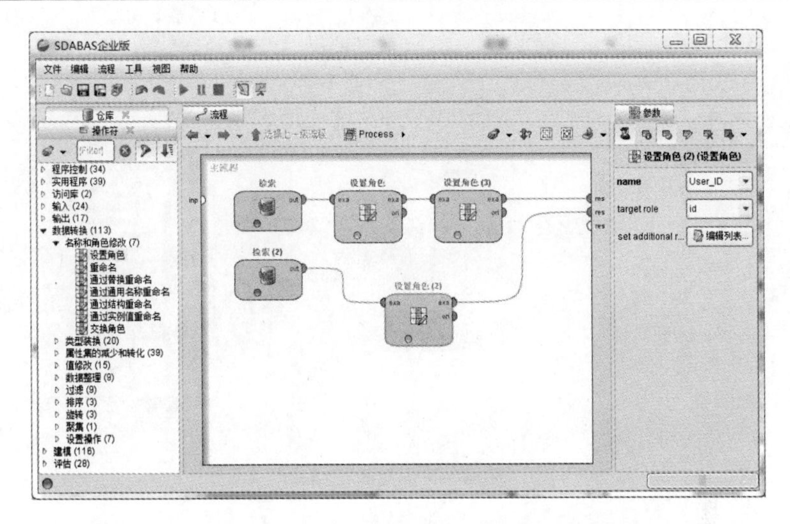

图 14－4　将 eReader_ Adoption 属性设置为训练流中的标签

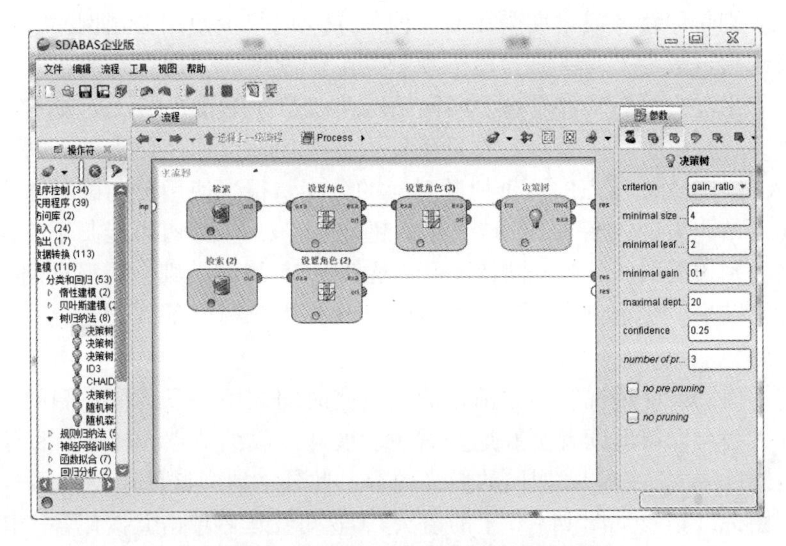

图 14－5　添加到模型中的决策树操作符

（6）运行模型，并切换到结果透视视图中的“Tree（决策树）”选项卡。读者将看到初步的树（图 14－6）。

（7）在图 14－6 中，我们可以看到被称为节点和树叶的内容。节点为灰色椭圆形。它们是可用作标签属性有效预测因子的属性。树叶是彩色端点，用于展示标签属性从树的分支到树叶的类别分布。在此树中我们可以看到，Website_ Activity 是用于预测客户是否将采用（购买）公司新款电子阅读器的

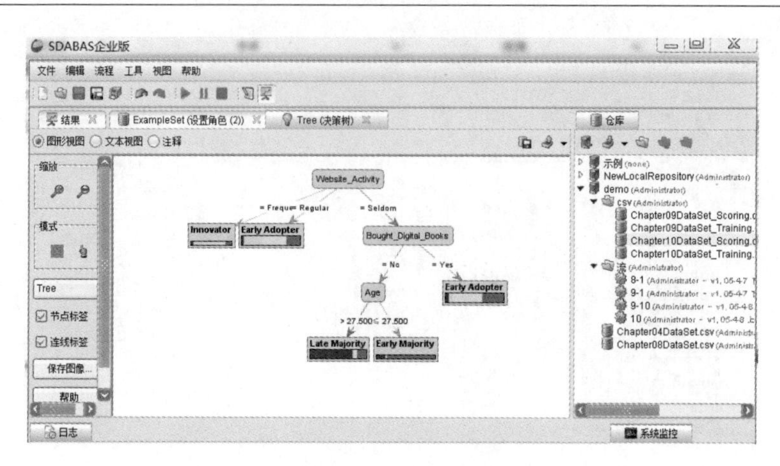

图 14－6　决策树结果

最佳预测因子。如果相应人员的活动为频繁访问或定期访问，则我们认为他们可能分别是创新者或早期采用者。但如果他们很少使用公司网站，则他们是否曾购买过数字书籍将成为用于预测其电子阅读器采用类别的第二佳预测因子。如果过去他们未曾通过公司网站购买过数字书籍，则 Age 是另一个预测属性，它构成了一个节点，并且年轻人的采用速度比年纪大的人快。请参见图 14－6 中 Age 节点的两个树叶对应的分支。很少使用公司网站、未曾通过公司网站购买过数字书籍，以及年龄超过 25 岁的人最有可能归于晚期主体采用者类别，而那些具有相同特征但年龄低于 25 岁的人则会获得早期主体采用者预测结果。在本例中，读者可以看到如何沿着树向下阅读节点、树叶和分支标签。

在返回到设计透视视图之前，请花一些时间试用一下屏幕左侧的一些工具。放大镜可以帮助读者更好地查看树，展开或收缩节点和树叶有助于更好地进行阅读或一次查看大型树的更多内容。此外，请尝试使用“Mode”下面的手形图标（请参见图 14－6 上的箭头），这可让读者单击并按住各个树叶或节点来拖动它们，以便更好地阅读树。最后，请尝试将鼠标悬停在树中的一个树叶上。在图 14－7 中，我们看到一个显示树叶详细信息的工具提示悬停框。尽管训练数据预测定期访问公司网站的用户将为早期采用者，但该模型并非 100% 基于该预测结果。通过悬停框我们了解到，在训练数据集中，有 9 个符合此特征的人为晚期主体采用者，58 人为创新者，75 人为早期采用者，41 人为早期主体采用者。在后续的评估阶段，我们将看到数据中的这一不确定性将转换为置信率，类似于在第 17 章中使用逻辑回归时的情况。

准备好预测因子属性后，即可继续下一步……

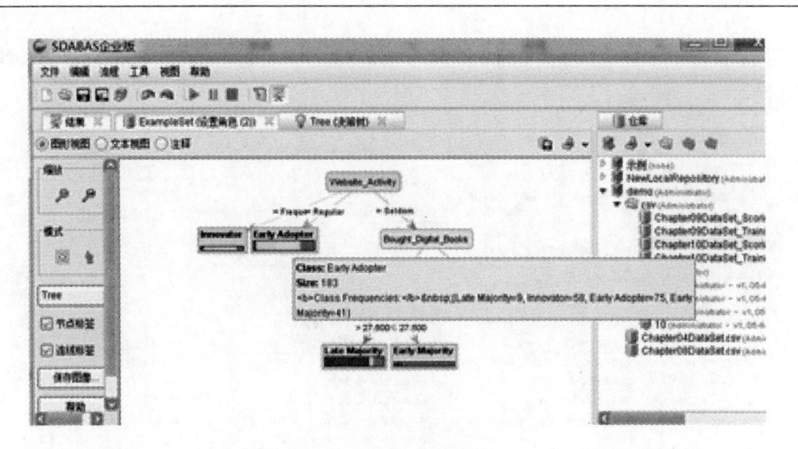

图 14 – 7　显示树中展开树叶详细信息的工具提示悬停框

14.5　建模

（1）返回到设计透视视图。在“操作符”选项卡中搜索应用模型操作符并添加该操作符，以便将训练和检验流合并在一起。确保 lab 和 mod 端口均导入至 res 端口，以便生成所需的输出（图 14 – 8）。

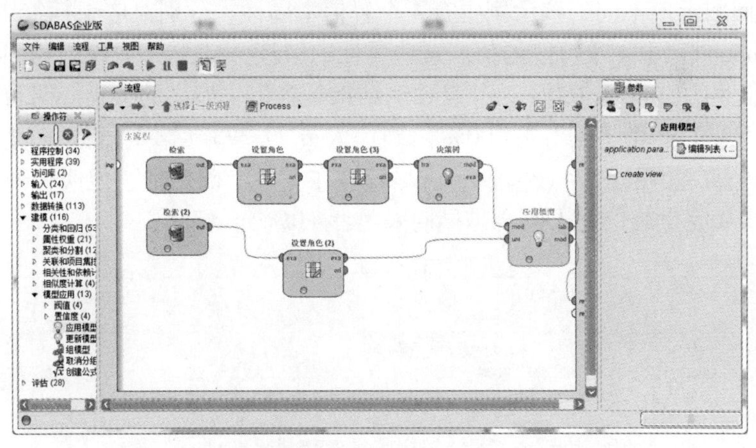

图 14 – 8　对检验数据应用模型，从而输出标签预测结果（lab）和决策树模型（mod）

（2）运行模型。读者将看到类似的结果：现在，树与图 14 – 6 中的相同。单击“Tree”选项卡旁边的“ExampleSet”选项卡。树已应用于检验数据。与使用逻辑回归时一样，明智商业分析系统 V3.0 创建了多个置信率属性和一个预测属性。

SDABAS企业版

文件　编辑　流程　工具　视图　帮助

结果　Tree (决策树)　ExampleSet (设置角色 (2))

◉ 元数据视图 ○ 数据视图 ○ 绘图视图 ○ 注释

样本集（473个样本，6个特殊属性，9个普通属性）

角色	名称	类型	统计	范围	缺失
id	User_ID	integer	avg = 54647.074 +/- 25954.408	[10153.000 ; 99694.000]	0
confidence_Late Major	confidence(Late Majori	real	avg = 0.263 +/- 0.313	[0.049 ; 0.758]	0
confidence_Innovator	confidence(Innovator)	real	avg = 0.158 +/- 0.150	[0.022 ; 0.426]	0
confidence_Early Adop	confidence(Early Adop	real	avg = 0.314 +/- 0.192	[0.000 ; 0.508]	0
confidence_Early Majo	confidence(Early Majoı	real	avg = 0.264 +/- 0.141	[0.148 ; 0.814]	0
prediction	prediction(eReader_A(	polynominal	mode = Early Adopter (280), least = Early Ma	Late Majority (134), Innovator	0
regular	Gender	binominal	mode = M (252), least = F (221)	M (252), F (221)	0
regular	Age	integer	avg = 45.973 +/- 13.385	[17.000 ; 70.000]	0
regular	Marital_Status	binominal	mode = M (243), least = S (230)	S (230), M (243)	0
regular	Website_Activity	polynominal	mode = Seldom (286), least = Frequent (39)	Regular (148), Seldom (286)	0
regular	Browsed_Electronics_	binominal	mode = Yes (451), least = No (22)	Yes (451), No (22)	0
regular	Bought_Electronics_1	binominal	mode = No (245), least = Yes (228)	Yes (228), No (245)	0
regular	Bought_Digital_Media_	binominal	mode = Yes (378), least = No (95)	Yes (378), No (95)	0
regular	Bought_Digital_Books	binominal	mode = No (271), least = Yes (202)	Yes (202), No (271)	0

图 14-9　检验数据集预测结果的元数据

（3）使用单选按钮切换到"数据视图"。在图 14-10 中，我们可以看到对每个客户所属采用群体的预测结果以及该预测结果的置信率。与上一章中的逻辑回归示例不同，该示例中有 4 个置信率属性，分别对应于标签（eReader_ Adoption）中 4 个可能的值。这些属性的解读方式与其他模型相同，但各个百分比相加的和为 100%，并且预测结果是置信率最高的类别。明智商业分析系统 V3.0 非常（但不是 100%）确信人员 77 373（第 14 行，图 14-10）将属于早期主体采用者（88.9%）。尽管存在一些不确定性，但明智商业分析系统 V3.0 完全确信此人不会是早期采用者（0%）。

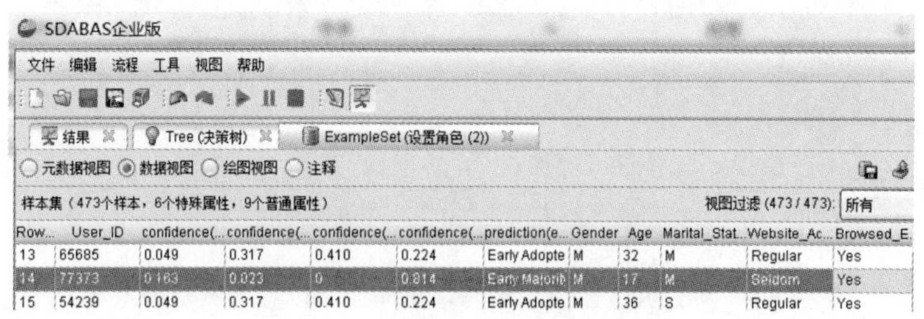

SDABAS企业版

文件　编辑　流程　工具　视图　帮助

结果　Tree (决策树)　ExampleSet (设置角色 (2))

○ 元数据视图 ◉ 数据视图 ○ 绘图视图 ○ 注释

样本集（473个样本，6个特殊属性，9个普通属性）　　视图过滤 (473 / 473): 所有

Row...	User_ID	confidence(...	confidence(...	confidence(...	confidence(...	prediction(e...	Gender	Age	Marital_Stat...	Website_Ac...	Browsed_E.
13	65685	0.049	0.317	0.410	0.224	Early Adopte	M	32	M	Regular	Yes
14	77373	0.163	0.023	0	0.814	Early Majorit	M	17	M	Seldom	Yes
15	54239	0.049	0.317	0.410	0.224	Early Adopte	M	36	S	Regular	Yes

图 14-10　使用决策树获得的预测结果及相关的置信率

（4）我们已经开始评估模型的结果，但如果我们希望在模型中看到更详细的信息或细节，该怎么办呢？当然一些其他属性也具有预测作用。切记

CRISP - DM 具有需要循环进行的特征，并且在有些建模技术中，尤其是使用结构化程度较低的数据的技术，进行一些反复的尝试并可能会犯错的过程可能会在数据中发现更相关的模式。切换回设计透视视图，单击决策树操作符，并在“参数”区域中，将“criterion”参数更改为“gini_ index”，如图 14 - 11 所示。

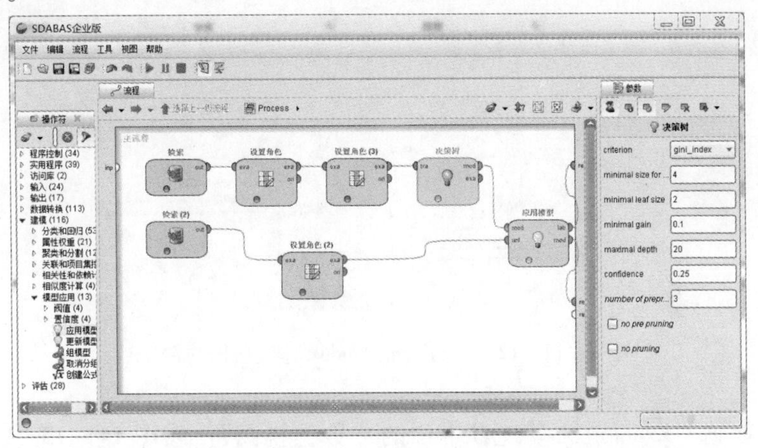

图 14 - 11　使用 gini_ index 算法而非 gain_ ratio 算法构建决策树模型

现在，请重新运行模型并继续下一步……

14.6　评估

我们看到在此树中有更多更详细的细节内容（使用 Gini 算法作为决策树的参数）。通过返回到设计视图并更改构成节点的项目的最小数量（分割数量）或树叶的最小数量，我们可以进一步修改树。即使接受这些参数的默认值，我们仍可以看到在确定节点和树叶方面，Gini 算法比 Gain Ratio 算法更敏感。请花时间了解一下这个新的树模型，读者将发现它非常大，需要使用 Zoom 和 Mode 工具才能看到所有内容。读者应发现现在用到了大多数其他自变量（预测因子属性），并且 Richard 可用来确定每个客户可能所属采用类别的细节内容更加详细。相应人员在 Richard 公司网站上的活跃程度仍是单个最佳预测因子，但性别以及多个年龄段现在也发挥了一定的作用。读者还将发现单个属性有时在树的单个分支中会被使用多次。试用决策树是一件非常有趣的事情，并且如果使用 Gini 等敏感算法生成决策树，则可能还会具有极高的相关性。

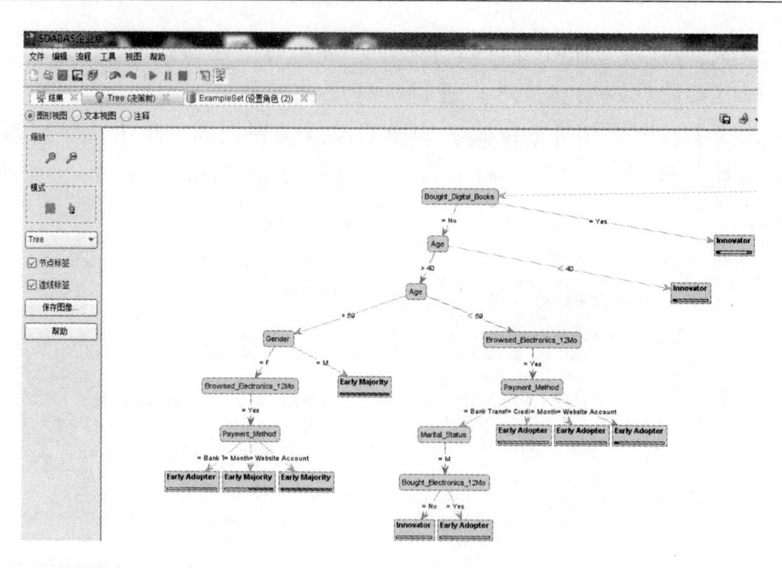

图 14 - 12 通过 gini_ index 算法获得的树

切换到“ExampleSet”选项卡中的“数据视图”。在图 14 - 13 中我们看到，在有些情况下，更改树的基本算法还会改变预测结果的置信率。

SDABAS企业版

文件 编辑 流程 工具 视图 帮助

结果 | Tree (决策树) | ExampleSet (设置角色 (2))

○元数据视图 ◉数据视图 ○绘图视图 ○注释

样本集（473个样本，6个特殊属性，9个普通属性） 视图过滤 (473 / 473): 所有

Row No.	User_ID	confidence(...	confidence(...	confidence(...	confidence(...	prediction(e...	Gender	Age
1	56031	0	0.200	0.600	0.200	Early Adopte	M	57
2	25913	0	0.333	0.333	0.333	Early Majorit	F	51
3	19396	0.826	0.043	0.043	0.087	Late Majority	M	41
4	93666	0	0.636	0.182	0.182	Innovator	M	66
5	72282	0.826	0.043	0.043	0.087	Late Majority	F	31
6	64466	0.333	0	0	0.667	Early Majorit	M	68
7	76655	0.842	0.018	0.061	0.079	Late Majority	F	51
8	48465	0.125	0.875	0	0	Innovator	F	36
9	19889	0	0.083	0.875	0.042	Early Adopte	M	29
10	63570	0	0	0	1	Early Majorit	M	61
11	63239	0	0.143	0.143	0.714	Early Majorit	M	47
12	67603	0	0.056	0.056	0.889	Early Majorit	F	62
13	65685	0.250	0	0.750	0	Early Adopte	M	32
14	77373	0.163	0.023	0	0.814	Early Majorit	M	17
15	54239	0.031	0.750	0.125	0.094	Innovator	M	36
16	55781	0	0.200	0.600	0.200	Early Adopte	M	58

图 14 - 13 使用 Gini 获得的新预测结果和置信率

让我们以第 1 行中的人（ID 56031）为例。在图 14 - 10 中，计算结果表

明此人至少有一定的机会将归于 4 个采用者类别中的任何一个类别。在 Gain Ratio 算法下，我们有 41% 的信心认为他将为早期采用者，但还有几乎 32% 的信心认为他还可能为创新者。换言之，我们有信心认为他将在早期购买电子阅读器，但不确定到底有多早。对于 Richard 而言，这可能非常重要，也可能无关紧要。他将需要在部署阶段确定该人的购买时间到底有多早。但或许我们可以使用 Gini 来帮助他确定。在图 14 - 13 中，这个人现在显示为有 60% 的机会成为早期采用者，并且仅有 20% 的机会成为创新者。在 Gini 模型下，他归于晚期主体采用者群体的几率为 0。我们知道他将采用（或至少我们预测他将采用，并且置信率为 100%），并且他将在早期采用。尽管在部署阶段，他可能不会位于 Richard 名单的顶部，但可能高于在 gain_ ratio 下所处的位置。请注意，尽管 Gini 更改了一些预测结果，但它并没有影响到所有结果。让我们再次快速查看一下 ID 为 77 373 的人员。此人的预测结果在两种算法下没有任何区别，明智商业分析系统 V3.0 非常确信对于这个年轻人的预测结果。有时通过决策树获得的预测结果具有非常高的置信率水平，即使是更敏感的基本算法也完全不会更改对观察项的预测值。

14.7　部署

Richard 的初衷是希望能够根据公司上次发布的高端数字阅读器，确定哪些客户可能会购买新款电子阅读器，以及在什么时间购买。利用决策树，他可以预测这一情况并确定预测结果的置信率。通过使用 gini_ index 作为树的基本算法，他还能够确定哪些属性在预测电子阅读器采用情况方面最为有效，并在模型中找到更详细的细节内容。

但他将如何使用这些新了解的知识？最简单、最直接的答案是现在他拥有了一个列表，其中包括将采用下一代电子阅读器的客户以及可能采用的时间。这些客户通过虽然保留在结果透视视图数据中，但在模型中不会被用作预测因子的 User_ ID 进行识别。他可以将这些客户进行划分，并开始进行具有针对性，对每个人而言都非常及时且相关的营销活动。对于最有可能立即购买的客户（预测出的创新者），可以联络他们，并鼓励他们在新产品推出时立即购买。这些客户甚至可能希望选择预先订购这款新产品。对于立即购买可能性略低的客户（预测出的早期主体采用者），可能需要进行一些说服工作，公司或许可以在他们购买电子阅读器时免费赠送一两本数字书籍，或对可以在新款电子阅读器上播放的数字音乐提供折扣。对于立即购买可能性最低的客户（预测出的晚期主体采用者），可以进行被动营销，或者如果营销预算紧张并且这些钱需要花在最有可能立即购买的客户身上，则可以完全不针对这些客户进行营销。另一方面，对于预测出的创新者，可能只需要进行非常少的营销，因为我们预测他们最有可能最先购买电子阅读器。

此外，Richard 现在拥有了一个树，其中显示了哪些属性在确定每个群体的购买可能性方面最为重要。新的营销活动可以使用这些信息来更多地侧重于提高客户在公司网站上的活动量，或侧重于更具体地将公司网站上销售的一般电子产品同电子阅读器和数字媒体联合起来进行促销。可以进一步调整这些类型的跨类别联合促销活动，以便吸引特定性别或年龄段的购买者。在这个提供丰富信息的数据分析、挖掘输出中，有很多信息可供 Richard 在促销下一代电子阅读器时使用。

14.8 章节汇总

当目标属性为类别选项并且数据集为混合类型时，决策树是一种绝佳的预测模型。尽管本章的数据集中未包含任何相关例项，但在处理值缺失或不一致的属性方面，决策树优于更加依赖统计算法的方式，决策树将处理此类数据，并且仍能生成有用的结果。

决策树由节点和树叶（以带标记的分支箭头相连）组成，这些节点和树叶表示数据集中的最佳预测因子属性。这些节点和树叶能够根据训练数据集中的实际属性生成置信率，然后可以应用于具有类似结构的检验数据，以便为检验观察项生成预测结果。决策树能够告诉我们预测结果、预测结果的置信率，以及如何实现预测结果。决策树输出的“如何实现”部分显示在树的图形化视图中。

第 15 章　神经网络

15.1　背景和概要说明

Juan 在一个大型的职业球队担任统计成绩分析人员。他所在的球队在最近几个赛季的成绩一直在稳步上升，并且在进入新赛季之际，管理层认为通过添加 2 ~4 名优秀球员，将有助于球队成功冲击联赛冠军。他们让 Juan 从由 59 名具有丰富经验的球员组成的名单中确定最佳人选。所有这些球员都具有丰富的经验，有些之前打过职业比赛，有些则有多年作为业余球员的经历。在排除任何人之前，必须评估他可能能够在多大程度上提升现有球队的影响力和成绩。Juan 的主管非常急于着手联络最有希望的潜在人选，因此 Juan 需要快速评估这些球员过去的成绩，并根据分析结果提出建议人选。

15.2　了解组织

Juan 面临着来自主管的高度期待，并且需要满足期限要求。他是一个专业人士，了解自己的业务，并知道无形的东西在评估球员才能方面的重要性。他还知道这些无形的东西常常会通过球员过去的成绩表现出来。他希望挖掘由当前参加联赛的所有球员的数据组成的数据集，借此找出能够最大限度提高球队士气、得分能力和防守能力，从而摘取联赛桂冠的潜在人选。尽管薪酬因素始终是一个值得关注的方面，但管理层告诉 Juan，他们的希望是在下一个赛季冲击冠军，并且在财务方面愿意尽一切可能来引进 2 ~4 名 Juan 可以确定的球员。了解了球队的目标后，Juan 即可开始评估 59 名潜在人选中的每个人过去的统计成绩，以便帮助确定建议人选。

15.3　了解数据

Juan 了解运动统计分析方面的业务。他发现一个方面（例如得分）的成绩常常会与其他方面（例如防守或犯规）的成绩相互关联。最佳球员一般在两个或多个成绩方面具有非常强的关联，而更一般的球员可能会在一个方面非常强，但在其他方面则比较弱。例如，好的角色球员通常是好的防守人员，但不能给球队贡献很多得分。利用联赛数据和他对参与联赛的球员的了解以及与这些球员的接触，Juan 准备了一个包含 263 个观察项和 19 个属性的训练数据集。Juan 的球队可以引进的 59 名潜在球员构成了检验数据集，并且他为其中每个球员设置了相同的属性。我们将帮助 Juan 构建一个神经网络。神经网络是一种数据分析、挖掘方法，不仅可以使用与决策树大体相同的方式预测类别或分类，而且能够更好地确定属性之间的关联强度，而这些关联正是 Juan 所感兴趣的。我们的神经网络将评估以下属性。

➢ Player_ Name：球员姓名。在数据准备阶段，我们将其角色设置为"id"，因为它不具有任何预测作用。但将其保留在数据集中非常重要，以便 Juan 稍后无需将数据与球员姓名重新匹配，即可快速提出建议人选。（请注意：本章数据集中的姓名是使用随机姓名生成器创建的。他们是虚构的，如与真人有任何雷同，则纯属巧合。）

➢ Position_ ID：Juan 的球队所打的球赛存在 12 个可能的位置。在数据集中，这些位置使用从 0 ~ 11 的整数表示。

➢ Shots：每个球员在上个赛季中的射门（或得分机会）总次数。

➢ Makes：球员在上个赛季中成功射门得分的次数。

➢ Personal_ Points：球员在上个赛季中的个人得分。

➢ Total_ Points：球员在上个赛季中做出贡献的总得分。在 Juan 的球队所打的球赛中，这一统计数据包含球员做出贡献的每一分。换言之，球员每次自己得分时，总分会增加一分，每次助攻队友得分时，总分也会增加一分。

➢ Assists：这是一个防守统计数据，用于表示在上个赛季中，球员帮助球队将球从对方球队抢走的次数。

➢ Concessions：在上个赛季中，球员的行为直接导致对方球队占据进攻优势的次数。

➢ Blocks：在上个赛季中，球员直接独自阻挡对方球队射门的次数。

➢ Block_ Assists：在上个赛季中，球员与队友联手阻挡对方球队射门的次数。如果记录为联手阻挡，必须涉及两个或多个球员。如果只有一个球员阻挡射门，则记录为独自阻挡。由于球场非常大并且球员分散在不同的位置，因此更可能是为一个球员记录为独自阻拦，而非为两个或多个球员记录为联手阻挡。

➢ Fouls：在上个赛季中，球员犯规的次数。因为犯规有利于对方球队，因此该数字越低，球员的表现越有利于自己的球队。

➢ Years_ Pro：在训练数据集中，这是球员打职业比赛的年数。在检验数据集中，这是球员的从业年数，包括作为职业球员的年数（如有），以及在有组织的、有竞争力的业余球队中担任球员的年数。

➢ Career_ Shots：与 Shots 属性相同，但它是球员在整个职业生涯中的累计射门次数。所有职业生涯属性都旨在评估相应人员长期保持稳定表现的能力。

➢ Career_ Makes：与 Makes 属性相同，但它是球员在整个职业生涯中的累计成功射门得分次数。

➢ Career_ PP：与 Personal Points 属性相同，但它是球员在整个职业生涯中的累计个人得分。

➢ Career_ TP：与 Total Points 属性相同，但它是球员在整个职业生涯中的累计个人贡献总得分。

➢ Career_ Assists：与 Assists 属性相同，但它是球员在整个职业生涯中的累计防守次数。

➢ Career_ Con：与 Concessions 属性相同，但它是球员在整个职业生涯中的累计占据进攻优势的次数。

➢ Team_ Value：一个类别属性，用于汇总球员对球队的价值。它仅存在于训练数据中，因为它将用作标签，以便为检验数据集中的每个观察项预测

➢ Team_ Value：该属性有以下 4 个类别。

①角色球员（Pole_ Player）：具有足够的能力来打职业比赛，并且可能在一个方面非常优秀，但并非全能型球员。

②贡献球员（Contributor）：在多个防守和进攻类别发挥作用，能够可靠、稳定地帮助球队获胜的球员。

③核心球员（Franchise Player）：因为技能非常全面、突出、稳定，球队希望长期依赖的球员。这些球员具有非常杰出的才能，是构成真正一流且具有竞争力的球队的坚实基础。

④超级球星（Superstar）：天赋异禀的奇才，能够在每场比赛中发挥巨大作用。联赛中的大多数球队都有一个这样的球员，但夺冠的始终是那些具有两个或三个超级球星的球队。

Juan 的数据已准备好，并且我们知道我们可以获得这些属性。现在我们可以继续下一步……

15.4 数据准备

请完成以下步骤。

（1）将这两个数据集导入到明智商业分析系统 V3.0 存储库中。请务必将第一行指定为属性名称。读者可以接受默认数据类型。使用描述性名称保存这两个文件，并将其拖放到新的主流程窗口中。请务必将检索对象重命名为训练集和检验集。

（2）添加 3 个设置角色操作符：2 个用于训练流；1 个用于检验流。使用训练流中的第一个设置角色操作符将 Player_ Name 属性的角色设置为“id”，以便它不会包含在神经网络的预测计算中。为检验流中的 Player_ Name 属性进行相同的操作。最后，使用训练流中的第二个设置角色操作符将 Team_ Value 属性设置为模型的“标签”。完成第 1 步和第 2 步后，流程看起来应类似于图 15－1。

（3）运行模型。使用每个数据集的元数据视图熟悉数据。确保特殊属性的角色已根据在第 2 步中配置的参数设置为应有的角色（请参见显示元数据的图 15－2 和图 15－3）。

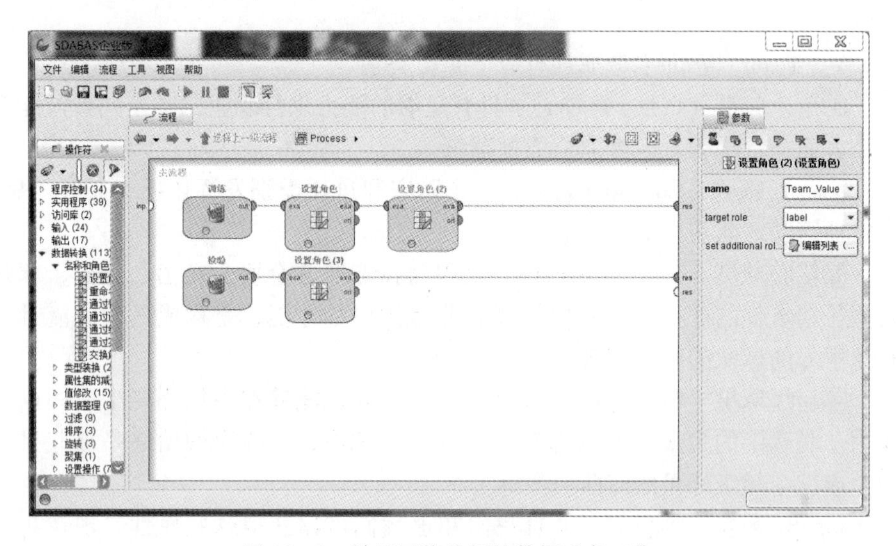

图 15－1 神经网络分析的数据准备工作

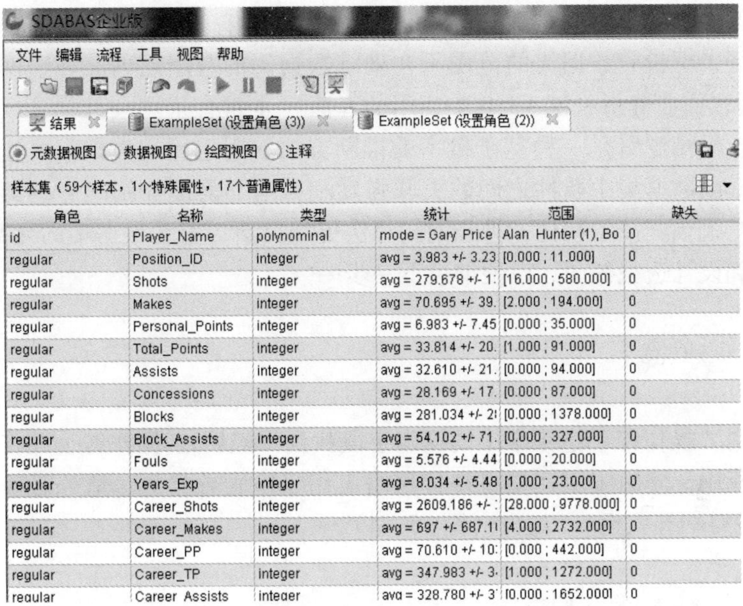

SDABAS企业版

文件 编辑 流程 工具 视图 帮助

结果 | ExampleSet (设置角色 (3)) | ExampleSet (设置角色 (2))

◉ 元数据视图 ○ 数据视图 ○ 绘图视图 ○ 注释

样本集（59个样本，1个特殊属性，17个普通属性）

角色	名称	类型	统计	范围	缺失
id	Player_Name	polynominal	mode = Gary Price	Alan Hunter (1), Bo	0
regular	Position_ID	integer	avg = 3.983 +/- 3.23	[0.000 ; 11.000]	0
regular	Shots	integer	avg = 279.678 +/- 1:	[16.000 ; 580.000]	0
regular	Makes	integer	avg = 70.695 +/- 39.	[2.000 ; 194.000]	0
regular	Personal_Points	integer	avg = 6.983 +/- 7.45	[0.000 ; 35.000]	0
regular	Total_Points	integer	avg = 33.814 +/- 20.	[1.000 ; 91.000]	0
regular	Assists	integer	avg = 32.610 +/- 21.	[0.000 ; 94.000]	0
regular	Concessions	integer	avg = 28.169 +/- 17.	[0.000 ; 87.000]	0
regular	Blocks	integer	avg = 281.034 +/- 2	[0.000 ; 1378.000]	0
regular	Block_Assists	integer	avg = 54.102 +/- 71.	[0.000 ; 327.000]	0
regular	Fouls	integer	avg = 5.576 +/- 4.44	[0.000 ; 20.000]	0
regular	Years_Exp	integer	avg = 8.034 +/- 5.48	[1.000 ; 23.000]	0
regular	Career_Shots	integer	avg = 2609.186 +/- :	[28.000 ; 9778.000]	0
regular	Career_Makes	integer	avg = 697 +/- 687.1	[4.000 ; 2732.000]	0
regular	Career_PP	integer	avg = 70.610 +/- 10:	[0.000 ; 442.000]	0
regular	Career_TP	integer	avg = 347.983 +/- 3	[1.000 ; 1272.000]	0
regular	Career_Assists	integer	avg = 328.780 +/- 3	[0.000 ; 1652.000]	0

图 15－2 检验数据集的元数据，其中特殊属性 Player_ Name 已被指定为“id”

SDABAS企业版

文件 编辑 流程 工具 视图 帮助

结果 | ExampleSet (设置角色 (3)) | ExampleSet (设置角色 (2))

◉ 元数据视图 ○ 数据视图 ○ 绘图视图 ○ 注释

样本集（263个样本，2个特殊属性，17个普通属性）

角色	名称	类型	统计	范围	缺失
id	Player_Name	polynominal	mode = Andrew Gr	Aaron Newton (1),	0
label	Team_Value	polynominal	mode = Role Player	Superstar (62), Con	0
regular	Position_ID	integer	avg = 4.605 +/- 3.20	[0.000 ; 11.000]	0
regular	Shots	integer	avg = 403.643 +/- 1	[19.000 ; 687.000]	0
regular	Makes	integer	avg = 107.829 +/- 4	[1.000 ; 238.000]	0
regular	Personal_Points	integer	avg = 11.620 +/- 8.7	[0.000 ; 40.000]	0
regular	Total_Points	integer	avg = 54.745 +/- 25.	[0.000 ; 130.000]	0
regular	Assists	integer	avg = 51.487 +/- 25.	[0.000 ; 121.000]	0
regular	Concessions	integer	avg = 41.114 +/- 21.	[0.000 ; 105.000]	0
regular	Blocks	integer	avg = 290.711 +/- 2	[0.000 ; 1377.000]	0
regular	Block_Assists	integer	avg = 118.760 +/- 1	[0.000 ; 492.000]	0
regular	Fouls	integer	avg = 8.593 +/- 6.60	[0.000 ; 32.000]	0
regular	Years_Pro	integer	avg = 7.312 +/- 4.79	[1.000 ; 24.000]	0
regular	Career_Shots	integer	avg = 2657.544 +/- :	[19.000 ; 14053.000	0
regular	Career_Makes	integer	avg = 722.186 +/- 6	[4.000 ; 4256.000]	0
regular	Career_PP	integer	avg = 69.240 +/- 82.	[0.000 ; 548.000]	0
regular	Career_TP	integer	avg = 361.221 +/- 3:	[2.000 ; 2165.000]	0

图 15－3 具有以下两个特殊属性的训练数据集：Player_ Name（‘id’）和 Team_ Value（‘label’）

（4）在查看数据集时，请注意这两个数据集有一个不同于之前示例数据集的特征，即检验数据集的范围不在训练数据集的范围之内。神经网络算法（包括明智商业分析系统 V3.0 中使用的算法）常常会采用一种称为模糊逻辑的概念。模糊逻辑是一种基于概率的推断方法，用于比较数据，可让我们根据概率推断数据集中属性之间的关联强度。与本书前面介绍的一些其他数据分析、挖掘预测技术相比，神经网络算法更加灵活。查看数据集的元数据后，请返回到设计透视视图，以便继续下一步……

15.5 建模

使用“操作符”选项卡中的搜索字段找到神经网络 操作符，并将其添加到训练流中。使用应用模型将神经网络应用于检验数据集。请务必确保 mod 和 lab 端口均导入至 res 端口（图 15－4）。

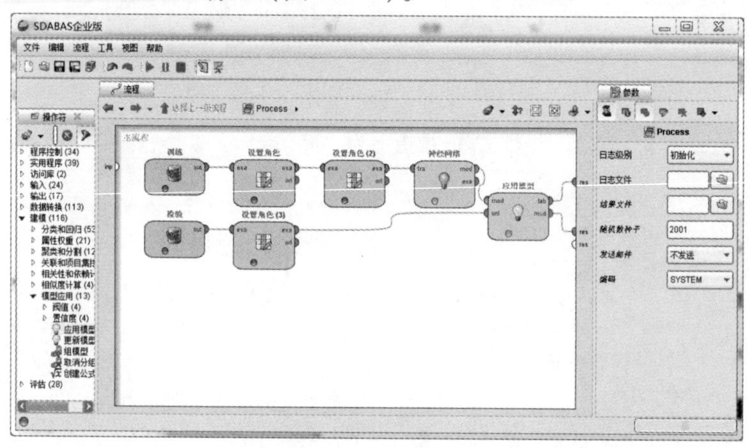

图 15－4 生成神经网络模型并将其应用于检验数据集

再次运行模型。在结果透视视图中，读者将看到图形化模型和预测结果。此时我们可以开始下一步……

15.6 评估

神经网络使用“隐藏层”将数据集中的每个属性与所有其他属性进行比较。神经网络图中的圆圈称为节点，节点之间的直线称为神经元。节点之间的神经元越粗越黑，则节点之间的关联越强。该图形从左侧开始，每个预测因子属性都有一个对应的节点。在图中单击可以显示每个左侧节点所代表的属性名称。隐藏层用于在所有属性之间进行比较，右侧的节点列代表预测（标签）属性中 4 个可能的值，即 Role_ Player、Contributor、Franchise Player 或 Superstar（图 15 –5）。

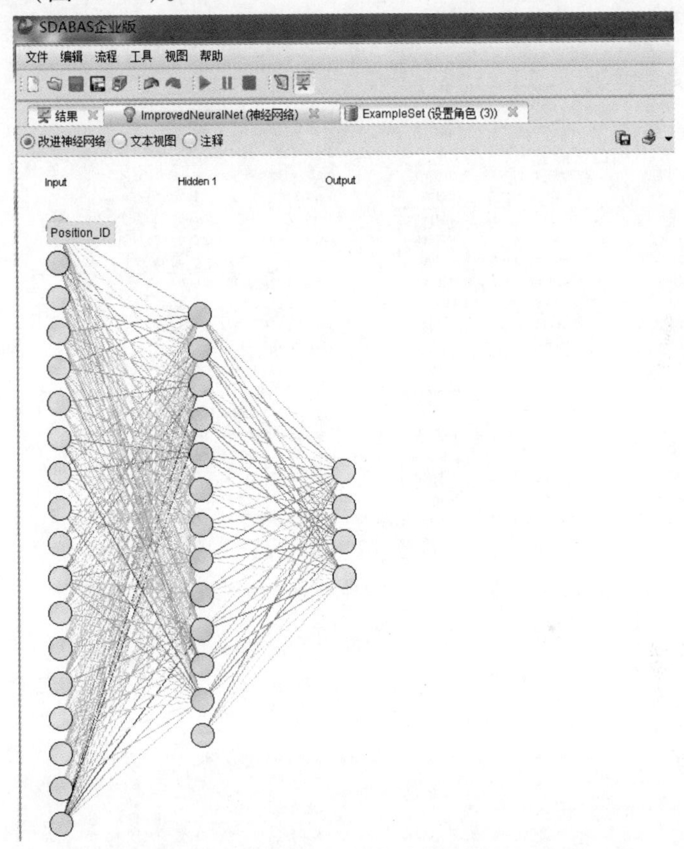

图 15 –5　神经网络的图形化视图，其中显示了不同强度的神经元以及每个可能的 Team_ Value 类别所对应的 4 个节点

切换到结果透视视图中的“ExampleSet”选项卡。与使用前面的预测模型时一样，我们可以看到明智商业分析系统 V3. 0 生成了 4 个新的特殊属性。59 个潜在人选中的每个人都有一个关于其 Team_ Value 类别的预测结果以及相应的置信率（图 15 –6）。

使用单选按钮切换到“数据视图”。现在，这种数据分析、挖掘预测模型的结果看起来应非常熟悉（图 15 –7）。

所有 59 个潜在人选现在都获得了分类预测结果。我们知道明智商业分析

SDABAS企业版

文件 编辑 流程 工具 视图 帮助

结果 | ImprovedNeuralNet (神经网络) | ExampleSet (设置角色 (3))

元数据视图 数据视图 绘图视图 注释

样本集（59个样本，6个特殊属性，17个普通属性）

角色	名称	类型	统计	范围	缺失
id	Player_Name	polynominal	mode = Gary Price (	Alan Hunter (1), Bob	0
confidence_Superst	confidence(Superst	real	avg = 0.164 +/- 0.34	[0.000 ; 1.000]	0
confidence_Contribu	confidence(Contribu	real	avg = 0.261 +/- 0.36	[0.000 ; 1.000]	0
confidence_Franchi	confidence(Franchis	real	avg = 0.213 +/- 0.36	[0.000 ; 1.000]	0
confidence_Role Pl	confidence(Role Pla	real	avg = 0.362 +/- 0.44	[0.000 ; 1.000]	0
prediction	prediction(Team_Va	polynominal	mode = Role Player	Superstar (10), Cont	0
regular	Position_ID	integer	avg = 3.983 +/- 3.23	[0.000 ; 11.000]	0
regular	Shots	integer	avg = 279.678 +/- 13	[16.000 ; 580.000]	0
regular	Makes	integer	avg = 70.695 +/- 39.	[2.000 ; 194.000]	0
regular	Personal_Points	integer	avg = 6.983 +/- 7.45	[0.000 ; 35.000]	0
regular	Total_Points	integer	avg = 33.814 +/- 20.	[1.000 ; 91.000]	0
regular	Assists	integer	avg = 32.610 +/- 21.	[0.000 ; 94.000]	0
regular	Concessions	integer	avg = 28.169 +/- 17.	[0.000 ; 87.000]	0
regular	Blocks	integer	avg = 281.034 +/- 28	[0.000 ; 1378.000]	0
regular	Block_Assists	integer	avg = 54.102 +/- 71.	[0.000 ; 327.000]	0
regular	Fouls	integer	avg = 5.576 +/- 4.44	[0.000 ; 20.000]	0
regular	Years_Exp	integer	avg = 8.034 +/- 5.48	[1.000 ; 23.000]	0
regular	Career_Shots	integer	avg = 2609.186 +/- 2	[28.000 ; 9778.000]	0
regular	Career_Makes	integer	avg = 697 +/- 687.1	[4.000 ; 2732.000]	0
regular	Career_PP	integer	avg = 70.610 +/- 10	[0.000 ; 442.000]	0
regular	Career_TP	integer	avg = 347.983 +/- 34	[1.000 ; 1272.000]	0
regular	Career_Assists	integer	avg = 328.780 +/- 37	[0.000 ; 1652.000]	0
regular	Career_Con	integer	avg = 260.119 +/- 26	[0.000 ; 1153.000]	0

图 15－6　检验数据集中神经网络预测结果的元数据

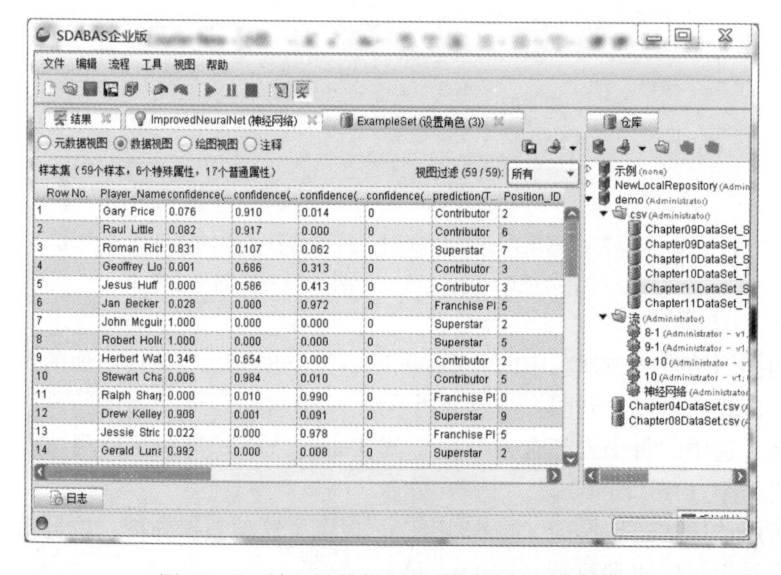
SDABAS企业版

文件 编辑 流程 工具 视图 帮助

结果 | ImprovedNeuralNet (神经网络) | ExampleSet (设置角色 (3))

元数据视图 数据视图 绘图视图 注释

样本集（59个样本，6个特殊属性，17个普通属性）　视图过滤 (59 / 59): 所有

Row No.	Player_Name	confidence(...	confidence(...	confidence(...	confidence(...	prediction(T...	Position_ID
1	Gary Price	0.076	0.910	0.014	0	Contributor	2
2	Raul Little	0.082	0.917	0.000	0	Contributor	6
3	Roman Rich	0.831	0.107	0.062	0	Superstar	7
4	Geoffrey Llo	0.001	0.686	0.313	0	Contributor	3
5	Jesus Huff	0.000	0.586	0.413	0	Contributor	3
6	Jan Becker	0.028	0.000	0.972	0	Franchise Pl	5
7	John Mcguir	1.000	0.000	0.000	0	Superstar	2
8	Robert Hollo	1.000	0.000	0.000	0	Superstar	5
9	Herbert Wat	0.346	0.654	0.000	0	Contributor	2
10	Stewart Cha	0.006	0.984	0.010	0	Contributor	5
11	Ralph Sharp	0.000	0.010	0.990	0	Franchise Pl	0
12	Drew Kelley	0.908	0.001	0.091	0	Superstar	9
13	Jessie Stric	0.022	0.000	0.978	0	Franchise Pl	5
14	Gerald Luna	0.992	0.000	0.008	0	Superstar	2

图 15－7　神经网络模型的预测结果和置信率

系统 V3.0 对预测结果的置信率取决于训练数据。现在，Juan 可以继续下一步……

15.7　部署

Juan 希望根据过去的成绩轻松快速地评估这 59 个潜在人选。他可以通过向管理层提供神经网络的一些不同的输出，来部署模型。首先，他可以单击两次 prediction（Team_ Value）列标题，将所有超级球星排在最上面（超级球星按字母顺序是排在最后的值，因此按字母降序排序时将位于最上面）（图 15－8）。

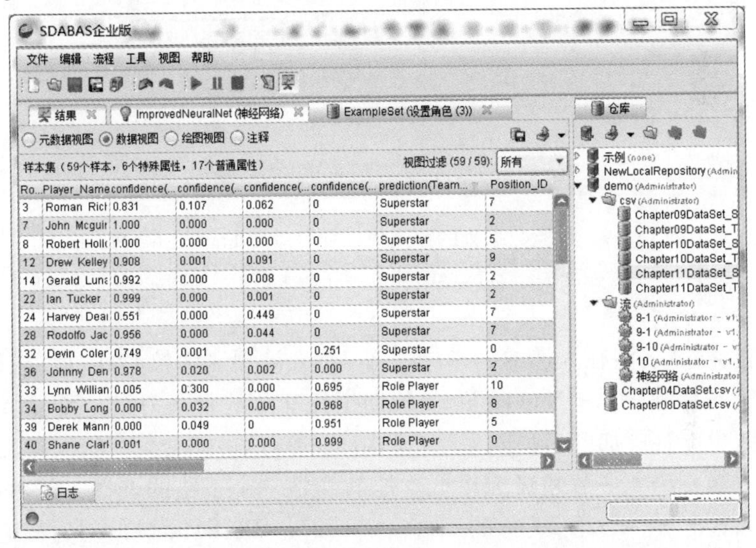

图 15－8　检验数据集的预测值，超级球星排在最上面

10 名具有超级球星潜力的球员现在排在最上面。其中有两人（John Mcguire 和 Robert Holloway）的 confidence（Superstar）置信率为 100%。Juan 可能希望快速建议管理层密切关注这两个球员。Gerald Luna 和 Ian Tucker 也非常接近，并且只有极低的概率可能会成为核心球员而非超级球星。核心球员是具有巨大上升潜力的球员，因此无论引进这两个球员中的哪一个，风险都非常低。此外，还有一些其他球员也被预测为超级球星且置信率高于 90%，因此 Juan 可从多个人选中进行挑选。但 Juan 知道这些球员很可能还被联赛中的其他球队盯上。或许他应关注一些不是特别突出，但有潜力的替代人选。通过进行创造性思考，Juan 可能能够作出最佳选择。凭借敏锐的悟性和丰富

的经验，他知道有时引进的最佳球员并非始终是最突出的人选。单击两次 confidence（Franchise_ Player）（见图 15 -9）。

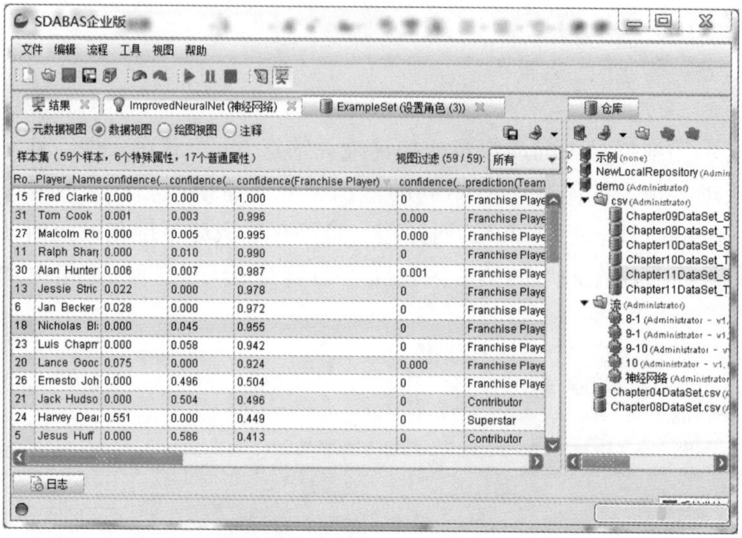

图 15 -9 检验数据集的预测值，具有最高 Franchise_ Player 置信率的球员排在最上面

在包含 59 名潜在人选的名单中，有 11 人被预测为核心球员。或许 Juan 可以向管理层建议选择 Fred Clarke 长期担任球队的中坚力量。要说服 Clarke 加入球队可能会更加容易，因为已在联络他的球队可能会少一些，并且 Clarke 的薪酬可能要比大多数超级球星低。他的确是一个不错的选择，但可能存在更好的人选。看一下第 20 行的 Lance Goodwin。Goodwin 被预测为核心球员，因此 Juan 知道他可以始终如一地保持极高的表现。他对任何球队来说都是一个可靠的长期球员人选。除了在 Superstar 列中的置信率之外，神经网络还预测 Goodwin 有几乎 8% 的概率将上升为超级球星。Goodwin 拥有 10 年的经验，有望在接下来的一两个赛季达到职业生涯的巅峰。尽管他不是数据集中的第一位或最突出的人选，但无疑是一位值得密切关注的球员。他可能正是 Juan 的球队要在下一个赛季结束时夺冠所需的最后一环。

当然，Juan 必须继续凭借他的专业知识、经验和对数据集中未包含的其他因素的评估，确定最后的建议人选。例如，尽管所有 59 名潜在人选都有多年的经验，但如果他们的成绩统计信息都是根据低水平的比赛收集的，该怎么办呢？这些信息可能并不能代表他们能够打职业比赛。尽管模型和预测结果为 Juan 提供了许多可以考虑的信息，但他仍必须凭借经验为管理层建议合适的人选。

15.8　章节汇总

神经网络会尝试模仿人脑，使用人工“神经元”在属性之间进行比较，以便查找强关联。通过获取属性值、处理这些值，并生成由神经元导入的节点，该数据分析、挖掘模型可以提供预测结果和置信率，即使是对有些数据不太确定也没有关系。神经网络不像一些其他方法一样在值范围方面存在局限性。

在图形化表示中，会使用节点和神经元绘制神经网络。节点之间的直线越粗越黑，则神经元代表的关联越强。神经元越强，代表该属性的预测能力越强。尽管图形化视图可能会难以阅读（在有大量属性时常常会发生），但计算机能够阅读该网络，并对检验数据应用模型，以便进行预测。置信率可以进一步提供与观察项的预测值有关的信息，如本章中关于假设球员 Lance Goodwin 的介绍。在预测结果和置信率之间，我们可以使用神经网络查找可能不是非常突出，当仍不失为解决问题的上佳选择的相关观察项。

第 16 章　文本挖掘

16.1　背景和概要说明

Gillian 是一名历史学家，在美国的一家国家博物馆担任档案保管员。她最近策划了一个联邦党人文集展。联邦党人文集是一系列在 18 世纪末期撰写并发表的文章。这些文章在约一年的时间内发表在了纽约州两家不同的报纸上，并且是使用作者姓名“Publius”以不具名的方式发表的。其目的是让美国民众了解并拥护新兴国家所提议的宪法。当时没有人真正知道“Publius”是一个人还是多个人，但熟悉宪法制定人和筹划人的一些人员发现，这些文章在用词和句子结构上与美国宪法的内容非常类似。多年后，在亚历山大·汉密尔顿于 1804 年逝世后，人们发现了一些笔记，这些笔记表明他（汉密尔顿）、詹姆斯·麦迪逊和约翰·杰伊是这些文章的作者。这些笔记指出了部分文章的作者，但没有提及其他文章的作者。具体来说，笔记中指出约翰·杰伊是第 3 篇、第 4 篇和第 5 篇文章的作者；麦迪逊是第 14 篇文章的作者；汉密尔顿是第 17 篇文章的作者。笔记中虽然没有指出第 18 篇文章的作者，但有证据表明这篇文章是由汉密尔顿和麦迪逊合著的。

16.2　了解组织

Gillian 希望对照作者已知的其他文章分析第 18 篇文章的内容，看看是否可以生成一些证据来证明关于这篇文章是由汉密尔顿和麦迪逊合著的怀疑在实际上可能是成立的。她认为文本挖掘可能是以结构化方式分析文本的一种非常好的方法，并请我们提供帮助。在研究了联邦党人文集的所有文章和这三位政治家撰写的其他文章后，Gillian 相信约翰·杰伊没有参与第 18 篇文章的创作，因为他的用词和语法结构同汉密尔顿和麦迪逊有很大的不同，即使是在撰写相同的主题内容（例如联邦党人文集）时亦是如此。她希望查看一下单词和短语的选择频度，并将结果作为文集展的一部分。我们将使用联邦党人文集中的内容以及一些标准文本挖掘方法，帮助 Gillian 构建文本挖掘模型。

16.3 了解数据

Gillian 的数据集非常简单：其中将包含第 5 篇（杰伊）、第 14 篇（麦迪逊）、第 17 篇（汉密尔顿）和第 18 篇（被怀疑是由汉密尔顿和麦迪逊合著的）联邦党人文章中的所有内容。联邦党人文集可以从多个数据来源获得：该文集已经以书的形式被重新出版，可在多个不同的网站上获得，并且其中的内容已在全球许多图书馆中存档。在本章的练习中，有 4 个文件可供读者导入，即：

- Chapter12_ Federalist05_ Jay. txt
- Chapter12_ Federalist14_ Madison. txt
- Chapter12_ Federalist17_ Hamilton. txt
- Chapter12_ Federalist18_ Collaboration. txt

请立即导入这些文件，但请勿将其导入到明智商业分析系统 V3. 0 存储库中。在明智商业分析系统 V3. 0 中处理文本数据的流程与前几章中介绍的流程有些不同。有了这 4 篇文章的内容之后，我们可以直接继续 CRISP – DM 的下一个阶段……

16.4 数据准备

明智商业分析系统 V3. 0 的文本挖掘模型是一个可选加载项。当读者安装明智商业分析系统 V3. 0，我们提到读者可能希望包括 Text Processing 组件。无论读者当时是否选择了该组件，在本章的示例中我们都需要用到它，因此我们可以现在添加该组件。即使读者之前已添加了该组件，也最好完成以下所有步骤，以确保 Text Processing 加载项为最新版本。

（1）在明智商业分析系统 V3. 0 中打开一个新的空白流程。从应用程序菜单中，选择“帮助”菜单下“Update 明智商业分析系统 V3. 0…”（图 16 – 1）。

（2）需要将计算机导入至互联网，以便查看 Rapid – I 的服务器上是否有任何更新可用。导入到互联网并且软件查看是否有可用的更新后，读者将看到一个类似于图 16 – 2 的窗口。在列表中找到 Text Processing（它应该位于从上数约第 4 位的位置）。如果为灰显，则表示该加载项已安装到计算机上并且为最新版本。如果未安装或不是最新版本，将为橘黄色。读者可以双击“Text Processing”图标（里面包含“ABC”的圆圈）左侧的小方块。然后单击“In-

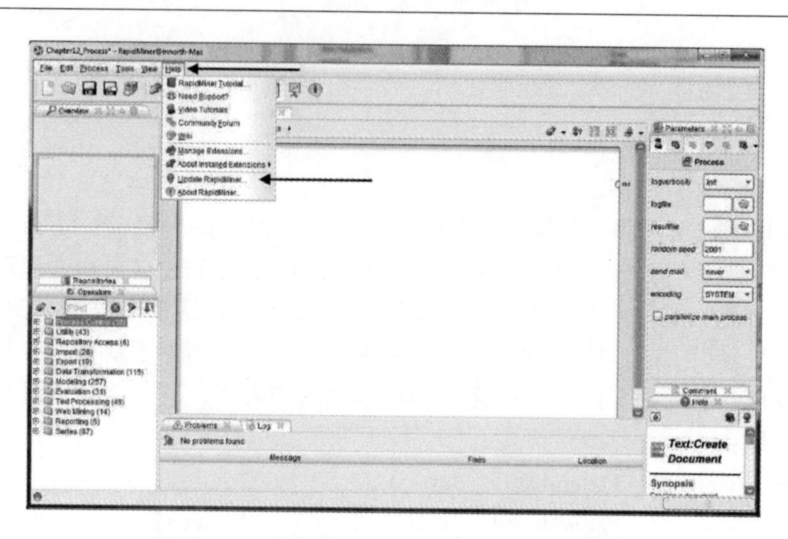

图 16－1 更新明智商业分析系统 V3. 0 加载项

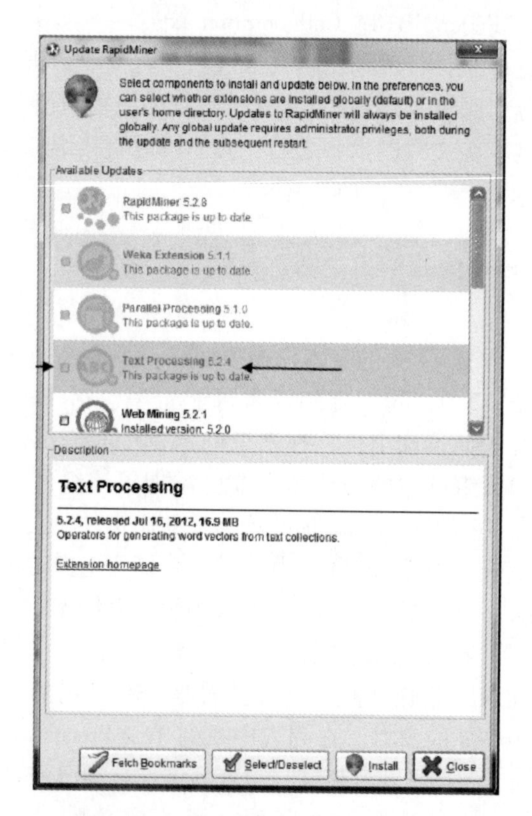

图 16－2 添加/更新 明智商业分析系统 V3. 0 Text Processing 加载项

stall”按钮添加或更新该模块。完成后，该窗口将消失，并且读者将返回到主明智商业分析系统 V3.0 窗口。

（3）在明智商业分析系统 V3.0 窗口左下方的“操作符”选项卡中，找到 Text Processing 操作符文件夹，并通过单击旁边的 + 号展开该文件夹（图 16－3）。

（4）在 Text Processing 菜单树状目录中，有一个名为 Read Document 的操作符。将该操作符拖放到主流程窗口中。右击该操作符，并将其重命名为“Paper 5”，如图 16－4 所示。

图 16－3　在 Text Processing 操作符区域查找工具

（5）在明智商业分析系统 V3.0 窗口的“参数”区域（右侧），注意读者必须指定明智商业分析系统 V3.0 可以读取的文件。单击文件参数右侧的文件夹图标，以便浏览第一个文本文件。

（6）在本例中，我们已将包含文章内容的文本文件保存在 Chapter Data Sets 文件夹中。我们已浏览到该文件夹，并亮显了约翰·杰伊撰写的文章。我们可以单击“Open”，将明智商业分析系统 V3.0 操作符导入至该文本文件（图 16－5）。这会使我们返回到明智商业分析系统 V3.0 中的主流程窗口。再重复三次第 4 步和第 5 步，每次将另外一篇文章导入至明智商业分析系统 V3.0 中的 Read Document 操作符（最好是按数字顺序）。请务必小心，以确保将适当的操作符导入至适当的文本文件，从而可以使每篇文章的内容与处理它的操作符顺序一致。完成后，模型看起来应类似于图 16－6。

（7）请运行模型。读者将看到这 4 篇文章中的每一篇都已被读取到明智

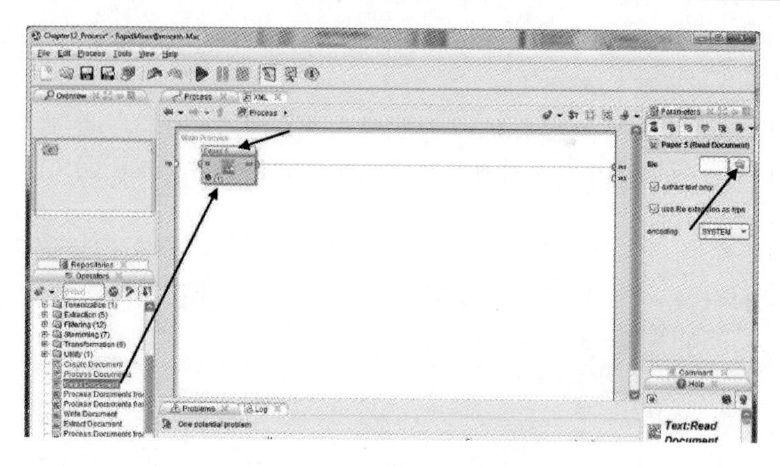

图 16－4　将 Read Document 操作符添加到模型中

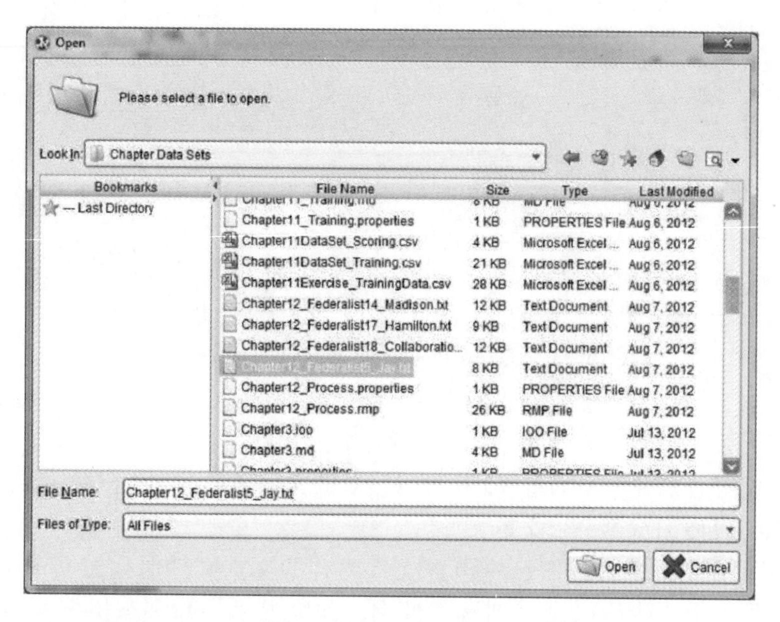

图 16－5　找到约翰·杰伊撰写的联邦党人文章（第 5 篇）

商业分析系统 V3.0 中，并可在结果透视视图中查看（图 16－7）。查看文本后，返回到设计透视视图。

（8）现在这 4 篇文章已被读取到明智商业分析系统 V3.0 中。但只是读取文章还不够，Gillian 的目标是分析这些文章。为此，我们将使用 Process Documents 操作符。在 Text Processing 菜单树状目录中，该操作符正好位于 Read

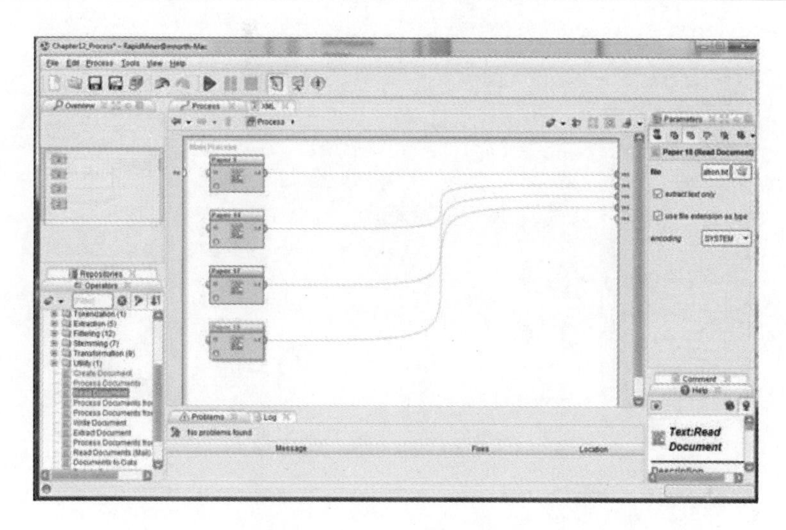

图 16-6　所有 4 篇联邦党人文章的文本文件现在都已导入
到明智商业分析系统 V3.0 中

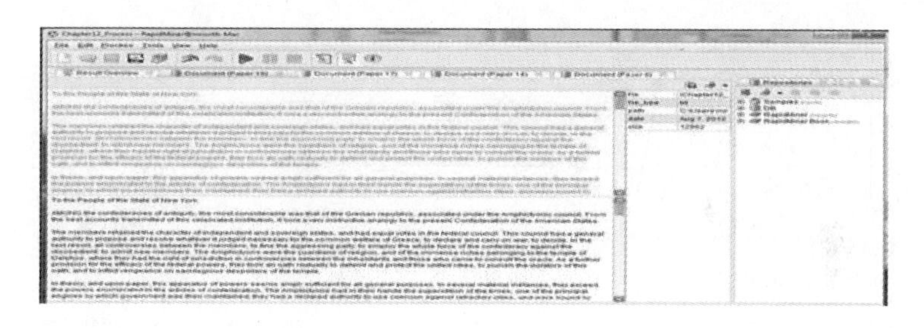

图 16-7　在结果透视视图中查看被怀疑是合著的文章（第 18 篇）

Document 操作符上方。将该操作符拖动到流程内，并放入到 Paper 5 流中。Process Documents 操作符左下侧将有一个空着的 doc 端口。将 Paper 14 的 out 端口从 res 端口断开，并将其导入至空着的 doc 端口。切记读者可以通过单击第一个端口，然后再单击第二个端口，来重新安排端口导入。每次重新安排端口导入时，系统都会显示一条警告消息，提示读者确认断开/重新导入操作。重复此流程，直到将所有 4 个文档都馈入到 Process Documents 操作符中，如图 16-8 所示。

（9）接下来，双击 Process Documents 操作符。这将使我们进入子流程窗口（图 16-9）。

（10）请注意流程工具栏中之前灰显的向上箭头现在将显示为蓝色。该箭头可让我们在构建子流程后返回到主流程。在子流程中，有一些工作是我们

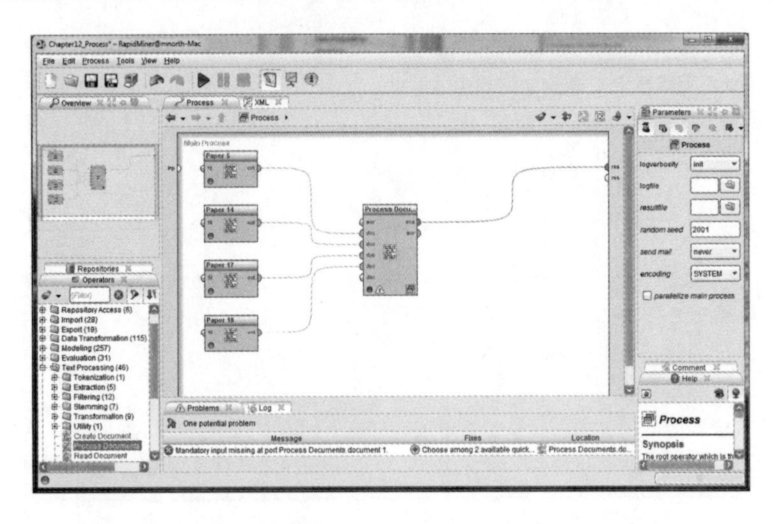

图 16－8　所有 4 篇联邦党人文章都馈入到单个文档处理器中

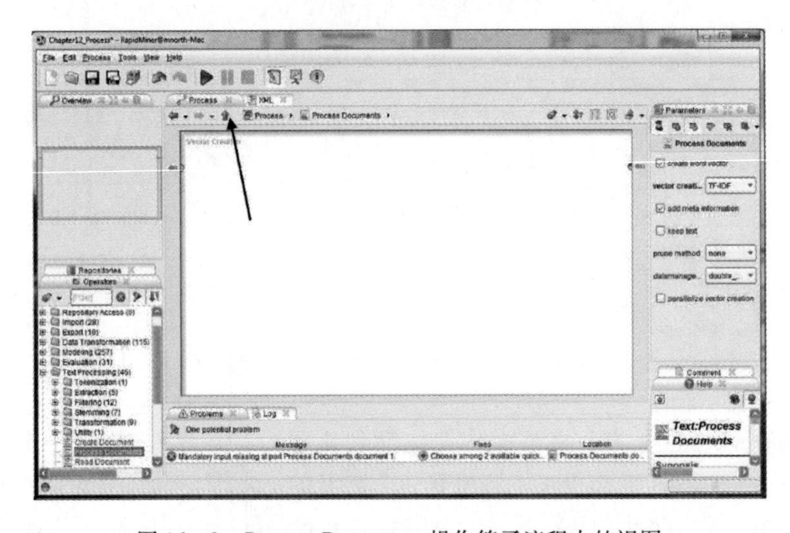

图 16－9　Process Documents 操作符子流程内的视图

必须要做的，此外还可以选择做一些其他工作，以便挖掘文本。使用“操作符”选项卡中的搜索字段找到称为 Tokenize 的操作符。该操作符位于 Text Processing 菜单中的 Tokenization 文件夹内。挖掘文本时，必须将文本中的单词组合到一起并计数。如果没有某些数字结构，计算机将无法评估单词的涵义。Tokenize 操作符能够为我们执行这项功能。将其拖动到子流程窗口（左上角带有“Vector Creation”标记）中。从屏幕左侧导入至操作符以及从操作符导入至屏幕右侧的 doc 端口都应使用曲线导入起来，如图 16 - 10 所示。

（11）运行模型，并简要查看输出。读者将看到 4 个输入文档中的每个单词现在都是数据集中的属性。此外，明智商业分析系统 V3.0 还创建了一些新的特殊属性。

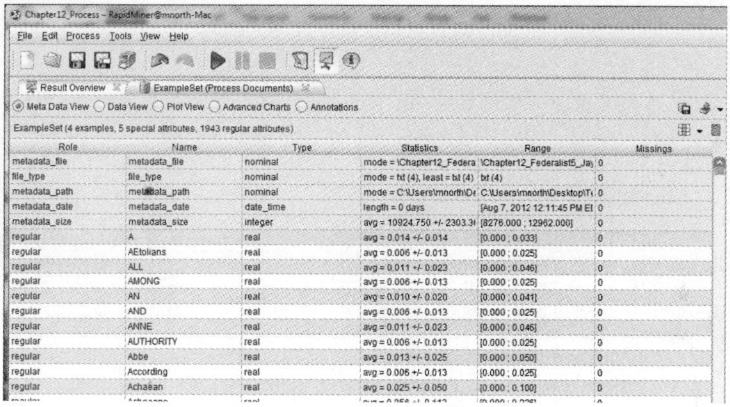

Chapter12_Process – RapidMiner@mnorth-Mac

File Edit Process Tools View Help

Result Overview | ExampleSet (Process Documents)

Meta Data View / Data View / Plot View / Advanced Charts / Annotations

ExampleSet (4 examples, 5 special attributes, 1943 regular attributes)

Role	Name	Type	Statistics	Range	Missings
metadata_file	metadata_file	nominal	mode = \Chapter12_Federa	\Chapter12_Federalist5_Jay	0
file_type	file_type	nominal	mode = txt (4), least = txt (4)	txt (4)	0
metadata_path	metadata_path	nominal	mode = C:\Users\mnorth\De	C:\Users\mnorth\Desktop\T	0
metadata_date	metadata_date	date_time	length = 0 days	[Aug 7, 2012 12:11:45 PM E	0
metadata_size	metadata_size	integer	avg = 10924.750 +/- 2303.3	[8276.000 ; 12962.000]	0
regular	A	real	avg = 0.014 +/- 0.014	[0.000 ; 0.033]	0
regular	AEtolians	real	avg = 0.006 +/- 0.013	[0.000 ; 0.025]	0
regular	ALL	real	avg = 0.011 +/- 0.023	[0.000 ; 0.046]	0
regular	AMONG	real	avg = 0.006 +/- 0.013	[0.000 ; 0.025]	0
regular	AN	real	avg = 0.010 +/- 0.020	[0.000 ; 0.041]	0
regular	AND	real	avg = 0.006 +/- 0.013	[0.000 ; 0.025]	0
regular	ANNE	real	avg = 0.011 +/- 0.023	[0.000 ; 0.046]	0
regular	AUTHORITY	real	avg = 0.006 +/- 0.013	[0.000 ; 0.025]	0
regular	Abbe	real	avg = 0.013 +/- 0.025	[0.000 ; 0.050]	0
regular	According	real	avg = 0.006 +/- 0.013	[0.000 ; 0.025]	0
regular	Achaean	real	avg = 0.025 +/- 0.050	[0.000 ; 0.100]	0

图 16 - 10　输入文档中的单词作为标记（属性）的视图

（12）切换回设计透视视图。此时将返回到我们从中运行模型的子流程。我们已通过标记化操作符将文档中的单词放入到属性中，但还需要进行进一步的处理，以便了解这些单词之间的相对价值。请注意，数据集中有些单词其实并没有太多的涵义。它们只是必要的导入词和冠词，用于使内容符合英文语法结构，但并没有太多涵义，也不会告诉我们与作者身份有关的更多信息。我们应去掉这些单词。在操作符搜索字段中，查找“Stop”。这些类型的单词称为停用词，明智商业分析系统 V3.0 有用于查找并过滤掉这些单词的内置词典，并且包含多种语言的版本。将过滤 Stopwords（English）操作符添加到子流程中（图 16 - 11）。

（13）在有些情况下，大写字母和小写字母将不匹配。在进行文本挖掘时，这可能会是一个问题，因此“Data”可能会被解读为与 data 不同。这称为区分大小写。我们可以通过将 Transform Cases 操作符添加到子流程中，解决这个问题。在“操作符”选项卡中搜索该操作符，并将其拖动到流中，如图 16 - 12 所示。

此时，我们拥有了一个模型，并且该模型能够挖掘并显示文本文档中使用最频繁的单词。这些单词将是我们要查看的相关结果。除了我们在此处使用的操作符之外，还有一些操作符读者应该了解，如图 16 - 13 中的黑色箭头所指。下面将对这些操作符进行介绍。

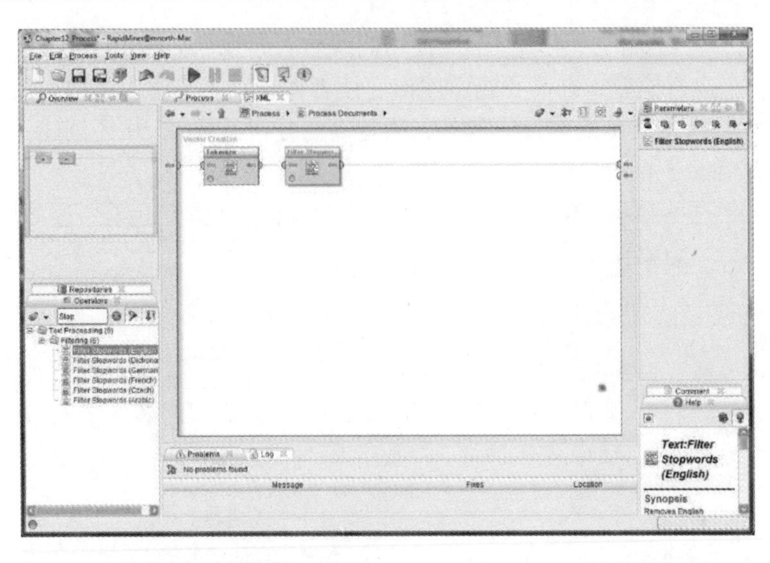

图 16－11　从模型中去掉“and”、“or”、“the”等停用词

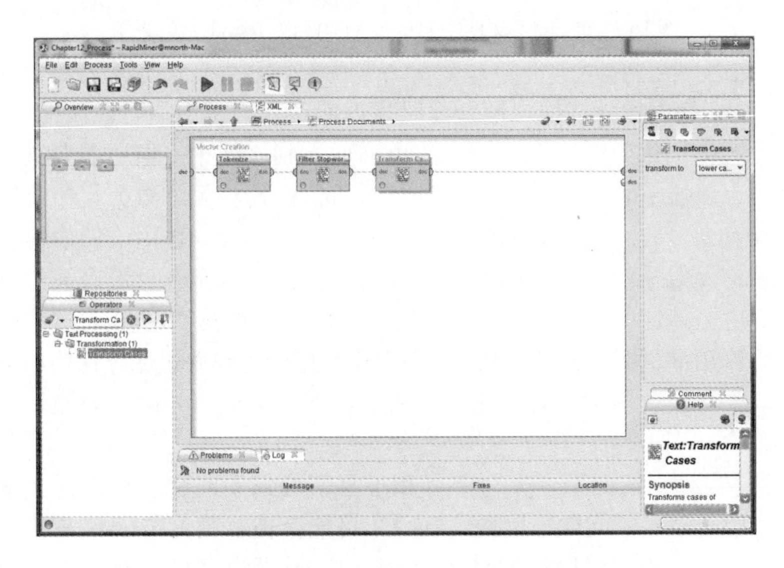

图 16－12　将文本中的所有标记（单词属性）设置为小写

Stemming：在文本挖掘中，词干还原指找到具有相同词根的词语，并将其合并到一起以表示基本相同的内容。例如，“America”、“American”、“Americans”是非常相似的词语，并且确实是指相同的事情。通过词干还原（读者可以看到有多个使用不同算法的词干还原操作符可供选择），明智商业

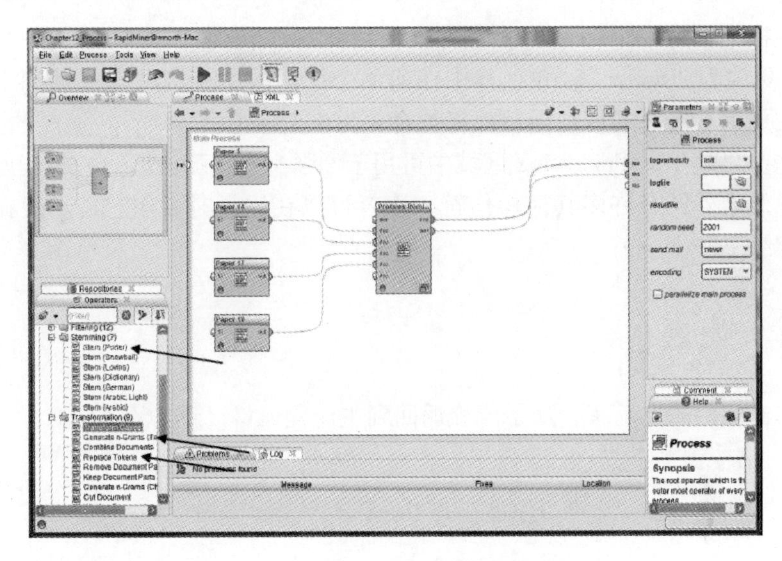

图 16－13　其他相关的文本挖掘操作符

分析系统 V3.0 可以将具有这些单词变体的所有例项约简为一般形式，例如“Americ”或“America”，并将所有这些例项放在单个属性中。

Generate n－Grams：在文本挖掘中，n 元词串指短语或单词组合，其涵义不同于各个单词的涵义或比各个单词的涵义更丰富。在创建 n 元词串时，n 指读者希望明智商业分析系统 V3.0 考虑组合在一起的最大词语数。以标记“death”为例，这个词本身要表达的意思非常强烈，能够激发很强烈的感情。现在请在模型中添加一个 Generate n－Grams 操作符并将其元数设置为 2（在 n 元词串操作符的参数区域设置），然后再考虑一下词语的涵义、强烈程度和感情。根据输入文本，读者可能会发现标记“death_ penalty”。它无疑有一个更具体的涵义，并且与标记“death”相比，能够激发不同甚至更强烈的感情。如果我们将 n 元词串的元数增加到 3，会怎样？我们可能会发现标记“death_ penalty_ execution”。同样，它具有更具体的涵义，或许还会附带更强烈的感情。请注意，对于上述每个示例词串标记，只有当其中的两个或三个单词被发现在一起，并且在输入文本中有非常接近的其他类似内容时，明智商业分析系统 V3.0 才会创建这些标记。生成词串是一种将更精细的分析带入文本挖掘活动的绝佳方式。

Replace Tokens：这类似于在结构化程度更高的数据中替换缺少或不一致的值。对文本输入进行标记化处理后，可以非常方便地使用此操作符。例如，假设数据集中有标记“nation”、“country”和“homeland”，但读者希望将所有这些标记视为一个标记。读者可以使用此操作符将“country”和“homeland”更改为“nation”，并且其中任何一个词语的所有例项（或其词干，如果还使用词干还原的话）随后都将被合并为单个标记。

这些只是 Text Processing 区域中可用于增强文本挖掘模型的一些其他操作符。除此之外还有许多其他操作符，读者可以在闲暇时试用它们。现在，我们将继续下一步……

16.5 建模

单击蓝色向上箭头，从子流程返回到主流程窗口（图 16－14）。

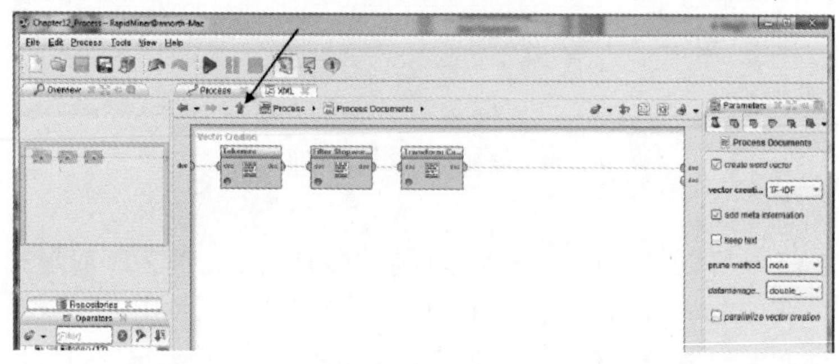

图 16－14 “返回到父操作符”箭头（黑色箭头所指）

在主流程窗口中，确保 Process Documents 操作符上的 exa 和 wor 端口均导入至 res 端口，如图 16－15 所示。

exa 端口将在结果透视视图中生成一个选项卡，其中会将文档中的单词（标记）显示为属性，并且会以小数系数显示属性在每个文档（共 4 个文档）中的相对强度。wor 端口将在结果透视视图中创建一个选项卡，其中会将单词显示为标记，并且会显示出现的总次数，以及每个标记在多少个文档中出现。尽管在本章的示例中我们将进行更多建模工作，但此时我们将继续下一步……

16.6 评估

让我们再次运行模型。我们可以看一下结果透视视图中的“WordList”选项卡，其中显示了我们的标记及其在输入文档中出现的频度。

其中有许多标记，但考虑到已馈入到模型中的每篇文章的长度，这并不

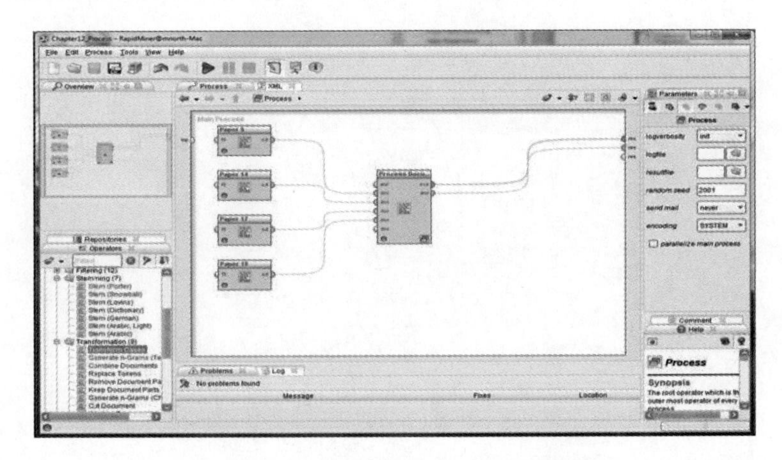

图 16－15　联邦党人文集文本挖掘模型

令人惊讶。在图 16－16 中，我们可以看到有些标记出现在了多个文档中。以单词（或标记）“acquainted”为例，这个词在 4 个文档的 3 个文档中各出现了一次。我们是如何知道的？此标记的 Total Occurrences 显示为 3，Document Occurrences 也显示为 3，因此它必定是在 3 个文档中各出现了一次。（请注意，即使只是粗略地查看一下这些标记，也会发现一些词干的还原机会，例如“accomplish”和“accomplished”，或“according”和“accordingly”。）单击两次 Total Occurrences 列，将最常见的词放在最上面（图 16－17）。

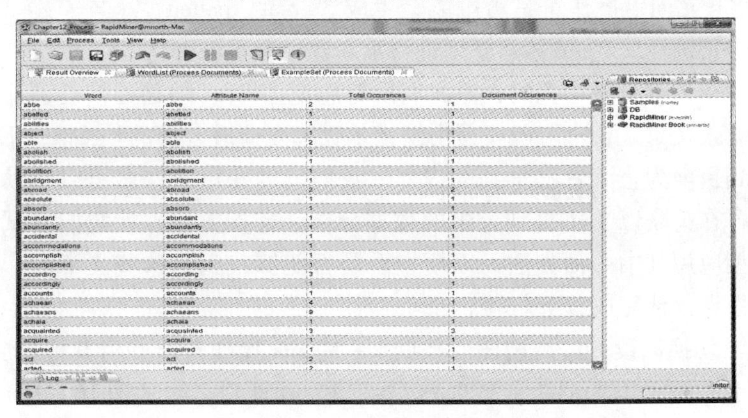

Word	Attribute Name	Total Occurences	Document Occurences
abbe	abbe	2	1
abetted	abetted	1	1
abilities	abilities	1	1
abject	abject	1	1
able	able	2	1
abolish	abolish	1	1
abolished	abolished	1	1
abolition	abolition	1	1
abridgment	abridgment	1	1
abroad	abroad	2	2
absolute	absolute	1	1
absorb	absorb	1	1
abundant	abundant	1	1
abundantly	abundantly	1	1
accidental	accidental	1	1
accommodations	accommodations	1	1
accomplish	accomplish	1	1
accomplished	accomplished	1	1
according	according	3	1
accordingly	accordingly	1	1
accounts	accounts	1	1
achaean	achaean	4	1
achaeans	achaeans	9	1
achaia	achaia	1	1
acquainted	acquainted	3	3
acquire	acquire	1	1
acquired	acquired	1	1
act	act	2	1
acted	acted	2	1

图 16－16　通过第 5 篇、第 14 篇、第 17 篇和第 18 篇联邦党人文章生成的标记，以及出现的频度

在此处我们可以看到所有作者都大量使用的重要单词。联邦党人文集是为了让人们拥护新宪法而撰写的，这些标记反映了这一宗旨。不仅这些词频

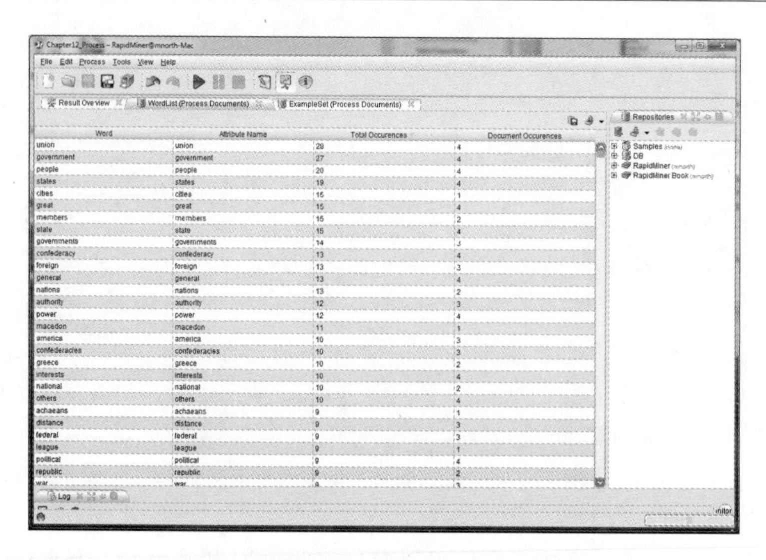

Word	Attribute Name	Total Occurences	Document Occurences
union	union	28	4
government	government	27	4
people	people	20	4
states	states	19	4
cities	cities	16	1
great	great	15	4
members	members	15	2
state	state	15	4
governments	governments	14	3
confederacy	confederacy	13	4
foreign	foreign	13	3
general	general	13	4
nations	nations	13	2
authority	authority	12	3
power	power	12	4
macedon	macedon	11	1
america	america	10	3
confederacies	confederacies	10	3
greece	greece	10	2
interests	interests	10	4
national	national	10	2
others	others	10	4
achaeans	achaeans	9	1
distance	distance	9	3
federal	federal	9	3
league	league	9	1
political	political	9	4
republic	republic	9	2
war	war	9	3

图 16－17　按总出现次数重新降序排序的标记

繁出现在所有 4 个文档中，而且文章中的用词突出反映了撰写和发表这些文章的目的。在此处我们再次注意到存在一个可以利用词干还原的机会（“government”、“governments”）。此外，一些 n 元词串还具有非常高的相关性，并提供丰富的信息。“great”一词非常常见而且使用得非常频繁，但用在哪些语境中呢? n 元词串操作符是否可能会生成“great_ nation”（与“great”相比具有更丰富的涵义）? 请随意尝试进行重新建模和重新评估。

这些结果本身是相关的，但我们没有忘记 Gillian 问题的核心，即：第 18 篇联邦党人文章是否可能确实是由汉密尔顿和麦迪逊合著的? 回想一下本书内容以及到目前为止读者已学到的内容。我们已经介绍了许多可以帮助我们查看是否存在关联以及按类别分组的数据分析、挖掘方法。让我们尝试对文本挖掘模型应用其中一种方法，以便查看是否能够找到与这些文章的作者有关的更多信息。请完成以下步骤。

（1）切换回设计透视视图。找到 k－Means 操作符，并将其拖动到流中，使其位于 Process Documents 上的 exa 端口和 res 端口之间（图 16－18）。

（2）在此模型中，我们将接受 K 的默认值 2，因为我们希望将汉密尔顿和麦迪逊的著作组合在一起，并将杰伊的著作单独放在一起。我们希望获得一个汉密尔顿/麦迪逊聚类，其中包含第 18 篇文章，并获得一个杰伊聚类，其中只包含他自己的文章。运行模型，然后单击“Cluster Model”选项卡（图 16－19）。

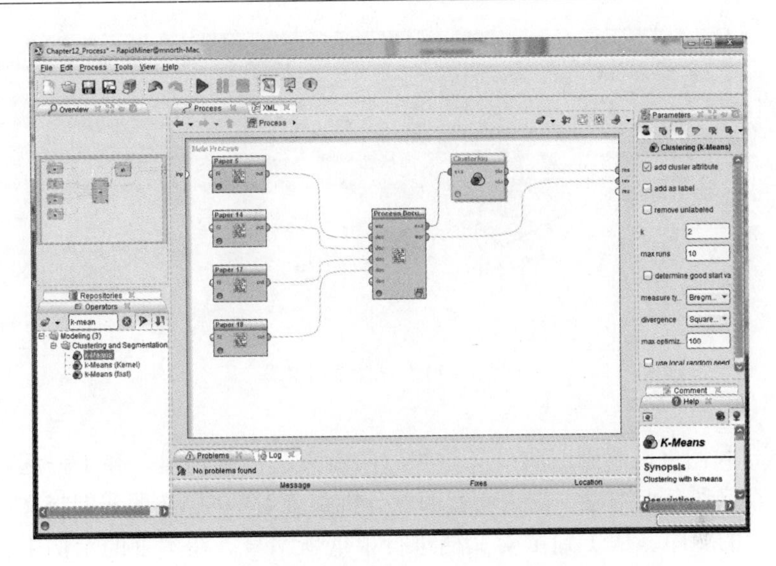

图 16－18　使用标记频度作为均值对文档进行聚类处理

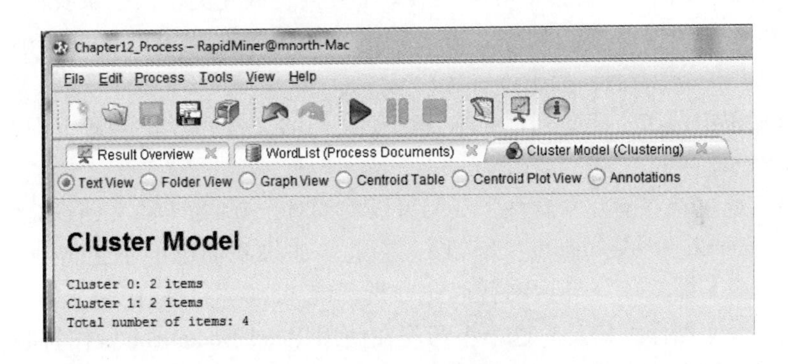

图 16－19　4 个文本文档的聚类结果

遗憾的是，结果显示好像 4 个文档中至少有一个文档与约翰·杰伊的文章（第 5 篇）之间存在关联。出现这种情况的原因可能有两个：①我们使用了 K 均值方法，而均值一般倾向于尝试查找两侧对等的中间值；②杰伊同汉密尔顿和麦迪逊一起撰写了同一篇文章。因此，这些文章之间会有许多相似性，从而使均值更轻松地实现平衡，即使杰伊并没有参与第 18 章的创作也是如此。仅这一条原因就足以导致足够的相似性，进而使第 18 篇文章同杰伊关联起来，尤其是当我们选择的操作符尝试寻找均等平衡时。通过单击“目录视图”单选按钮并展开两个文件夹菜单树状目录，我们可以看到已聚类的 4 篇文章（图 16－20）。

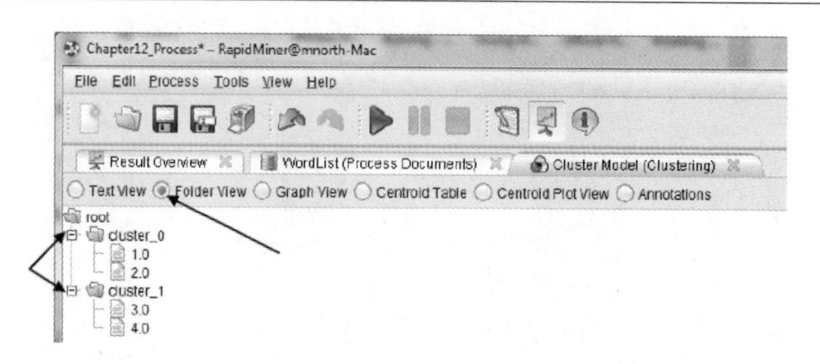

图 16－20　查看文档聚类

（3）我们可以看到前两篇文章和后两篇文章被分别组合在了一起。这可能会令人感到有点困惑，因为明智商业分析系统 V3.0 已按照我们将文件添加到模型中的顺序，从 1 到 4 对文档进行了重新编号。在本书的示例中，这些文件是按数字顺序添加的，即 5、14、17，然后是 18。因此第 5 篇文章对应于第 1 个文档，第 14 篇文章对应于第 2 个文档，依此类推。如果我们已不记得将文章添加到模型中的顺序，可以单击文档编号左侧的白色页面小图标，来查看文档的详细信息（图 16－21）。

（4）单击两次 Value 列标题。这会使文档的文件路径位于最上面，如图 16－22 所示。

（5）通过查看前几个属性，我们可以看到对于 ID 为 1 的文档，对应的文件是 Chapter12_ Federalist05_ Jay. txt。因此，如果我们已经不记得我们首先添加的是第 5 篇文章（导致明智商业分析系统 V3.0 将其标记为文件 1），我们可以查看文档详细信息。这个小窍门在使用 Read Document 操作符时有用，因为被读取的文档成为了 metadata_ 文件属性的值，但当使用一些其他操作符时，例如 Create Document 操作符，则没有用，稍后我们将对此进行介绍。因为在本章的示例中，我们是按数字顺序添加的文章，因此我们无需查看并排序每个文档的详细信息，但读者也可能希望这样做。知道文档 1 和文档 2 分别对应于杰伊撰写的第 5 篇文章和麦迪逊撰写的第 14 篇文章，文档 3 和文档 4 分别对应于汉密尔顿撰写的第 17 篇文章和被怀疑是合著的第 18 篇文章后，我们在此模型中看到的信息可能会令我们倍感鼓舞。它显示汉密尔顿确实与第 18 篇联邦党人文章存在一定的关联，但我们尚不知道麦迪逊是否也是如此，因为麦迪逊和杰伊被组合在了一起，原因可能是前面介绍的 K 均值聚类倾向于进行均值平衡。

（6）或许我们可以通过更好地训练我们的模型来识别杰伊的著作，从而

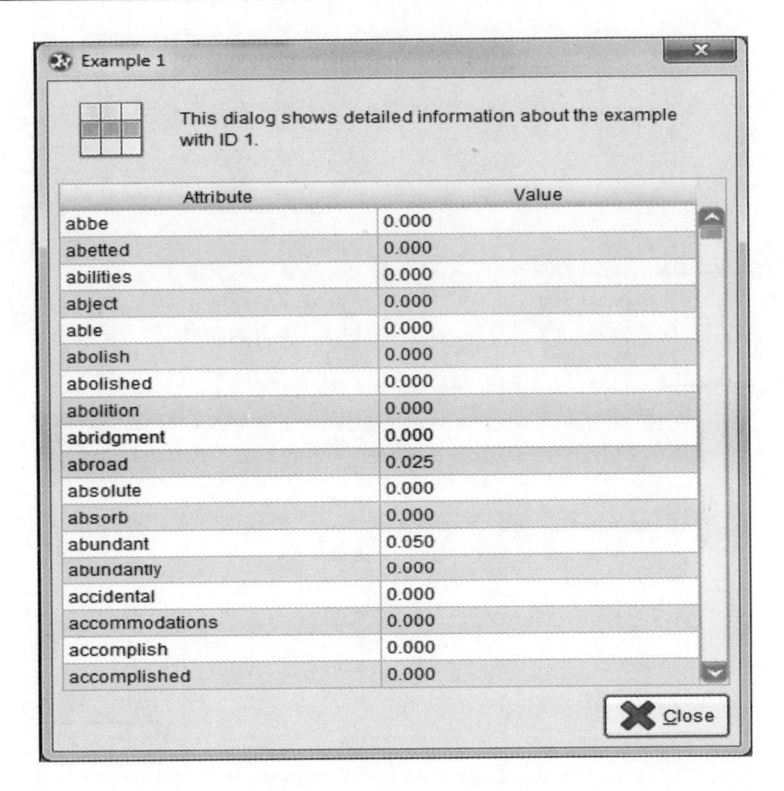

图 16－21　明智商业分析系统 V3.0 中文档 1.0 的详细信息

解决这一问题。使用读者常用的搜索引擎在互联网上搜索第 3 篇联邦党人文章的内容。Gillian 知道这篇文章的作者是约翰·杰伊。我们将使用这篇文章的内容来训练我们的模型，以便更好地识别杰伊的著作。如果第 18 篇文章是由杰伊撰写的，或甚至是由杰伊与其他人合著的，当我们将第 3 篇文章添加到模型中后，或许我们将发现第 18 篇文章与杰伊的第 3 篇和第 5 篇文章被聚类在一起。在本例中，汉密尔顿和麦迪逊应被聚类在一起。另一方面，如果第 18 篇文章不是由杰伊撰写或不是由杰伊与其他人合著的，则只要杰伊在他自己的第 3 篇文章和第 5 篇文章之间保持一致，第 18 篇文章应与汉密尔顿撰写的第 17 篇文章和/或麦迪逊撰写的第 14 篇文章被聚类在一起。在读者找到第 3 篇文章的任何网站上（可在多个网站上找到这篇文章），通过亮相该文章中的内容来复制这些内容。然后在明智商业分析系统 V3..0 内的设计透视视图中找到 Create Document 操作符，并将其拖放到流程中（图 16－23）。

（7）请务必确保 Create Document 操作符的 out 端口导入至 Process Document 操作符的 doc 端口。前一个端口可能会导入至 res 端口，因此读者需要将

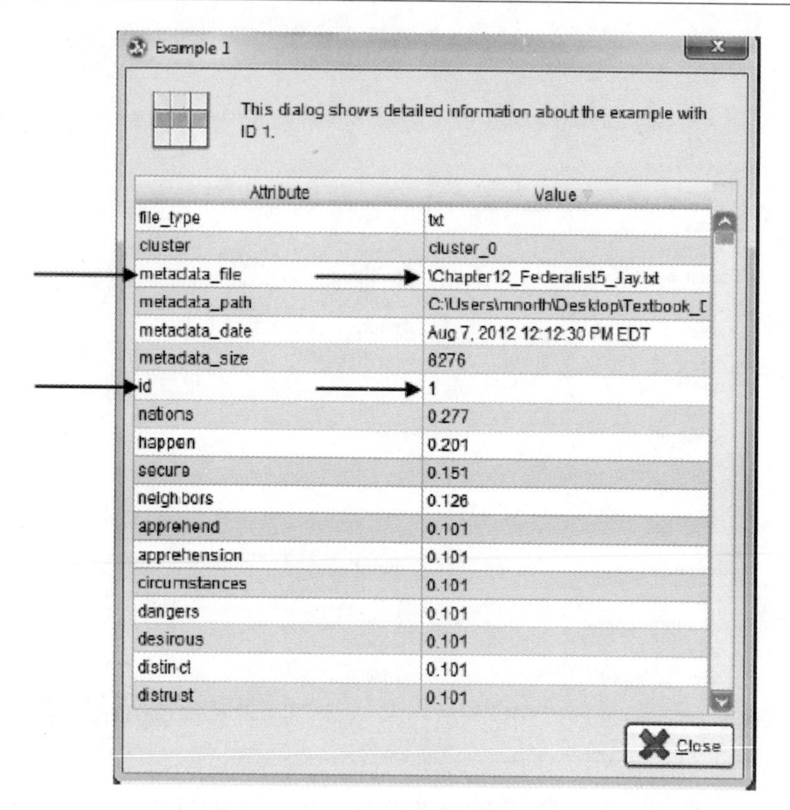

图 16－22 文档 1 的值按反序排序

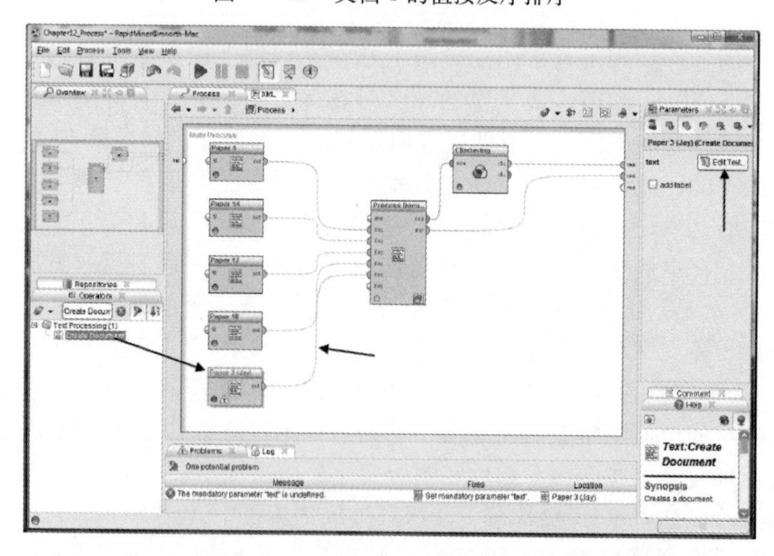

图 16－23 将 Create Document 操作符添加到文本挖掘模型中

其重新导入至 Process Documents 操作符。让我们将此操作符重命名为"Paper 3 (Jay)"。然后单击屏幕右侧"参数"区域中的"Edit Text"按钮。读者将看到一个类似于图 16－24 的窗口。

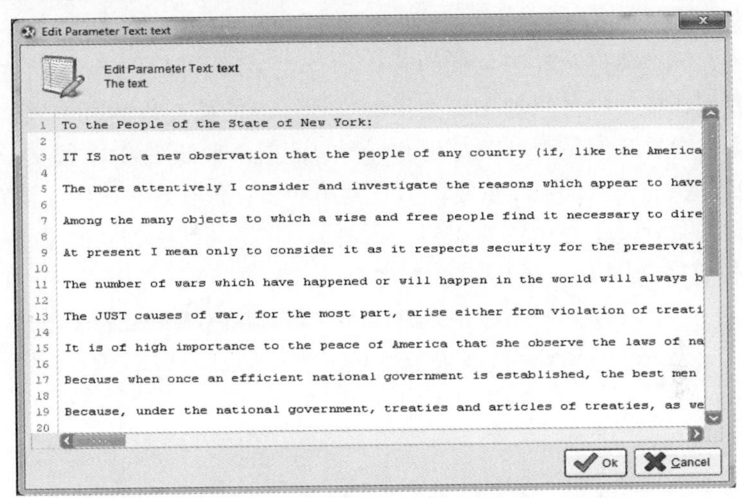

图 16－24　通过 Create Document 操作符添加文本文档

（8）将第 3 篇联邦党人文章中的内容粘贴到"Edit Parameter Text"窗口中，然后单击"确认"。现在，我们拥有 5 个要通过 K 均值模型处理和运行的文档。明智商业分析系统 V3.0 将为这个新文档指定文档 ID 5，因为它是添加到主流程中的第 5 个文档。运行模型，看看文档现在是如何分组的（图 16－25）。

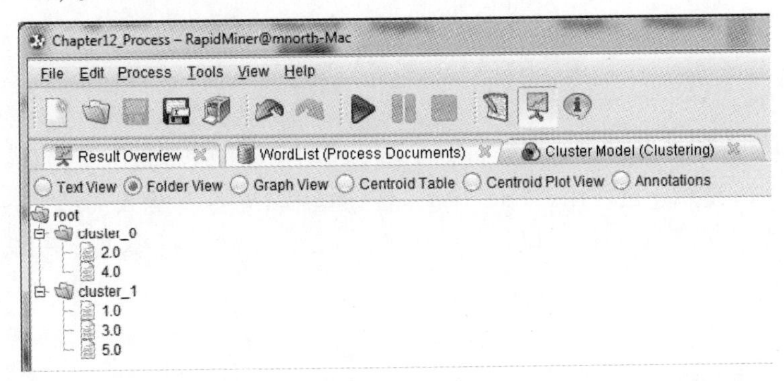

图 16－25　添加杰伊的另一篇文章后，明智商业分析系统 V3.0 发现的新聚类

（9）在结果透视视图中的"Cluster Model"选项卡上（在聚类菜单树状

目录展开的情况下），现在我们看到文档 2 和文档 4（麦迪逊撰写的第 14 篇文章和合著的第 18 篇文章）被组合在了一起，而杰伊的两篇文章（文档 1［第 5 篇文章］和文档 5［第 3 篇文章］）同汉密尔顿的文章（文档 3［第 17 篇文章］）被组合在了一起。这一结果非常令人鼓舞，因为被怀疑是合著的第 18 篇文章现在同麦迪逊和汉密尔顿的著作均存在关联，但与杰伊的著作没有关联。让我们在模型中再添加一篇杰伊的文章，以便按杰伊的著作风格进一步训练模型，看看我们是否可以发现进一步的证据，来证明第 18 篇文章同麦迪逊和汉密尔顿的关联最强。重复第 7 步到第 9 步，但在这一次中，请查找第 4 篇联邦党人文章（也是由约翰杰伊撰写的），并将其粘贴到新的 Create Document 操作符中（图 16 – 26）。

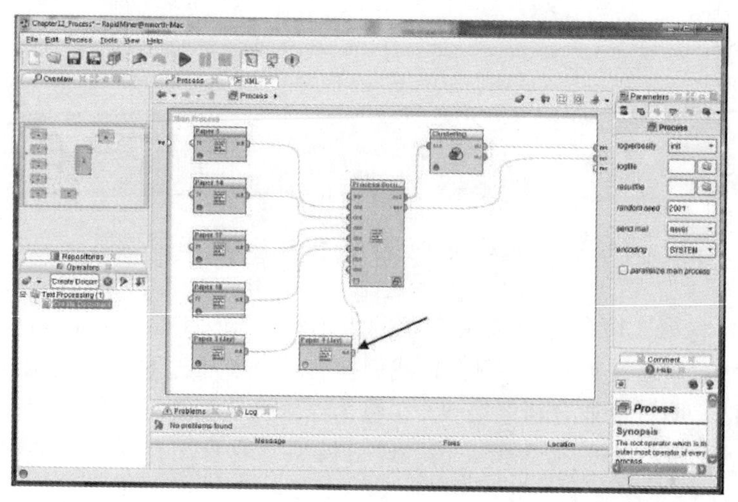

图 16 – 26　添加另一个 Create Document 操作符，其中包含约翰杰伊撰写的第 4 篇联邦党人文章中的内容

（10）请务必将第二个 Create Document 操作符重命名为一个描述性名称，如图 16 – 26 所示。已使用“Edit Text”按钮将第 4 篇联邦党人文章中的内容粘贴到模型中并确保所有端口导入正确后，最后一次运行模型，并继续下一步……

16.7　部署

Gillian 希望调查多篇联邦党人文章之间的相似之处和区别，以便佐证第 18 篇文章确实是由亚历山大·汉密尔顿和詹姆斯·麦迪逊合著的（图 16 – 27）。

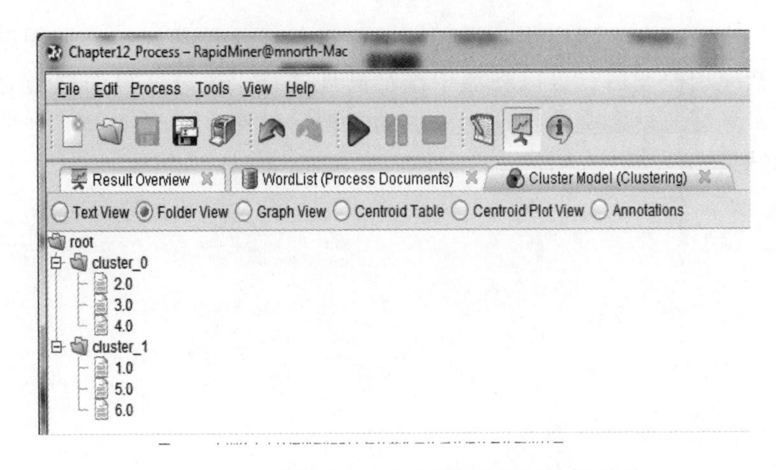

图 16－27　在训练文本挖掘模型识别杰伊的著作风格后获得的最终聚类结果

Gillian 现在已经找到她所希望的证据。随着我们继续按杰伊的著作风格训练模型，我们发现第 3 篇、第 4 篇和第 5 篇文章之前确实存在一致性，因为明智商业分析系统 V3.0 发现这些文档是最类似的，并因此一起被聚类在 cluster_ 1 中。与此同时，明智商业分析系统 V3.0 一直发现被怀疑是由麦迪逊和汉密尔顿合著的第 18 篇文章与他们两人中的其中一个人存在关联，然后又发现与另一个人也存在关联，并最终发现同这两个人之间都存在关联。Gillian 可以通过添加所有三个作者的其他文章来进一步巩固模型，或者她可以将她的发现在博物馆中展出。

16.8　章节汇总

文本挖掘是一种强大的非结构化数据（例如文本段落）分析方式。可以采用不同的方式将文本馈入到模型中，然后可以将其划分为标记。进行标记化处理后，可以对单词进行进一步的处理，以便解决区分大小写、短语或单词组合、单词词干等问题。这些分析的结果可以揭示强单词或词组在多个文档中出现的频度和共性。这可以揭示文本中的趋势，例如哪些主题对作者而言非常重要，或在读取文档时，哪些消息应从内容中去掉。

此外，将文档的标记组织到属性中后，可以对文档应用模型，就像可以对其他结构化程度更高的数据集应用模型一样。明智商业分析系统 V3.0 中的单个 Process Document 操作符可以处理多个文档。该操作符将通过子流程流，一次对所有文档应用一组相同的标记化操作符和标记处理程序。对一组文档应用模型后，可以在流中添加其他文档，通过文档处理器对其进行处理，然后通过模型运行这些添加的文档，以便生成训练程度更高且更具体的结果。

第四部分　关联工作说明

第 17 章　评估和部署

17.1　背景和概要说明

正如在第 1 章中所介绍的，本书旨在向非专业人士以及非计算机领域的科研人员介绍一些数据分析、挖掘方法和工具。虽然我们在本书中介绍了一些流程、工具、操作符、数据处理技术等，但通过这些广泛的数据分析、挖掘处理，我们要了解的最重要的一点或许应该是，该领域非常庞大、非常复杂，并且在不断发展变化。我们已经介绍了 CRISP - DM 流程，并涉及了众多用于分类和/或预测的数据分析、挖掘模型。本书中介绍了一些数据处理工具和技术，在此过程中，读者还应注意到明智商业分析系统 V3.0 中未使用或讨论的众多其他操作符。尽管读者可能认为自己已经非常了解数据分析、挖掘（并且我们也希望是如此），但请注意，还有许多数据分析、挖掘方面的知识在本书中并没有涉及，因此读者要学习的东西仍然有很多。

本章和下一章讨论在将任何实际数据分析、挖掘结果应用于实践中之前，应注意的一些事项。本章将介绍一种使用明智商业分析系统 V3.0 对数据分析、挖掘模型进行一些验证的方法。第 18 章将讨论作为数据分析、挖掘者，读者将做出的选择，以及引导读者做出正确选择的一些方法。切记在本书中提到的 CRISP - DM 是一个需要循环进行的流程，读者应不断从所进行的工作中获得更多知识，并将其馈入到下一次的数据分析、挖掘活动中。

例如，假设读者已在数据分析、挖掘模型中针对每个属性使用替换缺失值操作符将数据集中所有缺失的值设置为平均值，并假设读者在为公司进行决策时使用了该数据分析、挖掘模型的结果，但实践表明这些决策并不太理想。如果将这些决策追溯到数据分析、挖掘活动，并发现通过使用平均值，读者做出了一些实际上并不是非常切合实际的假设，这种情况下该怎么办呢？或许读者不需要抛弃整个数据分析、挖掘模型，但在下次运行模型时，读者应确保移除具有缺失值的观察项，或根据已了解到的知识，使用更合适的替代值。即使读者使用了数据分析、挖掘结果并获得了非常好的效果，仍要切记读者的业务在不断发展变化，并且通过组织的日常运营，读者会收集到更多数据。请务必将这些数据添加到训练数据集中，并将实际效果与预测结果进行比较，然后根据不断积累的经验和专业知识对数据分析、挖掘模型进行优化。以第8章和第12章中虚构的销售经理 Sarah 为例，现在我们已经通过线性回归模型帮助她预测了各个家庭的热燃油用量，因此 Sarah 可以跟踪这些家庭的实际热燃油订单，以便查看实际用量与预测结果的吻合情况。在这些客户实际消费数月或数年的热燃油后，可以将他们的数据馈入到 Sarah 所用模型的训练数据集中，以便帮助进行更准确的预测。

将明智商业分析系统 V3.0 导入至数据库或数据仓库而非通过文件（CSV 文件等）导入数据的一个好处是：可以实时向数据集中添加数据，并直接反馈入到明智商业分析系统 V3.0 模型中。如果读者将获得一些新的训练数据（就像在前文介绍的情景中 Sarah 可以获得新数据一样），并且这些数据在相连的数据库中，则可以立即被纳入到明智商业分析系统 V3.0 模型中。如果使用 CSV 文件，则需要将新的训练数据添加到文件中，然后再将文件重新导入到明智商业分析系统 V3.0 存储库内。

随着我们不断对模型进行优化和调整，它们将能够更好地为我们服务。除了利用不断积累的专业知识以及添加更多训练数据之外，明智商业分析系统 V3.0 中还有一些内置的方式可以检查模型的性能。

17.2 交叉验证

交叉验证是指检查明智商业分析系统 V3.0 中的预测模型出现误判的可能性。大多数数据分析、挖掘软件产品都有相应的操作符用于进行交叉验证和其他形式的误判检测。误判是指值的预测不准确。下面我们将介绍一个示例，该示例将使用我们在第 14 章中为虚构客户 Richard 构建的决策树。请完成以下步骤。

（1）打开明智商业分析系统 V3.0，并开始一个新的空白数据分析、挖掘流程。

（2）前往“仓库”选项卡并找到第 14 章的训练数据集。该数据集中包含与客户在 Richard 公司网站上的购买习惯有关的属性，以及客户所属的电子阅读器采用类别。将该数据集拖动到主流程窗口中。如果读者愿意的话，可以重命名该数据集。在图 17－1 中，我们已将其重命名为 eReader Train。

（3）将设置角色操作符添加到流中。我们将介绍一个关于使用该操作符的新窍门。将 User_ ID 属性设置为“id”。我们知道我们仍需要将 eReader_ Adoption 设置为“label”（即我们需要预测的内容）。在第 14 章中，我们是通

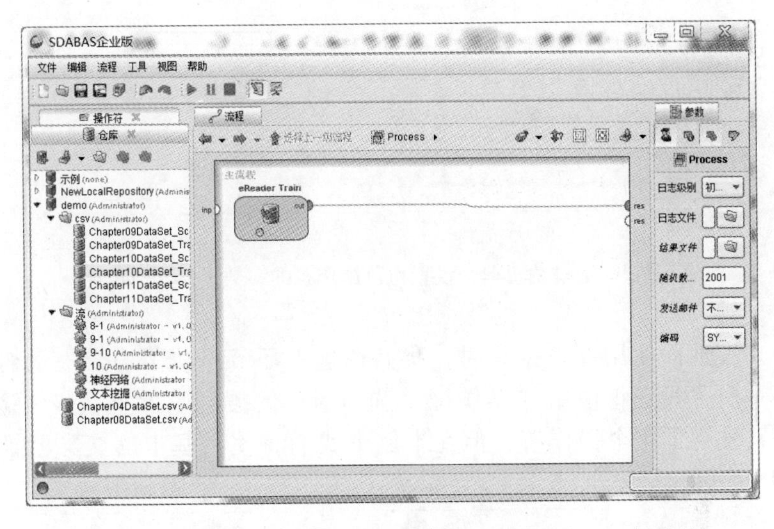

图 17 – 1　将第 14 章的训练数据添加到新模型中，以便对其预测能力进行交叉验证

过添加另一个设置角色操作符来实现的，但这一次，请在“参数”区域单击“set additional roles”：“编辑列表”按钮，如图 17 – 2 所示。

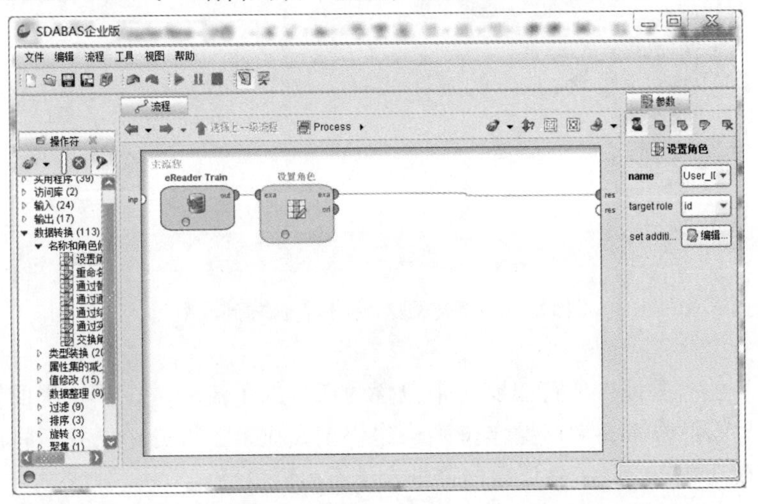

图 17 – 2　使用单个设置角色操作符设置多个角色

（4）在出现的弹出窗口中，将“name”字段设置为“eReader_ Adoption”，并将“target role”字段设置为“label”（图 17 – 3）。（请注意：通过“添加项目”按钮，可以使用这一个设置角色操作符一次为多个属性指定

角色。)

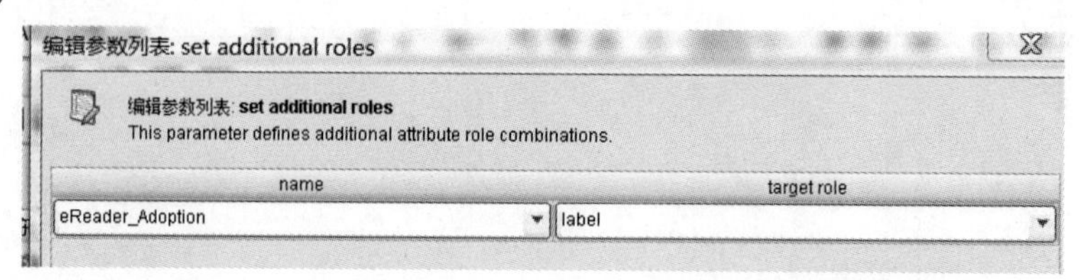

图 17-3 通过编辑单个设置角色操作符的参数设置其他角色

(5) 在前面使用此数据集时，我们在这一环节添加了一个决策树操作符。这一次，我们将使用“操作符”选项卡中的搜索字段查找 x-验证操作符。共发现了 4 个操作符，但在本例中我们将使用基本的交叉验证操作符（图 17-4）。

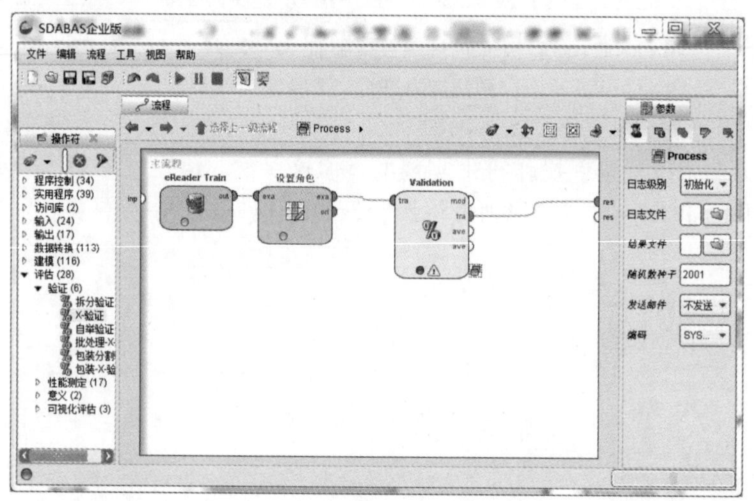

图 17-4 将交叉验证操作符添加到流中

(6) 交叉验证操作符需要一个包含两部分的子流程。在子流程的第一部分中，我们将添加决策树操作符来构建模型，在第三部分中，我们将应用模型并检查其性能。双击验证操作符进入子流程窗口。

(7) 如图 17-5 所示，在交叉验证子流程的训练集一侧添加决策树操作符，并在测试一侧添加应用模型操作符。此时请将决策树的操作符保留为 gain_ ratio。此处所显示的曲线是在将这些操作符拖动到这两个区域中时自动绘制的。如果因任何原因导致这些曲线未按此方式配置，请按图示导入端口，以便子流程与图 17-5 所示一致。现在我们必须完成子流程的测试部分。在操作符搜索字段中搜索称为“性能”的操作符。发现了多个操作符。我们将使用第一个，即性能（Classification）。我们之所以选择此操作符是因为决策树用于预测属性的类别，在我们的示例中为采用者类别（创新者、早期采用者等），如图 17 – 6 所示。

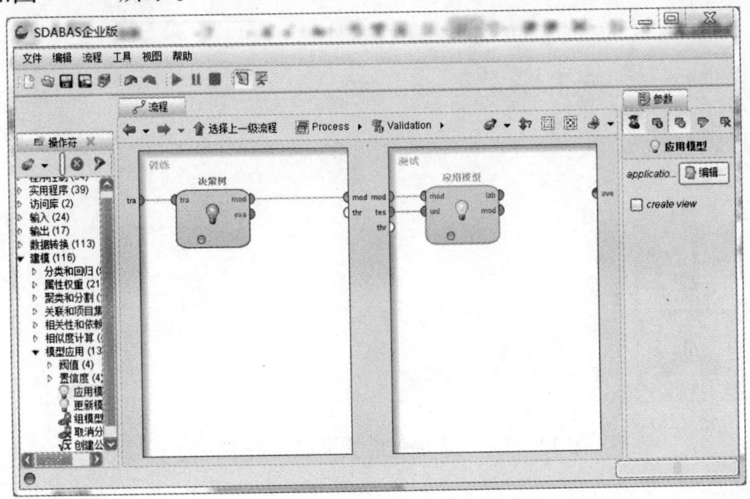

图 17 – 5　建模并在交叉验证子流程中应用模型

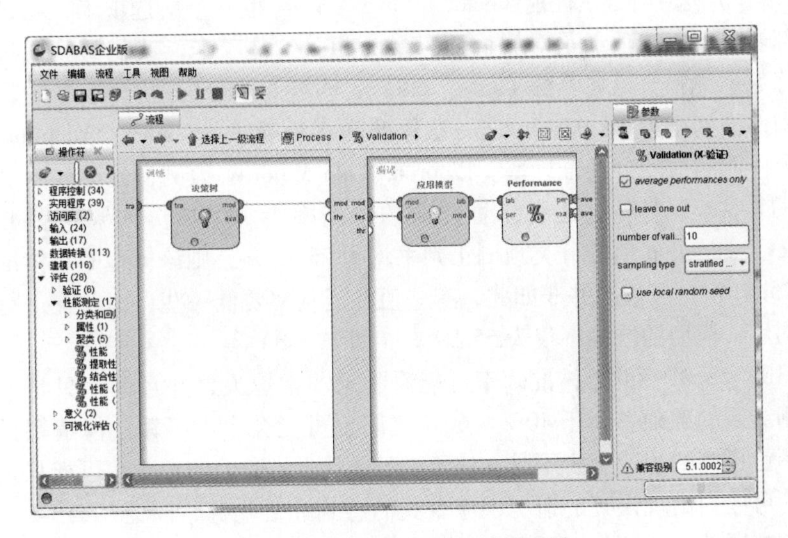

图 17 – 6　交叉验证子流程的配置

（8）配置子流程后，单击蓝色向上箭头返回到上一级流程。将 mod、tra 和 ave 端口导入至 res 端口，如图 17 – 7 所示。mod 端口将生成决策树的图形化表示，tra 端口将创建训练数据集的属性表，avg 端口将计算 True Positive 表，其中显示训练数据集进行准确预测的能力。

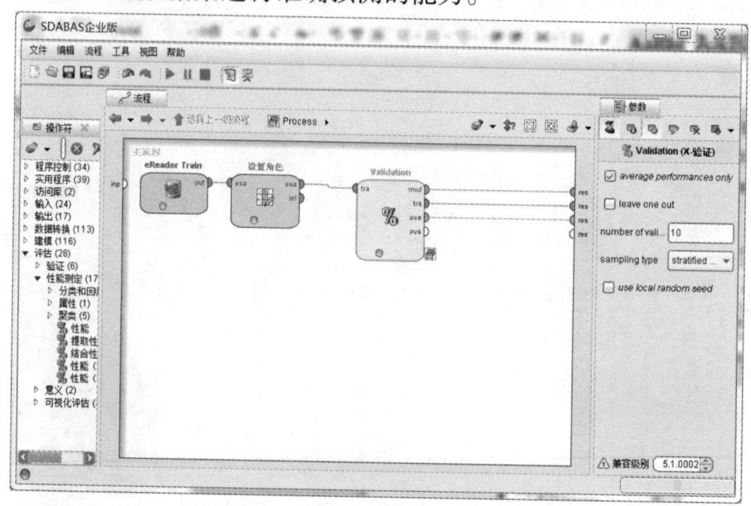

图 17-7 旨在通过经交叉验证的决策树

(9) 运行模型。读者应该非常熟悉“ExampleSet”（tra 端口）和“Tree”（mod 端口）选项卡。“性能 Vector”（avg 端口）是一个新选项卡，在进行评估和部署时，该选项卡是对我们而言最为相关的选项卡。我们看到通过使用此训练数据集和决策树算法（gain_ ratio），明智商业分析系统 V3.0 计算得出该模型的准确率为 55.97%。这一总体准确率反映了 eReader_ Adoption 属性中每个可能的值的分类准确率。以 pred. Late Majority 为例，分类准确率（或正判率）为 75.41%，这意味着此值的误判率为 30.2%。如果所有可能的 eReader_ Adoption 值的分类预测正判率均为 75.41%，则该模型的总体准确率也为 75.41%，但情况并非如此，有些值的正判率要低一些，因此在进行加权和平均后，模型的准确率仅为 55.97%（图 17-8）。

(10) 55.97% 的总体准确率可能看起来非常惊人，并且即使只是个别分类预测结果的准确率介于 40% ~60% 之间也可能会令人气馁。但请切记，生活是不可预测的，或至少不是一成不变的。因此 100% 的正判率可能只是一个梦想。可能会出现误判的情况不应令我们感到非常吃惊，因为在第 14 章中评估置信率属性时，我们就已经知道大多数观察项的预测值存在局部置信率。在图 14-10 中，人员 77 373 有一定的机会归于 4 个可能的采用者类别中的任何一个中——当然这可能存在误判！但这并不会导致我们的模型毫无用处，或许我们可以改进我们的模型。返回到设计透视视图并双击验证操作符，以便

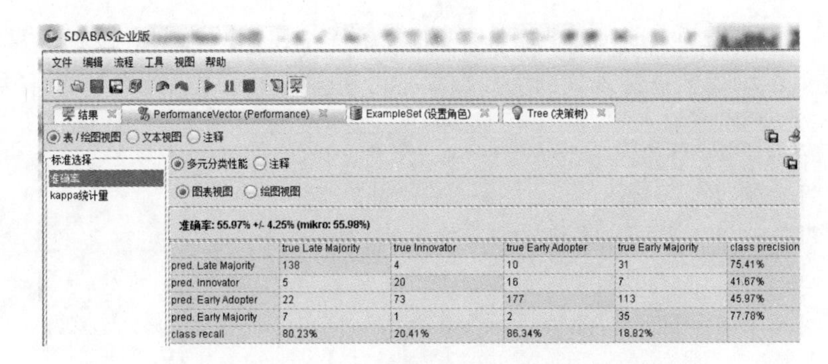

	true Late Majority	true Innovator	true Early Adopter	true Early Majority	class precision
pred. Late Majority	138	4	10	31	75.41%
pred. Innovator	5	20	16	7	41.67%
pred. Early Adopter	22	73	177	113	45.97%
pred. Early Majority	7	1	2	35	77.78%
class recall	80.23%	20.41%	86.34%	18.82%	

图 17 - 8　评估决策树模型的预测质量

重新打开子流程。单击决策树操作符，以便将其 criterion 参数更改为使用 gini_ index 作为其基本算法（图 17 - 9）。

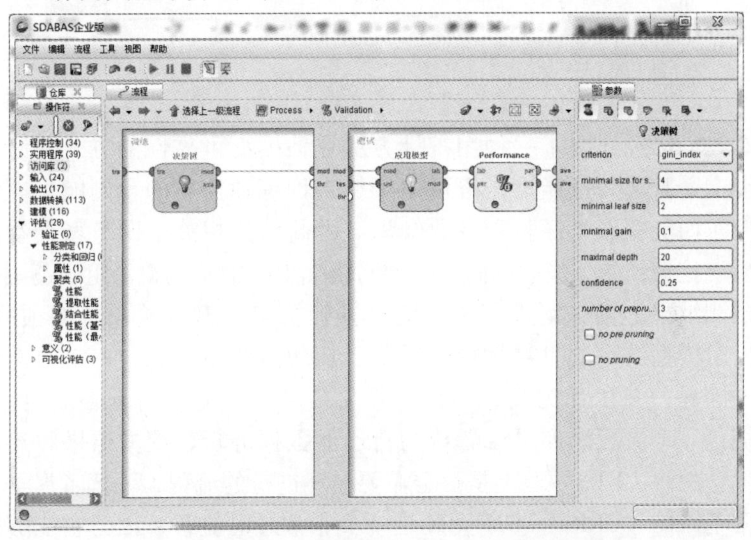

图 17 - 9　将决策树操作符更改为使用 GIN

（11）运行模型。无需切换回主流程，即可重新运行模型。如果读者希望的话可以返回到主流程，但在子流程视图中也可以运行模型。从结果透视视图返回到设计透视视图时，读者将看到上次所在的设计窗口。重新运行模型时，读者将看到一个新的性能矩阵，其中显示了使用 Gini 作为基本算法时，模型的预测能力。

在图 17 - 10 中我们看到，如果对决策树模型使用 Gini，模型的预测能力会有大幅提升。我们不应对此感到太过惊讶。从第 14 章中我们就已经知道在

Gini 下，树细节更加详细。预测树的细节越详细，预测模型应该越可靠。将更多更好的训练数据馈入到训练数据集中可能会进一步提高此模型的可靠性。

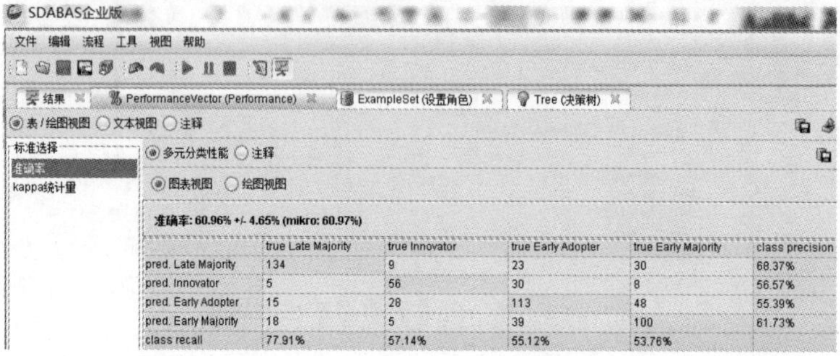

准确率: 60.96% +/- 4.65% (mikro: 60.97%)

	true Late Majority	true Innovator	true Early Adopter	true Early Majority	class precision
pred. Late Majority	134	9	23	30	68.37%
pred. Innovator	5	56	30	8	56.57%
pred. Early Adopter	15	28	113	48	55.39%
pred. Early Majority	18	5	39	100	61.73%
class recall	77.91%	57.14%	55.12%	53.76%	

图 17－10　根据 gini_ index 决策树模型获得的新的交叉验证性能结果

17.3　章节汇总

现在我们已经介绍了一种用统计方法评估模型可靠性的方式。读者已看到有多种交叉验证和性能操作符可用于检查训练数据集的预测能力。但切记没有任何东西能够取代经验和专业知识。因此请让相关主题专家查看读者的数据分析、挖掘结果，并请他们对模型输出提出反馈。在整个组织范围内推行模型的预测结果之前，请进行试点测试并让重点人群试验模型的预测结果。如果有人对模型结果的可靠性提出质疑，切勿因此而恼怒，一定要谦虚地考虑他们的问题，并以此为契机验证并强化模型。切记“骄者必败”！数据分析、挖掘是一个流程。如果读者认为自己的数据分析、挖掘结果和建议绝对可靠，就会忽视 CRISP－DM 是一个需要循环进行的流程，而读者迟早会发现这是非常荒谬的。CRISP－DM 无疑是一个非常好的流程，因为它能够帮助我们调查数据、从调查中了解更多知识，然后在掌握更多信息的情况下再次进行调查。评估和部署是该流程的两个步骤，在这两个步骤中，我们可以掌握更多的信息。

第18章　数据分析、挖掘道德规范

18.1　背景和概要说明

人们常说在教某人东西时，应将最希望让他们牢记的内容放在最后。最后介绍的内容会给他们留下最深刻的印象，并让他们牢记在心。因此，我们将介绍数据分析、挖掘道德规范的这一章放在了本书的最后。切勿因为本章放在了最后而误以为这是无关紧要的内容补遗。相反，这是读者要牢记的内容。人们相信尤其是如果你介绍了大量的内容，你最后与受众分享的东西将是他们会记得的东西，因此我们将在最后重点介绍一下数据分析、挖掘道德规范（图18－1）。

图18－1　切记：做一名有道德的数据分析、挖掘者很重要

切记当我们处理数据时，这些数据代表着人们的生活。仅在本书中，我们就接触到了人们的购买行为、创作拥有权，甚至还有非常严肃的健康问题。让我们以使用决策树预测少年不良行为风险水平的道德后果为例。读者将预测这些少年的情况并可能会给这些少年打上烙印，因此每次进行此项工作时

都必须遵守道德规范。但这意味着什么？道德规范是一套道德准则，高于法律要求的最低标准，人们可以使用它来做出适当且尊重他人的决策。挖掘数据时，将不可避免地会面临道德方面的问题。这是因为收集和挖掘某些数据虽然合法，但不一定符合道德规范。

因为这些严肃的问题，导致有些人会害怕、回避甚至会抵制数据分析、挖掘。这些类型的反应导致一些数据分析、挖掘拥护者和引领者不得不试图为数据分析、挖掘技术进行辩护和解释。2003 年就出现了这种情况。美国计算机学会（ACM）是一个在各个计算机专业领域都处于世界最前沿的专业组织。该学会下设了一个 ACM Special Interest Group for Knowledge Discovery and Data Mining（SIGKDD）机构。当时出现了一些针对数据分析、挖掘的批评和抗议，主要原因是在9·11 恐怖袭击后的几年内，美国政府在开展的反恐活动中增加了数据分析、挖掘的使用，从而导致人们对公民隐私权的担忧。当然，政府无论任何时候加强对本国公民及其他国家/地区公民的审查都会令人感到不安。但 ACM SIGKDD 的主管们同样感到不安，因为人们将这归咎于数据分析、挖掘本身。这些主管们认为该工具不应与使用该工具的方式混为一谈。作为回应，ACM SIGKDD 的执行委员会（由 Gregory Piatetsky - Shapiro、Usama Fayyad、Jiawei Han 和其他人组成的一个小组）发表了一封名为《Data Mining' is NOT Against Civil Liberties》的公开信。（读者可以在互联网上轻松获得这封篇幅为两页的公开信，我们建议读者阅读并考虑其中的内容。）撰写这封公开信的目的并不是为政府或任何数据分析、挖掘项目进行辩护，而是帮助人们了解技术和人们选择使用该技术的方式之间存在很大的区别。

事实上，每项技术都会有一些批评者。让我们把椅子视为一项技术，虽然这个例子看起来可能有点傻。它是人类发明的一种工具，用于让人们坐下来。如果它采用了人体工程学设计和适当的材料，能够让人们坐得非常舒适。如果它足够奢华，可能会导致处于特定社会经济阶层的人无法拥有它。如果它被放在墙角并与某些不当行为相关，则会成为一个惩罚的道具。如果它装上一些挡条并施加足够高的电压来取走某人的性命，则会成为一个饱受争议的政治道具。如果将它举起来并砸向某人，它将成为一件武器。但无论如何，它仍是一把椅子。基本上人类发明的所有技术以及所有工具都是如此。造成道德问题以及解决道德问题的关键不是工具，而是我们使用它们的方式。

这并不是一个简单的议题。我们中的每个人都有不同的道德准则和价值观，并受一套不同背景、经验和内外力因素的影响。没有任何一套道德准则是完全正确或完全错误的。不过，对于我们进行的每项数据分析、挖掘活动，我们每个人都可以至少针对自己的目的（最好还针对组织的目的）采取一些方式审慎地评估我们的道德界限。为了协助进行此项工作，我们在下面提供了一系列……

18.2　道德框架和建议

1）机制

杰出的法律学者劳伦斯·莱斯格提出了 4 种机制，利用这些机制，我们可以将计算活动限制在合理的界限内。这 4 种机制是：

（1）法律：指政府颁布并执行的各项法令。如果违反了这些法令，将会受到法官或陪审团裁决的处罚。将遵守法律规定作为确保适当行为的机制是最基本的道德决策形式，因为在这一层面，人们只是在做必须去做的事情，以避免自己陷入麻烦。莱斯格指出，尽管我们常常会首先将守法作为确保保持良好行为的方法，但还有一些其他更合理，并且或许更有效的方法。

（2）市场：莱斯格提出了一种用于指导行为的经济解决方案。如果不好的行为不能带来利益或会导致组织无法在业务领域立足，则不好的行为将不会非常普遍。市场力（例如高品质产品、优质客户服务、可靠性等方面的良好声誉）可以通过多种方式来帮助确保保持良好的行为。

（3）代码和准则：在计算机领域，代码是一种强大的行为指导，我们可以通过编写代码来允许某些行为，同时禁止其他行为。如果我们认为虽然网站成员访问其他人的账户并不属于非法行为，但却是不道德的，那么我们可以通过编写代码来要求提供用户名和密码，从而使用户更难以访问其他人的个人信息。此外，我们可以制定行为准则，通常称为《可接受使用政策》，其中规定用户可以做哪些事情，不可以做哪些事情。该政策并不是由政府颁布并执行的法律，但它是一个关于遵守某些规则的协议，如果不遵守这些规则可能会无权使用网站的服务。

（4）社会规范：这种确定道德行为的方式基于在我们的社会中，什么是可以接受的。让我们看一下我们的周围，在与朋友、家人、邻居和同事打交道时，可以通过对这些人而言什么是可以接受的，来确定道德界限。通常，如果我们会因自己的行为感到不安、丢脸或害羞，或者如果我们发现自己不希望让别人知道自己在做些什么，那么这表明我们的活动很可能是不道德的。通过让其他人清楚地了解我们自己认为什么是可以接受的，我们还可以帮助制定社会规范作为道德指南。

2）组织标准操作规程

通常可以通过制定一套可接受的实务，为组织制定道德标准。此类工作应由公司领导层在广泛咨询员工意见的基础上进行。这些规程应予以明文规定、传达给员工，并定期接受审核。可以在工作流程中进行检查和权衡，以便确保员工遵守既定规程。

3）职业行为准则

职业行为准则与组织运营标准类似，可以帮助确定道德行为的界限。上文提到的美国计算机学会制定了一个《道德与职业行为准则》。此外，还可以查阅其他组织的行为准则，以便在数据分析、挖掘方面做出合乎道德的决策。

4）伊曼努尔·康德的《定言命令》

伊曼努尔·康德是一位生活在18世纪的德国哲学家和人类学家。在他撰写的众多有关伦理道德的著作中，《定言命令》可能是最著名的。这篇文章中指出，如果在特定情况下任何人都不能以合乎道德的方式进行某项行为，则该行为根本就不应进行。在数据分析、挖掘中，我们可以使用这一原则来确定：收集并挖掘这些数据对于任何企业而言是否都是合乎道德的？如果每个企业都以此方式挖掘数据，将会产生什么后果？如果对于此类问题的回答是否定的，并且此类行为好像是不道德的，那么我们就不应进行相应的数据分析、挖掘项目。

5）笛卡儿的变化规则

笛卡儿是一位法国哲学家和数学家，同康德一样，撰写了大量与道德决策有关的文章。他提出的变化规则体现了他的数学背景。该规则指出，如果某项行为不能重复进行，则只进行一次该行为也是不道德的。同样如果我们把该规则应用于数据分析、挖掘，我们可以问以下问题：我是否可以持续收集并挖掘这些数据，而不会给自己、所在的组织、客户以及其他人带来麻烦？如果不能重复进行，则根据笛卡儿提出的规则，读者根本就不应该进行此项工作。

此外还有一些其他本书中没有详细阐述的方式可以用来确定道德界限。有一个称为黄金规则的俗语，即我们应该以希望别人对待我们的方式来对待别人。此外还有一些其他原则可以帮助我们考虑别人可能会如何看待我们的行为，以及我们的行为可能会给别人带来什么感受。围绕人们的行为制定的一些道德框架将惠及无数人。

18.3 总结

我们可以通过汇总数据，并移除姓名和个人识别信息对观察项进行匿名处理，以及将其保存在受保护的安全环境中，来保护隐私。当读者忙于处理数字、属性和观察项时，会很容易忘记数字背后与人有关的因素。当数据分析、挖掘模型可能会将某人标记为存在特定风险时，我们应务必小心。切记要对人们的感受和权利保持敏感。适当情况下，请向相关人员获得关于收集和使用其相关数据的许可。切勿为数据分析、挖掘项目寻找借口，而是要确保自己进行的工作公正合理，并能够为其他人提供帮助和实惠。

无论读者采用哪种机制来确定道德界限，我们都希望读者在挖掘数据时，始终坚持道德的行为。切记保护与读者从事的工作有关的人员因素。在本书的一开始，我们就提到我们希望向没有相关背景的初学者介绍数据分析、挖掘这门学科。我们希望读者已对自己的数据分析、挖掘技能有信心，并能够凭借自己丰富的创造力为面临的实际问题设计数据分析、挖掘解决方案。请探索明智商业分析系统 V3.0 以及其他工具，了解在数据中查找预想不到的相关模式的更多方式。本书的初衷是作为初学者的数据分析、挖掘入门指南，即使读者没有计算机科学或数据分析方面的背景，也可以轻松入门。我们希望读者已通过章节示例和练习学到很多内容，为成为一个熟练且遵守道德规范的数据分析、挖掘者打下了坚实的基础。读者已掌握足以进行危险活动的知识，但千万不要这么做，而是要运用学到的知识，充分发挥数据的强大作用和优势。本书到此就结束了，希望读者能学以致用，顺利开展数据分析、挖掘活动！